广东省宣传文化人才专项资金资助项目

从1到π

大数据与治理现代化

蓝云／编著

南方日报出版社
NANFANG DAILY PRESS
中国·广州

图书在版编目（CIP）数据

从 1 到π：大数据与治理现代化 / 蓝云编著. — 广州:南方日报出版社，2017.5
ISBN 978-7-5491-1605-8

Ⅰ．①从… Ⅱ．①蓝… Ⅲ．①数据处理 Ⅳ.①TP274

中国版本图书馆 CIP 数据核字(2017)第 071732 号

CONG YI DAO PAI
从 1 到 π —— 大数据与治理现代化

编　　著：蓝　云
出版发行：南方日报出版社
地　　址：广州市广州大道中 289 号
出 版 人：周洪威
责任编辑：刘志一　郑　颖
装帧设计：劳华义
责任技编：王　兰
责任校对：阮昌汉
经　　销：全国新华书店
印　　刷：广州市尚铭印刷有限公司
开　　本：787mm×1092mm　1/16
印　　张：17.75　彩插：0.25
字　　数：323 千字
版　　次：2017 年 5 月第 1 版
印　　次：2017 年 10 月第 2 次印刷
定　　价：38.00 元

投稿热线：(020) 87373998-8503　　读者热线：(020) 87373998-8502
网址：http://www.nanfangdaily.com.cn/press　http://www.southcn.com/ebook
发现印装质量问题，影响阅读，请与承印厂联系调换。
电话：020-36749505

◎2014年4月17日，广东省省长马兴瑞（图中，时任省委副书记、政法委书记）与时任中央编译局副局长俞可平（图右）、新加坡国立大学东亚研究所所长郑永年（图左）在第一届"粤治—治理现代化"广东探索经验交流会上合影留念。在以俞可平、郑永年教授为主任的南方舆情数据研究院专家委员会指导下，"粤治"活动迄今已举办四届，在政府治理创新、舆情引导、网络问政、品牌管理、大数据与公共服务等五个方面评选出了108个优秀案例（南方日报记者王辉/摄）

□ 推荐语

　　大家都知道，随着信息化时代的到来，大数据已经成为治理现代化的必要条件。但大家并不十分清楚：什么是治理现代化所需要的大数据，以及大数据究竟如何助推治理现代化。南方舆情数据研究院秘书长蓝云先生编著的《从1到π——大数据与治理现代化》一书，通过具体的案例和专家的分析，努力揭示大数据与治理现代化的内在联系，试图在一个不确定的世界中通过大数据来寻找精准的治理。这是一种可贵的探索，将十分有助于治理现代化的研究与实践。

——俞可平（北京大学讲席教授，北京大学政府管理学院院长兼城市

治理研究院院长，中央编译局原副局长）

　　"大数据"的概念产生不久，但已经在全世界广为流传，尤其是在作为互联网大国的中国。不过，大数据到底是如何和我们的具体生活发生关联的？我们如何利用大数据来改善我们的生活？大数据如何辅助我们实现善治？这些问题至关重要，但没有明确的答案。蓝云编著的《从1到π——大数据与治理现代化》一书是一个很好的尝试。本书结合广东近年来的实践来回答这些问题，读者在品味广东经验的同时也将有对大数据及其未来社会治理的深刻思考。

——郑永年（新加坡国立大学东亚研究所所长，华南理工大学公共

政策研究院学术委员会主席兼首席专家）

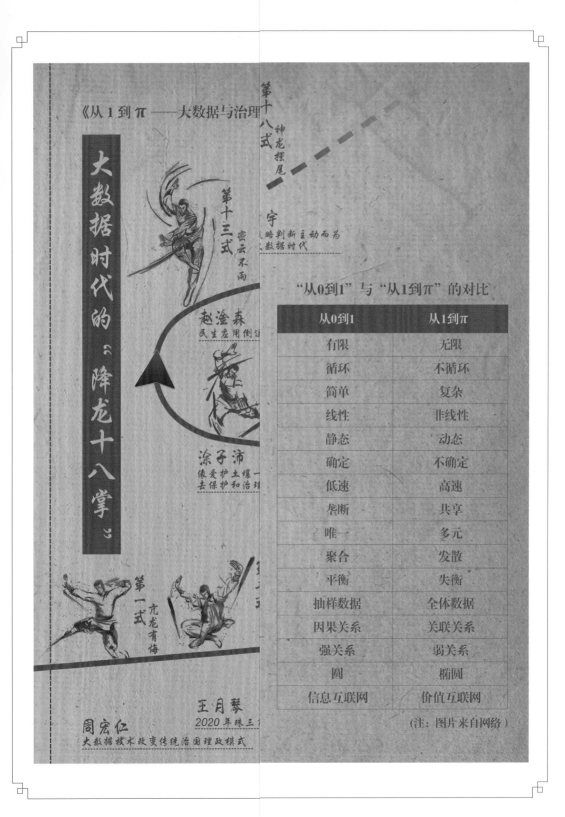

《从1到π——大数据与治理》

第十八式 神龙摆尾

大数据时代的"降龙十八掌"

第十三式 密云不雨

赵溪森 民生应用倒逼

涂子沛 像爱护土壤一样去保护和治理

第一式 亢龙有悔

周宏仁 大数据技术改变传统治国理政模式

王月琴 2020年珠三

"从0到1"与"从1到π"的对比

从0到1	从1到π
有限	无限
循环	不循环
简单	复杂
线性	非线性
静态	动态
确定	不确定
低速	高速
垄断	共享
唯一	多元
聚合	发散
平衡	失衡
抽样数据	全体数据
因果关系	关联关系
强关系	弱关系
圆	椭圆
信息互联网	价值互联网

(注：图片来自网络)

本书编委会

学术指导： 俞可平　郑永年　周宏仁　何增科　王月琴　肖　滨　郭巍青

顾　　问： 莫高义

编委会委员： 刘红兵　黄常开　王垂林　王更辉　欧阳农跃　曹　轲

　　　　　　　陈广腾　黄　灿　王义军　张俊华　胡　键　王　巍

　　　　　　　姜　晖　曾庆春　段功伟　任天阳　姚燕永　郎国华

执 行 主 任： 曹　轲

主　　编： 蓝　云

副 主 编： 吴　娴　洪　丹　林　鑫　任创业

编 写 人 员： 洪海宁　米中威　肖卓明　吴敏东　莫　凡　余元锋　余锦家

　　　　　　　米　娜　林　毓　黄敬良　黄　曦　李育蒙　曾婉红　曹飞可

　　　　　　　王康旭　袁纪琦　周冬冬　罗琳珊　陈子妤　张佳屏　刘山山

　　　　　　　罗琪元　董松莉　杨红雨

序

拥抱大数据　开拓大未来

◎刘红兵

　　数据对人类生产生活影响巨大，它的产生发展贯穿了整个人类文明史，并在文明的每一次飞跃中扮演关键角色。5000多年前，苏美尔人用楔形文字记录下了人类最早的文字信息——数字；公元200年前后，算盘在中国问世；1946年，每秒可进行5000次加法运算的第一台计算机诞生于美国；2016年，每秒可运算6万亿步的AlphaGo攻克了"人类智慧最后的堡垒"——围棋。

　　大数据、物联网、移动互联网、云计算……进入互联网时代以来，数据正以一种前所未有的形式凸显其重要性，数据的存储和广泛应用以及运算能力的极速进步，使得数据的概念被"大数据"概念所取代。最近三年生成的数据量很可能超过了此前一切时代人类所产生的数据量的总和，一个全新的"大数据时代"已然来临。

　　大数据不仅是一场技术革新，还是一场经济变革，更是一场治理革命，在促进经济发展、配置社会资源、调适社会关系等方面越来越显示出独特作用，已经日益成为重要的战略性基础资源。党中央、国务院高度重视大数据发展工作。2016年10月，习近平总书记在主持中央政治局集体学习时指出，要以数据集中和共享为途径，建设全国一体化的国家大数据中心。国务院专门出台《促进大数据发展行动纲要》，将大数据上升为国家战略，明确指出"未来5至10年中国要依托大数据打造精准治理、多方协作的社会治理新模式"。

广东省委、省政府高度重视互联网在创新驱动发展中的先导作用，在省级层面率先建立大数据管理局，相继出台《广东省大数据发展规划（2015—2020年）》《"互联网+"行动计划（2015—2020年）》《广东省云计算发展规划（2014—2020年）》。中共中央政治局委员、省委书记胡春华指出，要发挥好广东省互联网大省和信息产业发展优势，大力实施"互联网+"行动计划和大数据战略。《广东省促进大数据发展行动计划（2016—2020年）》提出，要用5年左右时间，打造全国数据应用先导区和大数据创业创新集聚区，抢占数据产业发展高地，建成具有国际竞争力的国家大数据综合试验区。

近年来，南方报业推动媒体深度融合、加快转型发展的过程中，牢牢把握时代脉搏，全面呼应行业变化，以大数据为支撑，主动性、创造性、贴近性地开展各项工作，打造"数据媒体"，助推"数据治理"，构建"数据生态"。

打造"数据媒体"是主流媒体转型的必由之路，是大数据时代媒体之本。当前，舆论环境和媒体格局发生深刻变化，传统媒体舆论引导能力和可持续发展能力面临严峻挑战。专业化、数据化、个性化是未来媒体内容生产的大趋势，在此基础上产生的传媒大数据、舆情大数据，是媒体在信息化时代安身立命的基础。这就要求主流媒体改变传统内容生产方式和单向传播思维，积极拥抱大数据，用数据思考，用数据说话，强化对大数据的挖掘、分析和运用，更好地适应分众化、差异化的用户需求，实现新闻传播和信息服务的精准化、智慧化。在这个过程中，媒体从单一的信息传播者转型成为数据服务提供商和资源要素连接体，以权威信息流带动技术流、资金流、人才流、物资流匹配。集团2016年出台三年行动计划，致力于打造智慧型文化传媒集团，大力培训"数据记者""数据编辑"，挖掘和培养以"连接"为核心功能的服务能力，正是打造"数据媒体"的题中应有之义。

助推"数据治理"是主流媒体履职尽责的重要手段，是大数据时代媒体之能。当下，大数据与经济社会发展的结合越来越紧密，不仅是推动经济转型发展的新动力、重塑国家竞争优势的新机遇，还是提升政府治理能力的新途径。以"数据治理"作为推进国家治理体系和治理能力现代化的实现路径成为普遍共识。近年来，大数据在交通、旅游、气象、食品安全、税务、医疗、金融、服装定制和基层治理等诸多民生领域被广泛使用。相关案例有：对二胎生育率进行预测，为政府进行医院规划、医疗设施配套及生产的引导分流提供方向和路径等；通过运营商数据，对银行信贷用户进行全面分析；通过数据库对社会治安事件分析，通过时间、地点、区域、目标人群的筛选，勾勒出城市"平安脸谱"。概而言之，大数据可以感知社会态势、畅通沟通渠道、辅助科学决策，为决策者解决"坐井观天""一叶障目""瞎子摸象"和"城门失火，殃及池鱼"等"四个问题"，提升"一叶知秋"和"运筹帷幄，决胜千里"等"两种能力"。

南方报业紧紧把握时代脉搏，把大数据和推进社会治理紧密结合起来，紧紧围绕中心、服务大局，忠实履行新闻舆论工作48字职责使命。2014年初联合中山大学、暨南大学等发起成立国内首家有专业媒体背景、专注"数据治理"的复合型智库——南方舆情数据研究院；连续三年主办"粤治-治理现代化"活动，评选"大数据与公共服务"案例；发挥平台作用，集聚各方资源成立"南方大数据创新联盟""南都指数联盟"，推动大数据产学研用相结合；和广东省产权交易集团进行战略合作，参与建设省大数据交易中心……三年多的实践证明，以大数据参与社会治理，南方报业不仅有这样的眼光，也有这样的能级。

构建良性"数据生态"是新时期各方的共同担当，是大数据时代媒体之责。如今大数据很"热"，但多流于概念、形式。数据生态远未成熟，整体上仍处于自然生长的状态。数据的所有权、保存权、使用权、使用方式、使用目的、使用监管等都缺乏规范，制约了大数据产业的健康良性发展，进而引发诸多社会问题。如备受关注的系列电信诈骗案，就与数据的使用和保护规范不健全有关。此外，网约车、网购、移动支付等消费行为都会留下痕迹，形成数据。这些数据的所有权属于谁缺乏清晰界定，如何使用、如何监管等目前尚未达成共识。构建良性数据生态是一个系统性工程，需要政府、企业、媒体各司其职、各尽其责，努力打造一个安全可靠、伦理健康、使用规范、权责清晰的数据生态环境。对于政府来说，可以广纳民智，听取企业和民众声音，做好基础数据服务，有序、有度地开放数据资源，调动更多社会力量积极参与"数据治理"，共同分享数据红利。对于企业来说，应当恪守数据道德，合法有利地采集、保存和使用数据，推进数据产业发展和社会进步。主流媒体可以发挥传播优势，促进完善和规范数据生产、数据存储以及数据使用和监督等各个关键环节，维护数据生态安全健康。

从1到π，从有限到无限，以数据为引擎迈向时代发展的新高度。在打造"数据媒体"、助推"数据治理"、共建"数据生态"的过程中，我们搭建起了与政界、学界、业界沟通的桥梁。各方具有珍贵价值和深刻洞见的先进成果，代表着大数据发展和应用最前沿的方向，极大地提升了我们对于大数据的理解和应用水平。俞可平、郑永年、周宏仁、何增科教授以及广东省乃至全国范围内多个高校的专家团队对广东省治理现代化事业、南方舆情数据事业给予了大量无私指导和帮助，我们心怀感激，砥砺前行。

如果说，"从0到1"专注的是有限、循环、线性、低速、静态、抽样的世界，而"从1到π"专注的是无限、不循环、非线性、动态、大数据的世界。正如中国南北朝数学家祖冲之计算的圆周率π的精确度，在全球领先800多年一样，中国人在大数据时代势必大有作为。广东作为经济大省、数据资源大省，自然能在其中起到突出作用。这些正是《从1到π——大数据与治理现代化》的核心要义。

本书是南方报业身体力行投身大数据和治理现代化建设的一次大胆尝试。在成书过程中，南方舆情数据研究院20多名同事在分管领导曹轲、秘书长蓝云带领下，在广东省大数据管理局等各部门指导支持下，历时半年多努力，深入走访广东各地市及北京、贵州、上海、浙江、山东、福建等省市区，集纳各方智慧和热情，为建设"珠三角国家大数据综合试验区"出谋献策。希望它的面世能够起到抛砖引玉的作用，带动更多优秀成果不断涌现。南方报业将继续在产品打造、平台建设、理念传播、数据服务等方面转型升级，全面助推大数据发展，为数据强省、数据强国建设做出新的更大贡献。

是为序，以此与编者及读者共勉。

（作者为南方报业传媒集团党委书记、管委会主任，南方日报社社长）

目　录

1

上篇

论道

数学之道

三次危机以及三个数：0、1、π

　　两个酋长比数字大小。一个酋长想了想，先说了"3"。第二个酋长想了半天，说你赢了。

　　这样一个原始部落中的故事，出自美籍俄裔物理学家乔治·伽莫夫那本著名的科普读物《从一到无穷大》。在远古社会，物质极其缺乏，很少会超过3，对3以上的东西他们称之为"许多"或者叫数不清，更谈不上完整的计数系统。对他们而言，超过3就是大了、多了，就会糊涂了。一般认为，远古"信息爆炸"导致人们的头脑装不下这些"信息"，文字就出现了；人们的财产多到需要数一数才能搞清楚的时候，数字就出现了。20世纪70年代，考古学家在南非和斯威士兰之间的乐邦博山上发现多根35,000年前的狒狒腓骨，上面有一道又一道划痕。科学家认为这是迄今发现的最早的人类计数工具，说明在35,000年前，人类就开始计数了[1]。

　　1个人，2个人，3个人……1只羊，2只羊，3只羊……1根木头，2根木头，3根木头……慢慢地，就建立了自然数体系。1根木头折成一半，或是折成三块，那又是什么？原来还有分数，1/2、1/3……

　　自然数、分数就构成了有理数，就是人类能理解的，一切貌似都是那么友好，那么有序，那么有规则。毕达哥拉斯（约前580—前500）是古希腊著名的数学家和哲学家，他带领300个门徒形成了毕达哥拉斯学派。"数"与"和谐"是他们的主要观点，数是万物的本源，数产生万物，数的规律统治万物。

---

[1]　吴军. 数学之美［M］. 第2版. 北京：人民邮电出版社，2014：7.

　　社会的发展、人的认知及探索会超越许多东西。画一个边长为1的正方形，对角线的长度为"$\sqrt{2}$"。正是毕达哥拉斯的门徒首次发现了$\sqrt{2}$。$\sqrt{2}$是一个怪物，是一个无限不循环小数，根本不是自然数或分数。这带来了第一次数学危机。

　　原来有理数之外，还有更多的无理数，无限、不循环、无规则才是大多数，有限、循环、有规则只是小部分。自从希腊人知道了$\sqrt{2}$不能用分数表示之后，他们将对"数"的热情转移到"形"上，这推进了几何学快速发展。其中最杰出的代表就是欧几里得（约前330—前275），他以"等量间彼此相等"等5个公理、"从一点到另一点可作一条直线"等5个公设为前提，创建了"欧几里得"几何。他的《几何原本》，集当时全部几何知识之大成并加以系统化，构成一个标准化的演绎体系，将希腊几何提升到一个新水平。在2000多年的时期内，《几何原本》既是几何教科书，又被当作严密科学思维的典范。它对西方数学与哲学的思想，都有重要的影响。典型案例有牛顿的《自然哲学的数学原理》、斯宾诺莎的《伦理学》和美国的《独立宣言》等[1]。爱因斯坦对此很有感慨，他认为，"如果欧几里得未能激起你少年时代的热情，那么你就不是一个天生的科学思想家"。

　　你可能会追问，"公理""公设"又是什么，可靠吗，一定准确吗，谁来证明，怎样证明？按字面意思，"公理""公设"是自明之理、天然之理，是一个理论体系、一个社会体系的前提和基础，是不需、不用、不能证明的道理，比如在发现地球引力之前人类所认知的"水往低处流"就是"公理"，西方政治体系的一个基本认知"天赋人权"中的"天"就是"公理"。偏偏有人不完全认可欧式几何的"公设"，尤其是第5条"若两条直线都与第三条直线相交，并且在同一边的内角之和小于两个直角，则这两条直线在这一边必定相交"（后人证明与"三角形内角和为180°"等价）。数学家罗巴切夫斯基（1792—1856）、黎曼（1826—1866）分别创立了另外一套几何体系，阐释了各自的空间现象。欧式几何与我们的经验认知最贴近，而现代物理学选择了黎曼几何。非欧几何的创立，标志着数学真理性的终结。

　　数学家可以探索任何可能的问题，建构任何可能的公理体系，理论数学从此得到空前的发展。数学经历了一个自由的新生，它不再被束缚于直接从现实世界抽象而得到的概念，而有了探索人类心智的创造的自由[2]。这种思维方式不只

［1］　张景中. 数学哲学［M］. 第1版. 武汉：湖北科学技术出版社，2016：22.
［2］　张景中. 数学哲学［M］. 第1版. 武汉：湖北科学技术出版社，2016：85.

体现在几何学的探索上，还有对虚数的定义、认知上。

另一个也很奇怪的故事是虚数的产生。-1的平方根，是数学运算的结果，最早只是思维的产物。在几百年的历史中，大家认为它只是虚幻的产物，没有任何实际意义，后来发现它并不是，它与二维空间的坐标系有天然、妙不可思的联系。比如"3+4i"表示的是横坐标为3、纵坐标为4的点。1637年法国数学家笛卡尔，在其《几何学》中第一次给出"虚数"的名称，并和"实数"相对应。继欧拉（1707—1783）之后，挪威测量学家维塞尔提出把复数（a+bi）用平面上的点来表示。后来高斯（1777—1855）又提出了复平面的概念，终于使复数有了立足之地，也为复数的应用开辟了道路。在这之后，还有四元数、八元数。

危机有了第一次，就有第二次。这个危机的苗头很早就有了，只是大家没有意识到。《庄子》有云，一尺之捶，日取其半，万世不竭。类似的故事还有，"兔子永远追不上乌龟"（芝诺悖论）。这蕴含了对无穷小量、极限的认知。与$\sqrt{2}$一样，无穷小量是数学世界的魂魄，沉睡许久，一经发现，就爆发无穷力量。在前人研究的基础上，两位伟大的数学家牛顿（1643—1727）、莱布尼兹（1646—1716）创立了微积分。这个微积分是数学发展历程中的重要里程碑事件，是初等数学、高等数学的一个重要分界点。经过第二次危机，数学的重心又从"形"回到了"数"。

还有第三次危机，这就是"罗素悖论"引起的轩然大波。罗素（1872—1970）是英国一位著名的杂家，哲学、数学和社会改革领域均有广泛涉及，还获得过诺贝尔文学奖。"罗素悖论"有很多通俗化的模型，比如有"'我说的话都是假的'这句话是真是假？""某村有一位理发师，他只给村里一切不给自己刮脸的人刮脸。那么，他给不给自己刮脸呢？"等。罗素发现，自亚里士多德以来，无论哪一个学派的逻辑学家，从他们所公认的前提中似乎都可以推出一些矛盾来，这表明有些东西是有毛病的，但是指不出纠正的方法是什么。

在中国科学院院士张景中看来，第一次危机的结果，是严格的实数理论的建立，数学家回答了"什么是连续性"这个古老的哲学问题。第二次危机的结果，是微积分的严密基础的建立，彻底弄清了"芝诺悖论"，回答了"运动是怎么回事"这个古老的哲学问题。第三次危机，涉及了"数学自身的基础是什么"，一些卓越的数学家卷入了关于数学本质问题的激烈争论之中。危机的结果，产生了"数学基础"这个至今尚在蓬勃发展的数学领域。

数学这座高楼大厦由无数砖块构成，每一个砖块都是一个节点、数点，几乎每一个数点都有丰富的传奇，比如说0、1、π。

10个阿拉伯数字中，最晚出生的是"0"，最神奇的、最有故事的也是这个代表什么都没有的"0"。"0"的出现是数学史上一大创造，它的起源深受佛教大乘空宗的影响。0乘以任何一个数，都使这个数变成0。大乘空宗的"空"，在某种意义上也可以看作是原点，是佛教认识万事万物的根本出发点。各位记住了，"0"是出发点，不是"1"或其他任何数字。同样的逻辑及社会认同，星期日是一个星期的第一天。

1是什么？这个问题似乎很简单，原始人，或者是现代人在牙牙学语阶段都知道，1个人、1只羊、1根手指……可以把这些再抽象，人、羊、手指都去掉，就剩下一个赤裸裸的1。在数学思维里，还可以再抽象，只考虑"任何数乘1"这一条性质，抽象结果，得到更抽象、更赤裸裸的"幺元素"或"单位"。于是，数1、向量0、单位矩阵以及恒等函数f（x）=x都是相应运算下来的"1"，即幺元素。

π（圆周率）是圆的周长与直径的比值，一般用希腊字母π表示，是一个在数学及物理学中普遍存在的数学常数。对其的计算和认知经历了几何法时期、分析法时期、计算机时代。古希腊作为古代几何王国对圆周率的贡献尤为突出。古希腊大数学家阿基米德（前287—前212年）开创了人类历史上通过几何上的理论计算圆周率近似值的先河。阿基米德从单位圆出发，先用内接正六边形求出圆周率的下界为3，再用外接正六边形并借助勾股定理求出圆周率的上界小于4。中国古算书《周髀算经》（约公元前2世纪）中有"径一而周三"的记载，意即取π=3。汉朝时，张衡得出$\frac{\pi^2}{16}\approx\frac{5}{8}$，即$\pi\approx\sqrt{10}$（约为3.162）。这个值不太准确，但它简单易理解。公元480年左右，南北朝时期的数学家祖冲之进一步得出精确到小数点后7位的结果，给出不足近似值3.1415926和过剩近似值3.1415927，还得到两个近似分数值，密率$\frac{355}{113}$和约率$\frac{22}{7}$。在之后的800多年里祖冲之计算出的π值都是最准确的。分析法时期，人们开始利用无穷级数或无穷连乘积求π，摆脱可割圆术的繁复计算。无穷乘积式、无穷连分数、无穷级数等各种π值表达式纷纷出现，使得π值计算精度迅速增加。电子计算机的出现使π值计算有了突飞猛进的发展。2010年8月30日——日本计算机奇才近藤茂利用家用计算机和云计算相结合，计算出圆周率到小数点后5万亿位。[1]

---

[1]　据百度百科。

人类的社会生活推进了数字认知，每一次危机带来的是更大、更开阔的世界。伽利略曾经说过："数学是上帝描写自然的语言。"纯数学使我们能够发现概念及其规律，这些概念和规律给了我们理解自然现象的钥匙。数学既是对自然界事实的总结、归纳、推导和提炼，又是抽象思考的结果，数学思维及体系反过来作用自然世界。

为什么是十进制

又是两个人比赛识数，"一二三四五六七八九十"，到了十就算不下去了。因为他们是掰指头算的，超过10根手指他们就不会算了。

上面这则故事很鲜明地体现了，现代我们通行的十进制，就是因为我们有10根手指。如果我们有12根手指，那么流行的必然是十二进制。

进制是一种共识、契约，必须符合最方便、最适用、最简便的原则，其与人类身体架构、社会方式息息相关。社会秩序乃是为其他一切权利提供了基础的一项神圣权利。秩序并非来源于自然，约定是一切合法权威的基础。社会秩序来源于共同的原始、朴素的约定。

也许有人说，为什么需要进制？那我们可以想象，如果不用进制，一万或两万个物品计数时，各自要有一个数字符号，这么多的数字符号，没法记录，更难以传播。进制还代表一种概括、抽象、归类思维，是一种提炼。

在不同的时期、不同的区域，有不同的进制方法。历史上有四进制、七进制、八进制、十进制、十二进制、十六进制、二十进制、六十进制、四百进制、千进制等。各个进制之间可以互相转化。

几乎所有的文明都普遍采用了十进制，也有的文明采用二十进制。玛雅人就是，他们数完全部的手指和脚趾才开始进位。玛雅人的一个世纪，称为太阳纪，是400年，2012年正好是当时那个太阳纪的最后一年。

中国古代还广泛流传十六进制。据记载，中国古代以十粒粟米并排的长度为一寸。据推测，重量单位可能也是以米来确定最小单位的，以充填成年人一口的米粒重量计作一两。人们还发现，大概16口饭米粒即可成为成年人一天的口粮，这16口被定义为一斤。中国古代"半斤八两"的典故，或许就是源于这样的演义。[1]

十进制是人类最适用、最舒服的一种进制方式。如果换一个主体呢，机器又会怎样？机器喜欢二进制。

二进制的历史其实也很早，中国古代的阴阳学说可以认为是最早二进制的雏形。而二进制作为一个计数系统，则是公元前2—5世纪时由印度学者完成的，但是他们没有使用0和1计数。到了17世纪，德国数学家莱布尼兹进一步完善了二进制，并且用0和1表示它的两个数字，成为我们今天使用的二进制。二进制除了是一种计数的方法之外，它还可以表示逻辑的"是"与"非"。这第二个特性在索引中非常有用。布尔代数是针对二进制，尤其是二进制的两个特性的运算。香农1938年在他的硕士论文中指出使用布尔代数来实现开关电路，这使得布尔代数成为数字电路的基础。所有的数学运算，都能转化为布尔运算。正是依靠这一点，人类用一个一个开关电路最终"搭出"电子计算机。布尔代数虽然非常简单，却是计算科学的基础，把逻辑和数学合二为一。

通常认为进制的最少是二进制，不可能有比二进制更简洁的进制。我们可以一起思考"一进制"的计数体系又会怎样。

说完进制，谈谈计数符号。二进制的计数符号很简单，0、1，无、有，非、是。十进制的计数符号有三类突出代表，分别是中国古数字、罗马数字、阿拉伯数字。

按照古代中国文献《五经算术》云："按黄帝为法，数有十等。及其用也，乃有三焉，十等者，谓亿、兆、京、垓、秭、穰、沟、涧、正、载也，三等者，谓上、中、下也。"按"上数"法，数穷则变，"个十百千万"是十进制，之后就是"万万曰亿，亿亿曰兆，兆兆曰京也"。

罗马数字出现在大约2500年前，它的产生晚于中国甲骨文中的数码，更晚于埃及人的十进位数字。罗马人还处在文化发展的初期，当时他们用手指作为计算工具。为了表示一、二、三、四个物体，就分别伸出一、二、三、四个手指；表示五个物体就伸出一只手；表示十个物体就伸出两只手。这种习惯人类一直沿用到今天。人们在交谈中，往往就是运用这样的手势来表示数字的。一大特性是"左减右加"法。Ⅰ，Ⅱ，Ⅲ，Ⅳ，Ⅴ，Ⅵ，Ⅶ，Ⅷ，Ⅸ，Ⅹ，Ⅺ，Ⅻ，分别是1，2，3，4，5，6，7，8，9，10，11，12。XX，20，XXX，30，XL，40，L，

---

[1]　王崇骏. 大数据思维与应用攻略［M］. 第1版. 北京：机械工业出版社，2016：9.

50，LX，60，LXXX，80，XC，90，MMMCMXCIX，3999。罗马数字里没有0，这种记数法有很大不便。0引入的时间是在中世纪，那时欧洲教会的势力非常强大，他们千方百计地阻止0的传播，甚至有人为了传播0而被处死。

阿拉伯数字，是现今国际通用数字。阿拉伯数字的发明人不是阿拉伯人，是古印度人。公元3世纪，古印度的一位科学家巴格达发明了阿拉伯数字，后由阿拉伯人传向欧洲，之后再经欧洲人将其现代化。阿拉伯数字由0，1，2，3，4，5，6，7，8，9共10个计数符号组成。采取位值法，高位在左，低位在右，从左往右书写。借助一些简单的数学符号（小数点、负号、百分号等），这个系统可以明确地表示所有的有理数。

阿拉伯数字传入我国，大约是13—14世纪。由于我国古代有一种数字叫"算筹"，写起来比较方便，所以阿拉伯数字当时在我国没有得到及时的推广运用[1]。20世纪初，随着我国对外国数学成就的吸收和引进，阿拉伯数字在我国才开始慢慢使用，阿拉伯数字在我国推广使用才有100多年的历史。阿拉伯数字现在已成为人们学习、生活和交往中最常用的数字了。

神奇的"指数增长"规律

一个数学家受到国王接见，国王一高兴，要奖励他十车谷子。这个人说：我不要这个，能不能在你的棋盘上，第一格放1粒谷子，第二格放2粒谷子，第三格放4粒谷子，第四格放8粒谷子，第五格放16粒谷子，以此类推，一直到最后一格。国王心里想：不就是几粒谷子吗，好，答应你！晚上，国王后悔了，因为经过谋士的计算，整个王国一年的收成都还不够装满棋盘。

这个故事大家都很熟悉了，其实说的是指数增长的规律。

指数增长在生活中非常普遍，苍蝇、老鼠、蚊子等这些普通人普遍不喜欢的动物，会给人类怎么灭都灭不完的感觉，因为他们生育率惊人。一个花园，花朵长得慢，杂草长得快、长得茂密，这就是杂草的生育规律、指数定律在起作用。

人也是生物的一种，也符合指数增长的规律。中国放开二胎政策，其一个重

---

[1] 据百度百科。

要决策基础就是人口增长模型。

银行利息也是遵循这种模式。钱能生钱。"凡是有的，还要加给他，叫他有余。凡没有的，连他所有的，也要夺过来。"（《马太福音》第25章29节）复利被称为是"世界第八大奇迹"，是"有史以来最伟大的数学发现"，甚至是"宇宙最强大的力量"。

下面有两个表格，可以说明指数的奇妙。一个是按照2017年中国、美国预计的GDP增长速度（分别以6.5及1.6个百分点为例），看看若干年后会怎样。

（1+经济增长率）	20年	30年	40年	50年
1.065	3.524	6.614	12.416	23.307
1.016	1.374	1.610	1.887	2.211

另一个是劝人上进表格，甲平均每年进步一点点，假设为1.01，而乙与之相反，假设为0.99，若干年后，两者又会怎样。如果将之再宏观一些，放到几千年甚至上万年的历史长空背景下，以某个物种、民族或群体为例，我们就能明白为什么有些物种从地球上消失了。

（1+增长率）	30年	50年	100年
1.01	1.348	1.645	2.705
0.99	0.740	0.605	0.366

做了上述铺垫，我们来说说摩尔定律。这个定律其实是现代信息社会快速发展、信息大爆炸、物联网等的根源。因为它，手机、电脑等设备才会降价这么快，性能却上升这么快。

摩尔定律是由英特尔（Intel）创始人之一戈登·摩尔（Gordon Moore）提出来的。其内容为：当价格不变时，集成电路上可容纳的元器件的数目，约每隔18—24个月便会增加一倍，性能也将提升一倍。换言之，每一美元所能买到的电脑性能，将每隔18—24个月翻一倍以上。这一定律揭示了信息技术进步的速度。尽管这种趋势已经持续了超过半个世纪，摩尔定律仍应该被认为是观测或推测，而不是一个物理或自然法。

WWW的发明人蒂姆·博纳斯·李谈到设计原理时说过："简单性和模块化是软件工程的基石，分布式和容错性是互联网的生命。"摩尔定律正式支撑了互联网的容错性，它能承担信息冗余。当然了，现在的互联网被认为只是信息互联网，比特币、区块链等新技术及新思路，将塑造价值互联网。价值互联网与信息互联网之间，有同，也有不同。

一个算法统治的世界

阿基米德有一句话脍炙人口："给我一个支点，我就能撬动地球。"

近期很多人问我，什么是模型，什么是算法？我在回答时偶尔会引用阿基米德这句话，之后解释，先"给我一个支点"就是模型、假设，怎么撬，那根棍子要多长、多粗，就涉及算法。

这个回答肯定是在打擦边球了，但意思就是那个意思。模型、建模等体系，还真是天文学带来的。正如军事、国防产业带动广泛的民用体系一样，远古的占星家开启的天文学是第一模型。

年历、日历、时辰就是一种模型。今天我敲击这段文字时是"2017年3月21日晚上9：31"，天空中哪个地方刻下了这行标记？都没有的，是基于公元纪年我们测算出来的。

地心说也是一种模型，随后将之纠正产生的日心说更是一套模型。为什么日心说比地心说更能流传下来？因为日心说更接近客观规律。模型基于一种基本假设，还要符合现实、易于传播。前面我们提到的十进制、十六进制，也就是一种模型。模型就是人们对外界的一种符号化、主观化的标志及认知，有了这种认知，人们能更好地认知世界，模型的本质其实就这么简单。当然，计算机理解模型比这要更进一步，要能适合及其运算。

天文学起源于古埃及。大约公元前4000年初，尼罗河洪水每年泛滥一次，下游有着十分肥沃而且灌溉方便的土地，由此孕育出人类最早的农业文明。为了准确预测洪水到来和退去的时间，6000年前的埃及人开创了天文学的雏形，他们根据天狼星和太阳在一起的位置来判断一年中的时间和节气。自然语言处理和搜索专家吴军，出版了《浪潮之巅》及《数学之美》等畅销书籍，在他看来，古罗马时代的托勒密在天文学上的地位堪比欧几里得之于几何学，牛顿之于物理学。托勒密发明了球坐标（今天我们还在用），定义了包括赤道和零度经线在内的经纬线（今天的地图就是这么画的），他提出了黄道，还发明了弧度制（中学生学习的时候可能还会感觉有点抽象）。托勒密最大最有争议的贡献是对地心学说模型的完善。

思维再发散一些，我们会发现，几千年来在政治、社会体系也借鉴类似的机制，国家、民族、宗教也是一种建模方式。除了学术、科学的理性认同，还会有感性的心理认同。

接下来谈谈什么是算法。若干回昼夜思考之后，我的思维都会回到30年前，那时我应该是读小学一二年级，能比较顺畅地数到一百，家里有几伙小鸡，要数一数有多少只。小鸡是会走动的，不听指挥的，数完这几只又走散了，我怎么数都数不清楚。我有一位姑丈，他二三十秒钟就数完了，他用的是三个一组法，"一三，二三，三三缺一，四三多一，五三……"准确数字很快就出来了。现在我明白了，姑丈这种三个一组的算鸡法，就是算法。最简便地说，算法就是"算数的办法"。

在小学期间参与过奥数题训练的朋友，都会记得数学家高斯巧妙地快速算出"1+2+3+4+……+99+100"，这里面就是算法。

不管是"姑丈数鸡"还是"高斯算数"，这都是对算法的通俗理解。在计算机世界，一个好的算法必须符合这些原则：正确（算法执行结果应当满足预先规定的功能和性能要求），可读（一个算法应当思路清晰、层次分明、简单明了、易读易懂），健壮（当输入不合法数据时，应当做适当处理，不致引起严重后果），高效（有效使用存储空间和有较高的时间效率）[1]。算法的特性有：有穷性、确定性、可行性、输入、输出。

搜索引擎是一个很棒的发明。这里面一个非常经典的算法就是Google的PageRank算法。

近几年南方舆情数据研究院招聘了不少数据分析师、技术工程师，我在面试时都会问一个问题："假设你有一位外婆在老家的乡下，稍微有一点点文化，但从没用过电脑，你怎样向她解释搜索引擎？"得到的答案各异，但没有一个让我及面试考官同事们完全满意。我们希望的答案是借用传统图书馆的小卡片（索引）来解释搜索引擎。搜索引擎的核心原则是，购买大量的服务器，将目标网站的网页按照一定的次序拷贝过来，按照常用的关键词，建立各自的电子化的索引

[1]　冯贵良. 数据结构与算法［M］. 第1版. 北京：清华大学出版社，2016：9.

体系。用户输入一个关键词，在索引体系里查找，而不是在原始网页里查询，这才能保障在毫秒级的时间里，电脑屏幕显示你要的答案。

同一个（组）关键词，可能有几千上万条网页，那么哪一条网页排在前面？这是一个困扰许久的问题。谷歌公司的PageRank算法提供的答案是，建立网页权重。找到这个完美的数学模型的是Google创始人拉里·佩奇和谢尔盖·布林。最早这些网页的原始赋值都是一样的，经过多次迭代，最后会得到稳定的网页权重值。根据这些权重，再综合发布时间、近期网民浏览习惯等数据，你所需要的网页顺序就排定下来。佩奇也因为这个算法在30岁时当选为美国工程院院士，是继乔布斯和盖茨之后又一位当选院士的辍学生。

这些经典的算法还有很多，它们构成了美妙的数字世界。你闭上眼睛细细品味，这些数学大师、算法大师的身影就闪烁在浩瀚星空中，永不熄灭。康德说：世界有两样东西能震撼人们的心灵，一件是我们心中崇高的道德标准，另一件是我们头顶上灿烂的星空。

对于计算机而言，数据存储都是依靠"0""1"，就涉及数据结构，就是数据怎样输入、输出、保存、运算的问题，涉及线性表、栈和队列、串、数组、特殊矩阵和广义表、二权树、树、图等专业问题。这其实就像一个工厂的大仓库，同一类零件，库存了100个，昨天进货了100个，今天又进了100个，这300个零件怎么摆放，如果有人来领取20个，你先从哪里出货？这些问题就涉及数据结构的问题。大量的数据、大量的服务器，就组成了数据仓库，而打开数据仓库的钥匙就是模型及算法。

模型、算法，与数据是互相依存的关系。好多模型、算法，需要建立在大量数据的积累上，没有数据积累，找不到模型、算法；同时，有了好的模型、算法，数据就更有了存在的价值。

现在我们面临一个算法无处不在的现实世界。出门坐公交车，道路设计，就是算法；半路上，看到车辆剐碰、保险公司出动，购买车辆保险就涉及算法；到了办公大楼，按了上行键，5部电梯中哪部先到达，也涉及算法；接个电话，通话时长3分零5秒，运营商收你电话费就涉及算法。畅销书《算法帝国》注意到这样一个问题——人类正在步入与机器共存的科幻世界，"算法和机器学习技术悄然接管人类社会，带我们走进一个算法统治的世界"。

很长一段时间，我惊叹于英语文字的奇妙，26个字母组成单词，按频率大小匹配各自的编码长度，再按照一定的算法（即"语法"），组成句子、段落。当然中国汉字也很奇妙，不过我们采用的是二维编码。遗憾的是，我有这个认识有点晚了，要不然在中学、大学期间语言课程可以学得更好。

　　电脑键盘目前是常用设备。键盘上的字母顺序是"qwert……"，而不是"abcde……"，为什么会这样呢？这里面也有算法规律。你可以自己通过搜索引擎了解一下。

（蓝云/文）

"大数据时代"才刚刚开始

未来驱动发展的不再是石油、钢铁

自19世纪以来，每个时代都带着最具代表性的标签。19世纪是煤炭和蒸汽机，20世纪是内燃机、石油和电力，进入21世纪，是信息革命和生物工程。而大数据是21世纪最闪耀的光环之一。2013 年被国外媒体称为"大数据元年"。"大数据"一词由英文翻译而来。正式推广"大数据"这一概念的是美国《自然》（*Nature*）杂志。2008年9月，《自然》杂志发表了一份以"大数据"为主题的专刊，标志着"大数据"这一概念受到高度重视，并迅速成为科学和创新领域的前沿话题。该专刊形容数据爆炸性增长的新术语——Big Data也开始频繁地出现于各种报告和演讲中。2010 年2 月出版的《经济学家》杂志发表的名为《The data deluge》的文章，被认为是"大数据"（big data）概念的发端。2011 年5 月，麦肯锡全球研究院发表了一篇名为《大数据：未来创新、竞争和生产力的下一个前沿》（*Big data：The next frontier for innovation，competition and productivity*）的研究报告，麦肯锡也因此被认为是最早明确使用"大数据"这一概念并最早指出大数据时代的到来。

对大数据基本特点的界定，IBM（国际商业机器公司）和IDC（国际数据公司）是业内最具代表性的。他们都认为大数据的基本特征是"4V"，即具有海量性（Volume）、多样性（Variety）、快速性（Velocity）的特点，IBM 认定的第四个"V"是真实性（Veracity），而IDC 则认为价值性（Value）才是大数据的第四个"V"。学界一般比较认同IDC 的观点，同时还指出价值密度的高低与数据总量的大小成反比。数据产生的速度越来越快，这会造成单位容量里数据所含的价值越来越低，但是这些价值密度看上去很低的数据却能够挖掘出意想不到的价值。2008 年，Google领先流行病学家之前两个星期，就准确预测出了流感的出现[1]，借助的数据资源就是网友在网上搜索时留下的"咳嗽""发烧"等词条，一个人留下的这些搜索记录是基本无价值的，但多人的记录就是宝贝，就有规律。

大数据在中国的火热，离不开旅美工程师涂子沛的重要推进。2012 年，他的著作《大数据》在中国社会开大数据之先河，引发了大数据战略、数据治国和开放数据的讨论，他在本书的后记中讲道："通过和一个又一个项目的'亲密'接触，我真真切切地'透视'到数据在美国政府和企业当中的重要作用。在了解其成因、背景和趋势的过程中，我常常被数据的力量和美感所震撼。"这种"震撼"，基本近似于自然科学家发现一个重要公式、社会科学家发现一条重要规律而带给外界的心灵冲击。

工业和信息化部部长苗圩认为：大数据通过数据整合分析和深度挖掘，发现规律，创造价值，进而建立起物理世界到数字世界和网络世界的无缝链接。由此产生的革命性影响将重塑生产力发展模式，重构生产关系组织架构，提升产业效率和管理水平，提高政府治理的精准性、高效性和预见性[2]。

国家行政学院常务副院长马建堂指出：从来没有哪一次技术变革能像大数据革命一样，在短短的数年时间，从少数科学家的主张，转变为全球领军公司的战略实践，继而上升为大国的竞争战略，形成一股无法忽视、无法回避的历史潮流。互联网、物联网、云计算、智慧城市、智慧地球正在使数据沿着"摩尔定律"飞速增长。大数据不仅仅是一场技术革命，也不仅仅是一场管理革命或者治理革命，它给人类的认知能力带来深刻变化，可谓是认识论的一次升华。大数据可以为决策者解决"四个问题"，提升"两种能力"，解决"坐井观天""一叶障目""瞎子摸象"和"城门失火，殃及池鱼"的问题，提升"一叶知秋"和"运筹帷幄，决胜千里"的能力。[3]

经过多年的努力，中国已拥有全球第一的互联网用户数和移动互联网用户数、全球最大的点子信息产品生产基地、全球最具成长性的信息消费市场，培育了一批具有国际竞争力的企业。中国的企业家以阿里巴巴董事局主席马云提出

---

[1]　在之后的流感预测中，Google却得出了错误结论。
[2]　《大数据领导干部读本》编写组. 大数据领导干部读本［M］. 第1版. 北京：，人民出版社，2015：1.
[3]　《大数据领导干部读本》编写组. 大数据领导干部读本［M］. 第1版. 北京：，人民出版社，2015：3.

的"DT时代"（Data Technology）为代表，认为未来驱动发展的不再是石油、钢铁，而是数据。

不管如何定义，其背后蕴含的共识是：这是一场大数据革命，我们需要全新的大数据基础设施、大数据分析体系、大数据思考方式，在一个全新的数据生态系统中，个人的思维、企业的创新、国家的治理、国家之间的博弈模式，都将发生系统性改变。

牛津大学网络学院互联网研究所治理与监管专业教授迈尔–舍恩伯格被誉为"大数据时代的预言家"。他在《大数据时代》书中提炼出了大数据时代的思维变革：更多，不是随机样本，而是全体数据；更杂，不是精确性，而是混杂性；更好，不是因果关系，而是相关关系。

核心数据永远稀缺，呼唤击打最有力的"甜点"

佛山顺德信理咨询公司董事长李少魁不但是名优秀的企业家，还是一位民间经济学家，出版了多本经济学专著。他长时间参与、关注广东及中国的网络问政、民间智库发展事业。近年几次见面，他几乎每次都会问我"什么是大数据"。我的回答综合起来是这样的：

1. 大数据的"大"是相对的。"大"是一个形容词，具有相对性。姚明身高2.26米，与他相比，2米大汉也是矮人。50年后我们再谈大数据，会有另外一个标准。而对原始人来说，到"3"就是数量很多了。在大数据概念流行之前，在金融、气象、经济学、军事、航空航天等领域，早就采用了类似大数据的研究手段。

2. 大数据是摩尔定律的必然结果。摩尔定律带来的存储技术的快速提高、存储成本的快速降低，客观上是信息、数据大爆炸的最大推手。我们一起来了解一些二进制体系下的数据基本换算单位，记住"兆吉太，拍艾泽"六个关键字就可以了。大数据是指一般的软件工具难以捕捉、管理和分析的大容量数据，一般以"太字节"（TB）为单位。Twitter每天产生7TB的数据，Facebook为10TB。一个城市的视频监控镜头约为50万个，一个摄像头一个小时的数据量就是几个G，每天的视频采集数量在3PB左右。2020年，全球将拥有35ZB的数据量。

数据基本换算单位

1B	字节		8b（bit位）
1KB	千字节	2的10次方	1024B
1MB	兆字节	2的20次方	1024KB
1GB	吉字节	2的30次方	1024MB
1TB	太字节	2的40次方	1024GB
1PB	拍字节	2的50次方	1024TB
1EB	艾字节	2的60次方	1024PB
1ZB	泽字节	2的70次方	1024EB

3. 云计算是大数据的算力基础。没有云计算的诞生，就不可能有大数据。要准确理解大数据，必须从云计算说起。2006年8月9日，谷歌CEO埃里克·施密特在搜索引擎大会上首次提出"云计算"（Cloud Computing）的概念。而后，亚马逊公司于2006年8月24日推出了弹性云（Elastic Compute Cloud）的公共版本。近几年来，国内云计算能力迅速发展，百度云、阿里云、腾讯云作为互联网企业的代表，华为、浪潮作为硬件设备的代表，产业能力已经和全球领先企业并驾齐驱。这种新型的计算方式，具有如下几种重要的特征：首先是计算体系规模庞大，一般由数量惊人的计算机群构成，谷歌云计算拥有的服务器超过100万台；其次是计算成本非常低廉，企业不必自建费用高昂的数据中心，只需付出较少的采购费用，即可享受云服务商提供的专业而强大的计算能力；第三，云计算服务具有按需分配和伸缩扩展的优点，云计算系统是一个机器庞大的资源池子，用户可以随时、随地、按需灵活地购买，就像购买煤气和自来水一样便利。云计算甚至可以让普通用户体验每秒10万亿次的运算能力，有了这种能力，模拟核爆炸、预测气候演变、实现基因测序都不再困难。《本草纲目》就是典型的大数据思维产物，只是当时还没有大数据这个名词。

4. 世间万物非线性、不确定性是大数据的现实来源。让我们一起来想象一下什么叫非线性带来的"复杂"。动物园复杂吗？答案取决于你看问题的角度。你会发现动物园里有成百上千只动物，每一只都不同。你又会发现每一只动物身上有成千上万根毛发，每一根毛发都不同。你当然可以进一步描述每根毛发的复杂特性。你的结论是：动物园的复杂程度远远超过我们的想象。物理学上还有一个"不确定性原理"，该原理由海森堡于1927年提出。这个理论是说，你不可能同时知道一个粒子的位置和它的速度。这表明微观世界的粒子行为与宏观物质很不一样。该理论涉及很深刻的哲学问题，用海森堡自己的话说就是："在因果律的陈述中，'若确切地知道现在，就能预见未来'，所错误的并不是结论，而是前提。我们不知道现在的所有细节，是一种原则性的事情。"

5. 好戏才刚刚开始，大数据目前还只是开端。以信息物理系统（CPS）为代表的具备智能属性的产品将贯穿经济体系的各个环节，CPS实现人、物、系统的广泛互联，大数据是系统的核心和"灵魂"。无论是德国的工业4.0战略，还是美国GE的工业互联网理念，本质是正式先进制造业和大数据技术的统一体。有专家预测，到2030年每人平均有7件可穿戴设备联上互联网，那个时候的大数据才进入正赛阶段，那个时候想必更会激荡人心！我们现在要做的是，建立大数据思维，做好充足的准备。

6. 大数据的核心价值是打通，打破壁垒。浓缩贵阳众多优秀案例，由"大数据战略重点实验室"出版的《块数据》一书，也明确阐述了这一要义。人类形成的大数据，更多的是以领域、行业为单位，往往是彼此割裂、互不相通的数据，这被称为"条数据"。"块数据"是一个物理空间或者行政区域形成的涉及人、事、物各类数据的总和，相当于将各类"条数据"解构、交叉、融合的数据。它可以挖掘出数据更高、更多的价值。贵阳案例、经验，值得我们高度重视。各方数据务必要打破界限，相互融通。手握海量数据却不对外适度开放，只是"财主"，不是"富翁"，更称不上"绅士"。

7. 大数据带来了科学研究的"第四范式"。让我们来回顾一下科学发展历史上的几个重要范式及其变革。第一范式是指经验科学阶段（也就是依靠观察、直觉），18世纪以前的科学进步均属此列，其核心特征是对有限的科学对象进行观察、总结、提炼，用归纳法找出其中的科学规律，比如伽利略提出的物理学定律。第二范式是指19世纪以来的理论科学阶段，以演绎法为主，凭借科学家的智慧构建理论大厦，比如爱因斯坦的相对论、麦克斯韦方程组、量子理论、概率论等。第三范式是指20世纪以来的计算科学阶段，面对大量过于复杂的现象，归纳法和演绎法都难以满足科学需求，人类开始借助计算机的高级运算能力对复杂现象进行建模和预测，比如天气、地震、海啸、核试验、原子的运动等。然而，近几年来随着人类采集数据量的惊人增长，"摩尔定律"正在突破"第三范式"的合理性和承载力，传统的计算科学范式已经越来越无力驾驭海量的科研数据了。欧洲的大型粒子对撞机、天文领域的Pan-STARRS望远镜每天产生的数据多达几千万亿字节（PB），很明显，这些数据已经突破了"第三范式"的处理极限，无法被科学家有效利用。对于这个有一个更通俗的理解，此前的科学范式更多研究的是"强关系"，现在研究的是"弱关系"，就像挖煤一样，露天的，已经挖走了，剩下的煤，在地里的更深处。在更深处挖掘时，需要更好的设备、更强的体力，同时也不排除有意外的收获，比如挖到金子。

8. 小数据时代的随机采样不行了。随机采样取得了巨大的成功，成为现代社会、现代测量领域的主心骨，但这只是一条捷径，是在不可收集和分析全部数据的情况下的选择，它本身存在许多固有的缺陷。它的成功依赖于采样的绝对随机性，但是实现采样的随机性非常困难。一旦采样过程中存在任何偏差，分析结果就会相距甚远。美国总统大选通过大数据，能够得到"小数据"所得不到的观点和结论。很多朋友了解"抽屉"原理，将三只兔子关进两个抽屉，那么必有一个抽屉里有两只或两只以上的兔子。人的头发很多，如果两个人头发的根数一样多，那是一件多么巧合的事情。但在今天的中国，至少有1万人，他们的头发根数一样多。这不过是抽屉原理的简单应用而已。人的头发一般不会超过12万根，把头发相同的人都放到一个大"抽屉"里，总共不到12万个"抽屉"。14亿人分到12万个"抽屉"里，总有一个抽屉超过1万人。你要研究头发相同的人的基本规律，那么整体样本数据就要足够大。

9. 核心数据永远稀缺，数据泛滥时代，更加呼唤击打最有力的"甜点"。科学界有这么一个评价，在所有一流的天文学家中，开普勒资质不算好，一生中犯了"许多低级的错误"，但是他有一件别人都没有的东西，就是他从老师第谷手中继承了大量的、在当时最精确的观测数据。有了这些数据，开普勒很幸运地发现了行星围绕太阳运转的轨道实际上是椭圆形的，由此他提出了三个定律，形式都非常简单，就是三句话。在网球界有一个专业术语，球拍有一个区域，那个地方接球后回球最省力，回球也最有威力，这个区域就叫"甜点"。数据泛滥时代，更加呼唤击打最有力的"甜点"数据，核心数据的价值更加宝贵。

一千个人眼中，有一千个林黛玉。我们每一个人都可以有对大数据的认知。正是这种多维认识，增加了大数据的丰富性、有趣性。

大数据快车道上的"六大陷阱"

2017年3月23日，在2018年世界杯亚洲区十二强赛的一场关键比赛中，中国男足1：0战胜韩国队。国足再次成为顶级话题。其实关于国足的故事一直是非常丰富的，此前，有一段用"大数据"分析中国男足的话语在网上走红。原文如下：

> 在长达84年十九届男足世界杯历史上，仅有三支国家队战胜过中国队，分别是巴西、土耳其和哥斯达黎加。即便是巴西这样的球队也只战胜过中国队一次。而中国队从未在世界杯点球大战中失利过，从来没有一支球队能够在世界杯上击败中国队两次。世界杯历史上共产生过8支冠军球队，也只有巴西队曾经战胜过中国队，欧洲诸强德意英法西荷葡等从来没有在世界杯上战胜过中国。而且，中国队在世界杯上丢球数远少于"桑巴王国"和以防守见长的意大利。另外，世界上除了巴西，中国队是另外一支敢在胸前绣五颗星的球队。

这样的表述肯定是荒唐的。以中国队只参加过一次世界杯正赛的经历、数据来做"大数据"分析，其前提就不成立。这说明，"大数据"分析必须有必要的数据量，否则就闹笑话。当然数据量不是唯一的因素。

2008年，Google通过分析5000万条美国人最频繁检索的词语，将之与美国疾病中心在2003年到2008年间季节性流感传播时期的数据进行比较，并建立一个特定的数学模型。最终Google成功预测了2009年冬季流感的传播，甚至可以具体到特定的地区和州，根据疾病防疫中心的事后评估，其精准度高达97%。这个研究成果发表在2009年2月的《自然》杂志上。

这个桥段被认为是大数据的一个重要应用场景，也是类似的故事引起了决策层和学术界、工业界对大数据更多的关注和重视。但是这个事例仅说了一半。

在后续的流感预测中，被寄予厚望的Google算法失灵了，比如2013年流感预警就严重出错。人们不禁怀疑：一直热捧的"大数据"怎么如此不堪？经过理性研判，可以知道，有很多原因导致了预测出错，而其中一个重要原因或许是：为了便于建立关联，涉及人员编入"一揽子"流感关键词，包括温度计、流感症状、肌肉疼痛、胸闷等。只要用户输入关键词，系统就会展开跟踪分析，创建地区流感图和流感地图。搜索引擎的开发者为了便于用户的使用，在用户输入关键词时，给出了一些推荐的关键词。由于这种推荐是精准的，意味着用户很大可能会选择系统推荐的关键词进行搜索。而从流感预测这个目标来看，其所依赖的反映用户即时需求的关键词数据事实上被搜索引擎本身加工过，实际上已经不是反映用户真实需求的数据，因此，预警出错也就不足为奇了。这个桥段对我们的提示可能在于：我们要尽可能收集"真实"的数据；我们尽可能收集"原始"的数据；我们不要人为干预数据产生的过程[1]。

插叙一个话题。搜索引擎在给人类生活带来众多便利的同时，也存在你完全意识不到的"溢出效应"。这种"溢出效应"很难短时间内在道德层面做出判断，但是我们有必要知晓。2013年4月15日，美国波士顿马拉松大赛发生爆炸案。美国联邦调查局发现，至少有1枚炸弹的制造材料是日常就可购买到的压力锅改造而成的，据此推测是国内恐怖分子所为。2013年7月，纽约萨克福马县一对夫妻，妻子用谷歌搜索了"压力锅"，而丈夫在同一时间搜索了"背包"，这导致一支由6人组成的联合反恐队，以"查水表"的名义对这对夫妻反复盘问："你们有炸弹吗？你们有高压锅吗？为什么只有电饭煲，能用来做炸弹吗？"对此类案例感兴趣的朋友，可进一步了解"棱镜"计划、斯诺登的报道。

大数据能为我们的工作、生活，为国家及社会的治理体系，也能为我们的思维过程带来很多的正向推进作用，在享受大数据红利的同时，我们也要注意大数据快车道上的"六大陷阱"，有研究人员将之总结为：数据封闭问题、数据割裂问题、数据隐私问题、数据歧视问题、数据独裁问题、数据垄断问题[2]。

1. **数据封闭问题**。数据量确实很大，结构也很丰富，但是这些数据分布在不同的地理区域、行政部门或企业平台。比如腾讯储存了人们在QQ和微信上的言论（关系）数据，阿里巴巴记录了购物数据，百度记录了搜索数据，移动运营商记录了日常通信数据，医院记录了人体自身的健康数据……这种数据孤岛现象使得大数据分析师无法获得多样化的数据，从而阻碍数据价值的实现。也许，"数据超市"或"数据交易中心"的建立在一定程度上可以缓解"数据孤岛"问题。

2. **数据割裂问题**。数据缺乏结构化、物理实体与虚拟实体或者虚拟实体之间

---

[1] 王崇骏. 大数据思维与应用攻略［M］. 第1版. 北京：机械工业出版社，2016：27.
[2] 王崇骏. 大数据思维与应用攻略［M］. 第1版. 北京：机械工业出版社，2016：65.

缺乏有效的映射，这就使得多源数据的整合成为棘手的问题。来自IDC的报告显示，2012年全球数字信息中90%的信息都是视频、声音和图像文件等非结构化信息，这使得数据转化、分析需要充分借助新技术手段，而在此过程中数据的真实性、完整性会遭到破坏。

3. 数据隐私问题。"数据为王""数据权就是行政权"已成为各行业巨头、政府管理部门的共识。"数据淘金潮"" 共享经济战略"等激励商家使用各种手段收集消费者各类数据，消费者在享受这些便利服务的同时，也将自己的数据、隐私暴露给商家。政府从国家管理的角度也在有意无意地记录公民隐私，这本无可厚非，这些数据如被不法分子使用，其社会后果非常严重。数据领域也成为大国博弈之间的重要战场。

4. 数据歧视问题。过于依赖已获得的、能得到的数据而产生对事件本质的误判。科幻电影《少数派报告》里面有一个极端例子：假如人类数据分析能力已强大到可预测人类个体的犯罪行为何时发生，此时会有一个可怕的伦理问题，即该个体会为即将可能发生的犯罪负责而不仅仅是对"已做"负责。这可能会违反现有法律精神，也超出大部分法律工作者的想象。数据歧视问题在生活中会以各种面目出现。比如A地警察部门积极破案，民众报案也踊跃，也允许大众传媒报道适合公开的案件，B地警察部门消极作为，民众报案积极性受重挫，大众传媒基本不报道案件，如果仅根据A地报案量、媒体案件报道量高于B地就得出"A地治安情况不如B地"结论是有失严谨的。

5. 数据独裁问题。过于疑惑和迷恋数据本身而忽略了数据的本质，这个问题其实一直都存在，而并非大数据时代专有。比如政府使用绩效来评定一个官员的执政水平，这就使得官员过分注重绩效数字本身，而不是真正地"执政为民"。17世纪法国的唯理论哲学家、发明了解析几何的数学家笛卡尔，曾有一个大胆的设想，"一切问题转化为数学问题，一切数学问题转化为代数问题，一切代数问题转化为代数方程求解问题"。笛卡尔想得太简单了，如果实现了他的计划，一切科学问题都可以机械地解决了。

6. 数据垄断问题。具有数据垄断地位的数据型大公司、大组织因为对数据具有垄断地位而成为信息时代的垄断企业，使得本该公平的竞争从一开始就处于不公平的状态。

类似对大数据热潮的冷思考，国内外有识之士均有关注到。中国电子科技大学互联网科学中心主任周涛在《大数据时代》序里说："希望给予大家的是一些实实在在的思考，并且唤起各位安静思索相关问题的心境。大数据是一个很重要的概念，代表了一个很重要的趋势，但绝不是一种放之四海而皆准的"万金油"概念——越是万能的，越是忽悠的。人类学家吉利福德·吉尔兹在其著作《文化的解析》中曾给出了一个朴素而冷静的劝说："努力在可以应用、可以拓展的地方，应用它、拓展它；在不能应用、不能拓展的地方，就停下来。"这应该是所有人面对一个新领域、新概念、新思潮时应有的负责任的态度。

今天，大数据似乎成为了"万灵药"，从总统竞选到奥斯卡颁奖，从WEB安全到灾难预测，都能看到大数据的身影，正如那句俗语，"当你手里有了锤子，看什么都像钉子"。对此务必要头脑清醒。

恩格斯说："人看不见紫外线，但人知道蚂蚁能看到人看不到的紫外线，这显示了人的智慧。"我们即使当不成蚂蚁，也要成为能知道蚂蚁的人。

有序推进数据开放，共建数据生态圈

大数据是一个新生事物，围绕其的概念认知、实践探索、各方利益博弈一直没有停止过。

其中一个最重要命题就是数据所有权。对于任何一批或一组数据，都可以提出六个疑问——是谁的，谁来保存，谁来用，怎么使用，为谁用，使用过程谁来监督。

数据主权是云时代国家主权理论的新发展。数据是国家权力的基础。数据是信息的载体，而信息就是权力。约瑟夫·奈认为，权力正在发生从"资本密集型"（capital-rich）到"信息密集型"（information-rich）的转移。[1] 他还指出，信息力是美国外交力量的倍增器（force multiplier）。托夫勒也曾指出权力的三个支柱，即暴力、财富和知识。前两者是低质权力，而知识才是高质权力，它可使暴力和财富增值。[2]

随着大数据重要性日益凸显，数据主权成为各方争夺的焦点。根据美国2001

---

[1] Joseph S. Nye, Power in a Global Information Age: From Realismto Globalization, New York: Routledge, 2004, p. 75.

[2] 阿尔温·托夫勒. 权力转移 [M]. 刘江等，译. 北京：中共中央党校出版社，1991：9、28.

年《爱国者法案》（*USA PatriotAct*），美国政府可以获取任何存储在美国数据中心的信息或者是美国公司所存储的信息，这不仅不需要数据主体（data subject）的事先同意，有时数据主体可能根本都没有意识到。[1]云计算的优点是低成本和灵活性，许多私营机构和公共部门或许会因此倾向于将其数据和信息系统都输送在云端。正如工业革命将工人与生产方式逐步分离一样，云计算使网络生产（如硬件、软件、内容和数据）越来越集中到少数互联网服务商手里。[2]

从主体方面看，处于网络空间不同行为能力层次的不同国家对数据主权的侧重有所不同。处于数据控制弱势的国家对数据主权更加敏感，如西方提倡数据主权的学者主要集中在欧洲而非美国，原因在于，美国在网络空间和数据控制上占有总体优势，相对而言不如欧洲敏感。与此同时，多数西方学者提到的数据主权多指个人数据主权，而中国学者更加强调国家数据主权。如有中国学者指出，数据主权的主体是国家，是一个国家独立自主对本国数据进行管理和利用的权力。[3]

2015年，中国的多个专车出行平台发布了市民交通出行报告，还据此论证国家哪个部门的工作人员加班时间最长。以社交网站为例，数据所有权涉及多方利益主体，包括用户群体、互联网接入服务提供商及通信服务提供商、社交网站服务商等，而根据相关法律规定，国家可能拥有限制这些数据出境的权力。

对于某个滴滴出行用户、淘宝用户而言，他的每一次出行或购买，都留下痕迹，都是数据。那么这组数据属于谁，谁能使用？现在默认的规则是，如果站方提供便利，该用户可以查询其本人的相关记录；站方可以批量处置这些数据，在不侵犯个人隐私的情况下，可以得出一个整体的结论（类似上述滴滴出行的报告）；国家拥有对批量数据的最终审核权。

南方舆情数据研究院曾专门到某通信运营商调研，谈及对公民电话通话记录的使用问题。该运营商介绍，对于具体某一位公民的某一个通话记录，将依据国家法律法规严格保护；如果公共利益有重要需求，通过一定的法定程序，可以提交一段时间内某一个区域50或60万居民的电话通讯统计结果。有了这种统计结果，我们可以得出特定时期特定人群的迁移、聚集结果，衍生其他重要价值，同

［1］ Primavera De Filippi, Smari McCarthy, "Cloud Computing: Centralization and Data Sovereignty", European Journal of Law and Technology, Vol. 3, No. 2, 2012, p. 15.

［2］ Primavera De Filippi, Smari McCarthy, "Cloud Computing: Centralization and Data Sovereignty", European Journal of Law and Technology, Vol. 3, No. 2, 2012, pp. 1—2.

［3］ 曹磊. 网络空间的数据权研究［J］. 国际观察, 2013（1）: 56.

时也可看出通信运营商对公民的隐私权益有完整的保障措施及机制。

由此得出初步结论，主权国家或主权机构行使数据主权并不意味着对数据实行完全控制，而是要在管制与开放之间实现合理的平衡。在中国语境下谈论数据所有权，比如谈论到某个政府部门设置数据壁垒，形成了数据孤岛、数据烟囱，各方数据是"川"字形，而不是"井"字形等不合理的现状。部门利益主义、对数据治理缺乏足够的认知是基本情况，另一个要理解并明确的是，数据就是权力的一部分，任何一个部门捍卫自身数据，是自我保护权力的必然冲动。能认知到这一点，再谈数据合作、数据开放、数据治理，就会更顺利一些。

数据开放与我们通常讲的信息公开又有什么异同呢？依据《中华人民共和国政府信息公开条例》，根据信息公开的程度，可以将政府数据划分为三种类型：对社会完全公开的信息，例如政府政策法规、政府采购信息等；不完全公开的信息，比如政府各部门内部管理使用的信息，例如税收征管信息、居民户籍信息；保密信息，涉及国家安全、商业秘密或个人隐私的数据，例如公民的通话记录和网络访问记录等。简要说来，政府信息公开对应于窄带电子政务，政府数据公开对应于大数据时代，两者有十年的时间差。

我认为，要真正做到数据开放，现有的《中华人民共和国政府信息公开条例》恐怕要适度修订。据公开的新闻报道，2013年3月全国"两会"期间，国务院总理李克强与浪潮集团总裁孙丕恕关于"加快政府数据开放"的一段对话吸引了各界注意。"随着电子政务建设的不断发展，各级政府积累了大量与公众生产生活息息相关的数据，掌握着全社会信息资源的80%，其中包括3000余个数据库。"在谈及加快政府数据开放的必要性时，孙丕恕曾列出一系列清晰有力的数据，"西方主要发达国家都将其政府数据开放作为国家战略推动，借助政府数据开放，美国的医疗服务业节省3000亿美元，制造业在产品开发、组装等环节节省50%的成本。"李克强现场给出了自己的回应："政府掌握的数据要公开，除依法涉密的之外，数据要尽最大可能地公开，以便于云计算企业为社会服务，也为政府决策、监管服务。"

换一个角度讲数据公开。如果不讲对外完全公开，讲半公开，讲数据内部公开、脱敏后适度公开，就是在党政机构内部形成一个除非国家特别机密信息，一般性的数据在机构内部不同部门之间公开。上述"南海统筹局"的石破天惊的意义，以及"深圳坪山经验"的重要意义在于，相当一部分数据在部门内部已经公开，不同的部门之间可以相互调用数据。

数据公开还牵涉到部门博弈、城市竞争。大数据专家涂子沛在其微信公众号里曾写道，"几乎所有的市民服务中心，目前实现的，都仅仅是物理空间上的人员聚集，数据连通非常有限"，"政府部门数据连通问题，不是技术问题，而是利益问题、奶酪问题，也是官僚政治的基本问题"。

贵阳大数据交易所2016年5月发布报告指出，可公开流通的政务数据包括：政府审批信息数据、财政预算决算和"三公"经费数据、保障性住房信息数据、食品药品安全信息数据、环境保护信息数据、安全生产信息数据、价格和收费信息数据、征地拆迁信息数据、以教育为重点的公共企事业单位信息数据。贵阳大数据交易所还规划了下述12类"可交易的数据品种及类型"[1]：

序号	数据品种	核心数据类型
1	政府大数据	政府统计数据、政府审批数据等
2	医疗大数据	病历数据、就诊数据、药品数据等
3	金融大数据	企业数据、个体数据、个体户数据等
4	企业大数据	中小微企业数据、外资企业数据等
5	电商大数据	商品交易数据、药品流通数据等
6	能源大数据	石油、天然气等所有相关的数据
7	交通大数据	停车场数据、车辆位置数据等
8	商品大数据	电子标签数据、商品物流数据等
9	消费大数据	个人消费数据、个人征信数据等
10	教育大数据	学习轨迹数据、教育消费数据
11	社交大数据	与社交相关的所有数据
12	社会大数据	与社会管理、政府管理有关的数据

在公共决策领域，党政部门是主力军，主体数据都在党政部门。数据公开的主体、带头人，必然是党政部门，这是义务、责任，也是权利、使命，也是实现中国梦、推进治理现代化进程的必然选择。公布数据的过程，也是公民权利的进一步争取、政府权力的进一步释放，其间过程漫长。

再换一个角度讲数据公开。谈谈公众对政府公开数据的接受或认可程度。南方舆情数据研究院曾向某市的49位企业家发出调查问卷，"您认为当地政府公

[1] 贵阳大数据交易所. 2016年中国大数据交易产业白皮书［R］. 第5版. 2016：39.

开的数据准确度高吗？"有14.29%的人选择"非常准确"，另有51%的企业选择"无法判断，但选择相信"。

您认为当地政府公开的数据准确度高吗？		
选项	小计	比例
A. 非常准确	7	14.29%
B. 不准确，有虚假成分	13	26.53%
C. 无法判断，但选择相信	25	51.02%
D. 无法判断，但选择不相信	4	8.16%
有效填写人数	49	

数据来源：南方舆情数据研究院

数据开放的主体一定是党政机构吗？也未必。脱敏处理后的数据，可以适度开放给公众。

在寻求数据助推社会建设的过程中，我们鼓励创新，鼓励试错，鼓励多种社会力量介入，鼓励有偿使用。数据治理的背后是机制、体制创新，也就是政治创新。大数据带来了"弯道超车"或重新制定游戏规则的机会。在此过程中，主流媒体可以担当一个社会先行者、机制探索者的角色。

我们也要避免"唯数据论"，避免庸俗化理解大数据，坚决避免大数据的过热化。在力图最优综合效益的进程中，还要注意数据安全、数据伦理、数据文化，共建有益的、可持续的、造福广大人民群众的数据生态。综合上述种种，我们才可以说，这才是一个完整的"数据最优化"进程。

（蓝云/文）

探寻精准治理的"欧拉恒等式"

治理现代化，第五个现代化

十八届三中全会公报指出："全面深化改革的总目标是完善和发展中国特色社会主义制度，推进国家治理体系和治理能力现代化。"习近平总书记在2014年2月17日省部级主要领导干部全面深化改革专题研讨班的重要讲话中进一步强调，要正确理解和把握好两组关系：一是完整理解和把握总目标前一句和后一句的关系。前一句规定了我们的根本方向，就是走中国特色社会主义道路；后一句规定了在根本方向指引下完善和发展中国特色社会主义制度的鲜明指向。二是正确理解和把握好国家治理体系和治理能力现代化的关系。

这也是"治理能力现代化"词组首次出现在全会公报。中央编译局原副局长、北京大学政务管理学院院长、南方舆情专家委员会主任俞可平称之为"第五个现代化"。"现代化"这一关键词公众比较熟悉，现代化建设在我国已经搞了几十年了，并且有新老"四化"之分。另一个关键词"治理"，以往更多地属于学术研究体系，十八届三中全会之后迅速成为社会热门词语。据统计，十八届三中全会公报9次提到"治理"，全会通过的《决定》则有24次出现"治理"一词。过去谈到国家和人民的关系，叫国家统治，后来叫国家管理，如今改称"国家治理"。一般认为，治理指的是公共机构为实现公共利益而进行的管理活动和管理过程。治理理论在20世纪90年代兴起于一些国家，最早由20世纪80年代初的"地方治理"和80年代后期的"公司治理"发展为"公共治理"，现已成为全球政府治国转型的普遍趋势。

中共中央政治局委员、广东省委书记胡春华就如何推进国家治理体系和治理能力现代化指出，要把"破"与"立"结合起来，更加重视体制机制制度建设。立足现实，着眼未来，尊重规律，努力建设适应新形势的体制机制制度，把广东作为深化改革先行地的作用充分发挥出来。

俞可平教授在《中国治理评论》发刊词里指出，治理与统治既有相通之处，也有实质性的区别，统治的主体只能是政府权力机关，着眼点是政府自身，而治理的主体可以是政府组织，也可以是非政府的其他组织，或政府与民间的联合组织，着眼点是整个社会。中央吹响全面深化改革号角，既重视"顶层设计"，也强调尊重人民的首创精神，鼓励地方大胆探索。广东是我国改革开放的排头兵。改革开放30多年来，广东率先探索建立社会主义市场经济制度，着力深化行政管理体制改革，大力培育和促进社会组织发展，努力扩大公民参与社会管理的渠道，在治理创新方面积累了许多弥足珍贵的经验。广东各级党政部门及公共机构落实中央和省委决策动作快、力度大，广东实践十八届三中全会"推进国家治理体系和治理能力现代化"的蓝图，及省委对贯彻十一届三次全会精神和全面深化改革的部署，得到充分反映。韶关市市委书记、南方报业传媒集团原党委书记莫高义指出：深刻理解和准确把握全面深化改革总目标，由此深入探索政府治理能力现代化的有效路径，是南方报业举办"政府治理能力现代化"广东探索经验交流会的基本遵循。

近年来，南方报业一直高度关注治理创新领域的新变化、新举措、新成果，并给予充分报道。2012年、2013年连续举办了两届"广东治理创新奖"评选活动，并和广东省委党校、华南理工大学公共政策研究院等机构合作，发布《广东治理创新报告（2007—2012）》，社会反响积极。"中国网络问政研讨会"由南方报业首创，并和各界机构广泛合作，在2010年、2011年、2012年连续主办三届。

以广东为重点研究对象，从民间、传媒的角度，以"治理"为主线，串起一组案例，在此过程中交流、碰撞、提升，推进"现代化"进程，其实正是一系列活动筹办、一系列书籍出版的基本工作思路。

打造精准治理、多方协作的社会治理新模式

2015年9月，国务院发布《促进大数据发展行动纲要》，提出"打造精准治

理、多方协作的社会治理新模式", 建立"用数据说话、用数据决策、用数据管理、用数据创新"的新型管理机制。南方报业以"数据治理"为发力点, 迅速找准传统主流媒体在大数据时代的定位和转型路径。

2016年10月26日, 在"大数据应用及产业发展"大会主论坛上, 时任广东省委宣传部副部长、南方报业传媒集团党委书记(现任韶关市市委书记)莫高义发表了题为《数据传媒·数据治理·数据发展》的主旨演讲, 在全国率先从政治学、社会学层面重新阐释"数据治理"理念, 从大众传媒的角度提炼并浓缩了广东各个地市、省直机关的相关探索, 引起业界和学界广泛关注。"数据治理"(data governance)在企业、技术层面不是一个新词, 但从政府治理角度阐释"数据治理"理念, 在全国则是首次。

因为三期风险叠加的原因, 中国社会建设目前进入一个重要时刻, 要解决的问题和困难确实比较多。这就需要用到多种办法, 就其中有两个关键: 一是从管理到治理理念的新突破, 治理与统治既有相通之处, 也有实质性的区别, 统治的主体只能是政府权力机关, 着眼点是政府自身, 而治理的主体可以是政府组织, 也可以是非政府的其他组织, 或政府与民间的联合组织, 着眼点是整个社会[1]; 二是技术化手段的"软应用", 借助技术思维、技术平台、数据资源, 可以轻松应对或解决很多社会问题, 而且成本又低。这两个关键点又是相辅相成的, 本质上与"多方协作"要求、"共享"理念高度吻合。充分借助数据治理思维, 对中华民族的学科建设、群体认知来说又有着特殊的意义。通过黄仁宇先生的著作《万历十五年》, 我们深深地记住了"数目字管理"这个词组。

纷繁世界, 利用数字, 能巧妙找到之中规律。陈景润与哥德巴赫猜想的故事, 让我们深深记住了"数学是自然科学的皇冠"。不同的对象、不同的维度, 许多事物貌似不相关, 但在数学大师手上, 都能找寻到规律、关联。有数学基础的朋友, 对"欧拉恒等式"[2]都会有发自内心的敬畏。自然常数、虚数单位、圆周率和1、0, 这5个数字有着最简洁的关系。"数据治理"的核心目标, 就是找到国家、社会治理领域的"欧拉恒等式"。

作为改革开放的前沿阵地, 广东的许多探索走在全国前列, 难能可贵的是, 各级党政官员、群团组织负责人保持了旺盛的创新精神。3年前, 由南方报业传媒集团联合北京大学、中山大学、暨南大学等机构发起承办了"粤治-治理现代

---

[1] 俞可平. 中国治理评论(第1辑) [M]. 北京: 中央编译出版社, 2012.
[2] 欧拉恒等式表述为$e^{i\pi}+1=0$, 被公认为有史以来最伟大的数学公式之一。

化"广东探索经验交流会。2016年4月26日举办了第三届,首次评选"大数据与公共服务"组案例,从60多个自荐、他荐案例中,经专家评审选出了"代表履职支撑保障体系建设2——大数据服务平台"等8个优秀案例。俞可平教授是"粤治"活动评审的总学术顾问,过去的15年他还主持了8届"中国地方政府创新奖"的评选,他指出:广东和浙江两省,一直走在地方政府创新的前列,从2016年的申报情况看,广东和浙江是申报政府创新项目最多的两个省份,几近全国申报数量的一半,经验值得认真总结[1]。这些案例以及媒体公开报道的省内外相关探索,能够揭示"数据治理"的一些基本规律。

2016年11月3日的《南方日报》刊发了我的一篇文章,题目为《探索"政企媒"融合互动的禅城新模式》。我以佛山禅城为例,完整阐述了对大数据、治理的认识,文章节选如下:

在今天,大数据社会治理已非新鲜事物,它是指用大数据推进政府治理能力和治理体系现代化,目前全国不少城市均有试行。但像佛山市禅城区这样,在一个经济发达的老城区建设"智慧型城市",进行大数据治理,笔者认为这种魄力和勇气值得称赞。尤其在大数据治理的方向路径仍未明晰的情况下,禅城的探索有望成为广东乃至全国的示范样本。

从广义上来看,数据治理并不是新名词,它最初是与企业管理密切相关。简单来说,就是把数据集中在一起,统一进行调控以降低成本、建立用户生长库,彼时属于技术层面概念。而把数据治理上升至政治学和社会学角度,在更大的时空背景下,把大数据和国家治理紧密结合起来,将拥有更宽阔的空间和更深远的意义。

用大数据进行社会治理有什么好处?笔者认为,一是可以降低社会治理综合成本;二是通过更"软"的管理手段达到更好的社会效益;三是通过数据治理降低改革带来的社会震荡风险,让市民更易接受。

当然,目前数据治理正面临着"人才、安全、意识"三方面的发展瓶颈,其中人才最为稀缺。据南方舆情对省内98家政府机构的问卷调查显示,79.59%的政府机构人员认为缺乏大数据人才,而仅有25.51%的政府机构人员认为推进大数据开放的阻碍是财政困难。

[1] 陈枫. 建设创新型国家和社会关键在建设创新型政府[N]. 南方日报,2016-4-26:A06版,http://epaper.southcn.com/nfdaily/html/2016-04/27/content_7540661.htm.

因此，在此背景下，数据治理更需要多方合力共建。其中，直接主体是党政机构，此乃数据治理的主攻手。大众传媒及其新型智库以其资源、人力、品牌优势及聚集各方资源、宣传号召的能力，可以充当最佳二传手。而最需要抗压能力、最能随机应变、最有技术思维的事则可交由企业，让他们来做市场的一传手，调动更多人才参与到数据治理当中。

三者配合，用大数据推进社会治理现代化，禅城已卓有成效。在笔者看来，在继续推进过程中还需要注意三个风险点。首先是数据利益，每一个政府职能部门都有自己的利益和诉求，捍卫自身数据是自我保护权力的必然冲动，出让数据背后等于把权力进行释放，相应来说该部门的职能权力也会被缩小，因此政府各部门要认知到这一点，由此来权衡各部门的利益，进行数据合作和数据开放，从而构建更完整的数据库。在微观层面稀释权力的过程中，单个部门可能有所损失，但在宏观层面，部门整体有了更好的、更美的治理机制及效益，所得远大于所失。

第二个需要注意的方面是数据安全。如现在备受关注的电信数据诈骗，其背后涉及的就是公民的数据安全。又如，对于某个滴滴出行用户、淘宝用户而言，他的每一次出行或购买，都会留下痕迹，都将形成数据。那么这组数据属于谁，谁又能使用？这就涉及数据主权这一概念，任何数据都存在六个疑问，即"是谁的，谁来保存，谁来用，怎么使用，为谁用，使用过程谁来监督"。

第三个方面是需要打造一个数据生态，政府要聆听企业和个人诉求，打造好的数据道德、数据伦理和数据文化，调动更多市民积极参与"智慧城市"的建设中，共同分享数据红利。在此方面，禅城能否率先试行，在未来做到将各种证件打通，从数据链、数据平台向数据城市进化？在此，笔者认为，数据新生态，实质就是一种"注意数据安全、数据伦理、数据文化，共建有益的、可持续的、造福广大人民群众的数据生态"。

需要注意的是，数据治理是四位一体的，涉及物体、事件、人员和数据四个复杂的方面，因此要寻找社会治理领域的"欧拉恒等式"，从繁复和无规律中，寻找更简洁的联系。这也是南方报业传媒集团近年一直探寻的"数据治理"路径。

广东"数据治理"现状

广东省委、省政府高度重视互联网在创新驱动中的先导作用，根据网络强国战略、国家大数据战略和"互联网+"行动计划等决策部署，提出了建设网络强省战略，在省级层面率先建立大数据管理局，相继出台《广东省大数据发展规划（2015—2020年）》《"互联网+"行动计划（2015—2020年）》《广东省云计算发展规划（2014—2020年）》。

具体说来，有以下比较有代表性的案例：

1. 网上大厅。广东省网上办事大厅自2012年10月19日开通，集省、市两级统一的集信息公开、网上办理、便民服务、电子监察于一体，实现政务信息网上公开、投资项目网上审批、社会事务网上办理、公共决策网上互动、政府效能网上监察，同时链接党委系统的网上信访大厅。截至2015年10月底，广东省网上办事大厅省直45个进驻部门1613项应进驻事项中，1102个行政审批事项实现全流程办理，较上半年新增23个事项，网上全流程办理率为88%[1]。

2. 代表履职。围绕省人大代表和在粤全国人大代表履职需要，在之前"在线交流平台"的基础上，开展"代表履职支撑保障体系建设2——大数据服务"建设，搭建资讯丰富、智能分析、个性服务、可持续性生长的大数据平台。2016年1月起全面启用，开设了10个大数据服务订阅号。比如其中的"议案建议选题参考"订阅号的主要功能有：通过自动分析与人工干预相结合的方法，列出当前各领域热点，并附相关文件供代表参考，用于解决代表想提议案建议但千头万绪、无从下手的问题。在全国的人大系统中率先将大数据技术与代表履职有机结合，广东省人大代表卢韦评价该平台"数据不光多，还可以融合、关联"。

3. 数据统筹。佛山市南海区于2014年5月成立了国内首家数据统筹局，创新性地提出"数据统筹整合政务资源、业务统筹提质社会治理与服务、数据统筹开放促进创新发展"的发展思路。通过数据驱动和"互联网+"为引领，推动政府治理和公共服务由传统的以部门为中心向现代的以公众为中心转型。激活"封闭沉睡"的政务数据，实现有序向社会开放和应用。已基本建成地图库、法人库、人口库、政务库、城市环境库、产业经济库、决策分析库等基础数据库，基本实

---

[1]　本节14个案例，除特别说明外，均来自南方舆情数据研究院在2016年4月"粤治"优秀案例基础上完成的内部资料汇编。

现政府各部门数据互通共享。

4. 平安指数。从全国来看，社会平安状况缺少一个像$PM_{2.5}$指数一样能适时、简单、权威的评判指标。珠海市公安局、中山大学组成联合团队，经一年多调查研究，通过大数据、相关性分析、模型论证等，最终选取了违法犯罪警情指数、消防安全指数、交通安全指数等3项与群众生活感受最密切、影响最直接的项目作为珠海"平安指数"基础指标，对全市24个镇街进行综合赋分。2014年12月，指数正式公开发布，珠海成为全国首个以镇街为单位每天发布综合平安状况量化指数的地级市。

5. 税务治理。征纳信息不对称，纳税服务措施与纳税人实际需求不对应、甚至"两张皮"，涉税舆情难监管……自2015年下半年以来，汕头市国税局通过涉税大数据平台、微信申报、学习成长型电子税务局、互联网+税务＋金融等举措，致力提高纳税服务和税务精准治理水平。通过完善用电、用工、厂房面积等测算因子优化产能测算预警模型，将全市16类1.7万户工业纳税户纳入产能预警监控管理；通过查询互联网公开信息，及时对居民及非居民企业股权变动情况进行跟踪管理，居民企业间接转让股权、境外股东减持股份等情况及早掌控。

6. 数字城管。珠海数字城管于2014年1月完成重组。全市划分为多个单元网格，运用大数据网络，实现由被动向主动、由粗放向精细转变的"新型城市管制模式"。作为珠海唯一的全市性的、综合性的信息化平台，每天受理的案件达到1000宗左右，在全国率先将综合评价系统与纪委（监察局）效能监察联网，确保城管案件能及时解决。在全省率先建成了主城区地下管网子系统，包括了通信、电力、燃气、供水、排水、电视等六大类管线。

7. 交通治理。为解决"多卡并存，多卡不通"难题，在省委、省政府督办和省交通厅部署下，2011年6月，由多家企业合作，成立了广东岭南通股份有限公司，目标是建立全省统一的交通一卡通"类银联"系统，实现"一卡在手、岭南通行"。截至2016年3月，岭南通已基本开通省内21个地市，服务通达香港、澳门地区，累积发卡量超过4920万张。日均刷卡量超过1200万人次，跨区域日均刷卡量超过100万人次，由此推算全年的数据量超过18TB（1TB=1024GB），是中国规模最大的区域交通一卡通系统。岭南通公司还与阿里云联合举办了广东公共交通大数据竞赛，吸引了来自全球的4615支队伍参赛，产生了数百种有价值的预测算法和分析思路。

8. 污染防控。2012年，中国颁布实施了《环境空气质量标准》（GB3095-

2012），结合珠三角区域大气复合污染立体监测网络及其管理应用平台，广东省环境监测中心自主研发了区域空气质量空间分析的优化算法，提出了空气质量要素—气象场要素—地理信息要素多维集成动态展示的技术方法，是目前世界上第三个，也是发展中国家唯一的大气环境管理的区域案例，成果率先在珠三角地区实现了业务化示范应用，并逐步推广至全国。同时升级组建了粤港澳珠江三角洲区域空气监测网络。

9. 食品安全。2015年，根据省政府重点工作部署，广东全面启动新的食品安全追溯系统建设。在婴幼儿配方奶粉的基础上，重点推进婴幼儿配方食品、酒类、食用油的电子追溯系统建设。以生产经营企业电子台账为核心，自动采集重点监管品种生产经营数据，实现覆盖生产、流通、餐饮等安全环节的追溯。同时与中国物品编码中心数据实现了对接，采集国家、外省食品监督抽检信息，实现"全品种可查询，重点品种可追溯"。

10. 智慧农业。中国农业问题的表象是粗放式发展、靠天吃饭，其根本问题是效率不高、效益不强、效能不够，原因在于各生产要素缺乏耦合效应，产业衔接不紧，农业大系统循环性、协同性不够。"广东农业各领域应用支撑和数据交换平台"已完成对省农业厅农业行政审批与管理业务系统梳理，实现农业各领域包括畜牧、种植、农机、科教等涉农业务数据的梳理、汇聚和展示，构建统一信息资源规划、统一数据标准的农业大数据中心。

11. 医疗数据。2016年1月30日，广东省医疗大数据实践基地揭牌。该平台旨在建立药品可追溯源，监控药品的流通环节、流通渠道等，监管执业药师和执业医师的执业活动，通过远程处方审核中心的建立，有效联动食品药品监管局、发改委、质监局、民政部门，起到最大的监督监管作用，促进远程处方审核崭新的健康发展。[1]

12. 中央厨房。越来越多的媒体开始关注并试行"中央厨房"模式，逐渐成为近一两年来的媒体改革方向。而学术界相关论文生产也在2013年后飞速增长。从278篇论文来看，绝大多数研究都将新时期的"中央厨房"总结为"新旧融合、一次采集、多种生成、多元发布"。在通过具体案例来分析"中央厨房"的学术论文中，被作为个案讨论的媒体集团包括：人民日报、新华社、南方报业传媒集团等。"中央厨房"的主要流程有：共享线索和选题、基于数据库的素材二

---

[1] 周伟龙. 广东省医疗大数据实践基地昨日揭牌［N］. http://mt.sohu.com/20160131/n436431451.shtml.

次加工、报道内容多媒体化、针对不同媒体形态确立发稿原则。[1]

13. **工情数据**。广东是经济大省，GDP占全国的1/10，正面临着非公企业多、外来务工人员多、劳资纠纷多等情况。在加强互联网信息监测的同时，通过先进技术手段，开展互联网的就业信息、工人情绪等数据的汇集整理和分析研判，从网络上海量的信息中发掘出有价值的信息，通过大数据研究手段，快速、准确研判广东省工人、工厂、工会信息数据，全面了解工人们的社情民意，为决策提供支持和依据。

14. **基层治理**。成立于2009年6月的深圳坪山新区是一个非常典型的半城市化特征地域，辖区面积166平方公里，实际管理人口62万（其中户籍人口4.7万），面临人口结构复杂、管理数据库缺失、传统的事件处置方式较为粗放、政府决策缺乏数据支撑等难题。坪山新区以承担国家智慧城市试点区和深圳市社会建设"织网工程"综合试点区为契机，建立起"新区直管""采办分离"等为特色的社区网格化服务管理体制，创新城市管理和社会治理方式，提高公共服务质量。全区划分为450个基础网格，每个网格对应一名网格员，明细责任和边界，实施全时段、全地域的信息采集。同时还通过横向、纵向贯通，集成了30多家市直单位和所有区直部门、2个办事处23个社区的数据，将政务信息系统架构由"川"字形改造为"井"字形。

以上14个案例，包含省级层面、各省直机关和地市、基层的县区等，既有全省层面或一个区域全方位、融合管理及服务的数据统筹，也有垂直行业如衣食住行等方面，基本上体现了当下广东数据治理的基本特点。

在广州、深圳、惠州、佛山、东莞、韶关、潮州、揭阳、茂名等广东省内区域，在广东旅游、交通、金融、电商物流、要素交易等行业，大数据工作也进行了有益的探索，亮点多多。2016年4月，广东省出台了《广东省促进大数据发展行动计划（2016—2020年）》，其中明确，用5年左右时间，打造全国数据应用先导区和大数据创业创新集聚区。"贵单位在大数据的创新和应用方面是否有相关举措？"2016年10月，南方舆情数据研究院面向98家广东各级党政机构的调查显示，接近一半的政府工作人员选择了"有"这个选项，说明大部分的单位已经开始响应和落实省里的规划。

---

[1] 林功成，肖和."中央厨房"媒体运作模式与发展路径比较［N］. http: //www.mediacircle.cn/? p=28357.

《广东省促进大数据发展行动计划（2016—2020年）》颁布后，贵单位在大数据的创新和应用方面是否有相关举措？		
选项	小计	比例
A. 有	47	47.96%
B. 没有	23	23.47%
C. 不清楚	25	25.51%
D. 不方便作答	3	3.06%
本题有效填写人数	98	

数据来源：南方舆情数据研究院

在全国层面而言，贵州、浙江、上海、北京等省市区的数据治理工作也很有特色。2015年9月，浙江省率先在全国上线了"浙江政府数据开放平台"，涵盖了浙江省全部市区，站点可以自由切换，提供68个省级单位多达350项数据类目，提供137个数据接口和8个移动APP应用，支持多种格式的查询、浏览、下载或利用接口进行二次开发。贵州省通过大数据战略，全面推进了全省各项工作。2016年5月25日，国务院总理李克强出席了在贵阳召开的中国大数据产业峰会，他肯定贵州举办本次活动以及大数据行动是"把无生了有"。

擦亮"广数会""珠数区"招牌，建设数据强省

2016年10月9日，习近平总书记在主持中共中央政治局第三十六次集体学习时强调，"建设全国一体化的国家大数据中心，推进技术融合、业务融合、数据融合，实现跨层级、跨地域、跨系统、跨部门、跨业务的协同管理和服务"。

而这恰巧是"大数据应用及产业发展大会"的筹备冲刺期。也正在这段时间，10月8日，国家工信部与发展改革委、中央网信办联合批复同意了包括珠三角在内的7个国家大数据综合试验区建设方案。

2016年10月26日，在国家工信部和广东省人民政府的支持指导下，"大数据应用及产业发展大会"顺利举办。出席大会的有工信部、省、市领导，全国各省市区相关部门负责人，国内大数据行业的专家、学者共600多人，涵盖了广东省

内大数据行业的主要部门、企业和研究机构。这是广东省迄今关于大数据行业领域规格最高的会议，有专家将大会称之为继浙江世界互联网大会、贵州数博会之后大数据产业方面的标杆性大会，引发广泛关注。

大会议程紧密，全场脑力激荡。开幕式上，珠江三角洲国家大数据综合试验区建设正式启动，广东省政府数字统一开放平台"开放广东"正式上线启用，广东省大数据产业园和大数据创业创新孵化园授牌，广东省大数据产业联盟揭牌，一系列活动，既昭示了广东省先行先试国家大数据战略，也彰显了广东在数据产业和数据治理方面的新探索、新布局。大会安排了主论坛和三个分论坛，职能部门、专家学者、媒体高管和业界的精英人士近40人公开分享了关于大数据行业的研究成果，为广东省大数据产业发展积累了宝贵的智力财富。

本次大会议程丰富，仅开幕式就安排了多起与大数据行业相关的活动启动仪式，其中，宣布"珠江三角洲国家大数据综合试验区"建设正式启动无疑是重中之重。

启动仪式上，工信部信息化和软件服务业司司长谢少锋正式宣读了工信部等三部门对珠江三角洲国家大数据综合试验区的批复文件，来自珠三角9个城市的地方主官共同摁下启动按钮，将大会开幕式推向高潮。谢少锋指出，广东向来是全国创新创业最活跃的地区之一，希望广东省能够依托国家大数据综合试验区建设，在数据资源开放共享、行业应用、工业大数据、产业集聚发展等方面先行先试，大胆探索，盘活数据资源，激发创业创新活力，推动大数据应用和产业健康快速发展，并为全国提供借鉴和参考。

广东省副省长袁宝成表示，珠江三角洲国家大数据综合试验区作为全国首批确定的跨区域类综合试验区正式获批，对广东来说意义重大。广东省委、省政府历来高度重视大数据应用及产业发展，作为人口大省、经济大省、制造业大省，"广东人多、企业多，肯定数据也多，数据的挖掘、应用、开发、分析以及后面和数据连接的各个城市管理，都是大数据企业发展的良好土壤。广东本身就拥有很多大数据、信息化等领域的龙头企业，产业生态很好"。广东将抓住这一难得机遇，建设数据强省，在大数据软件开发、设备制造、社会管理、经济民生等方面布局，与大数据相关的企业必将大有可为。

对于如何建好珠三角综合试验区，如何更好地推进广东大数据建设，多位领导从不同角度阐述了各自的意见、思路。

时任广东省经信委主任赖天生在大会上介绍了广东省大数据应用与产业发展

情况。广东布局大数据见势早、行动快，近年来，不仅在全国率先成立了省级大数据管理局，还出台了《广东省促进大数据发展行动计划（2016—2020年）》等一系列政策。在具体实践中，广东省以创新驱动为引领，抓住"数据资源、数据应用、数据产业"三个核心环节，在加快政府数据资源汇聚统筹、深化大数据在社会治理领域的创新应用、培育发展数据产业新业态、加强大数据产业集聚方面积极推进。

时任广东省委宣传部副部长、南方报业传媒集团党委书记（现任韶关市委书记）莫高义在会上表示，助推"数据发展"是主流媒体当下的职责使命，在大数据时代要做好舆论引导，普及数据发展理念，推进数据治理，维护数据生态，实现产业和自身的转型升级。在发展数据产业和推进数据治理方面，广东是先行省份之一，南方报业在充分发挥好新闻宣传和舆论引导职能的同时，近年来一直在努力做好数据服务，力图为广东省"数据治理"提供助力。

广东省大数据管理局局长王月琴则着重介绍了珠三角国家大数据综合试验区五年建设目标内容：到2020年，将珠三角打造成为全国大数据综合应用引领区、大数据产业发展集聚区，抢占数据产业发展高地，建成具有国际竞争力的国家大数据综合试验区。

本次大会同时也是广东省先行先试国家大数据发展战略的行业动员大会。开幕式之后的主论坛上，国家信息化专家咨询委员会常务副主任周宏仁指出，政府拥有的数据资产是公共资源，但是政府数据开放也不意味着完全的、无条件的免费开放，而要视向谁开放，使用后是否产生商业价值，是否涉及公共安全、个人隐私等因素而定，政府可以在充分听取民众意见后制定具体的开发政策。

国家自然科学基金委员会副主任、中国工程院院士高文表示，大数据已成为国家重要的基础性战略资源，"天河二号"超级计算机落户国家超级计算广州中心，在"天河二号"上做大数据研究优势明显。

腾讯公司副总裁邱跃鹏表示，腾讯正在利用其在大数据方面的资源，尝试把各行各业的数据建立连接。浪潮集团执行总裁陈东风则强调了大数据在建设智慧城市中的作用和意义，称"最重要的是要从物理的连接到数据的联结"。

下午的三个分论坛汇集了广东省内大数据行业的精英。600多名与会者参加了三个分论坛，他们分别来自工业大数据、医疗大数据、媒体大数据等各个领域，是广东大数据行业的生力军。受邀主讲嘉宾均为广东大数据行业前沿学者和企业负责人，不少与会者会后找到组织方索要主讲嘉宾的演讲材料，称"回去继续学习"。

有企业参会人士认为，"广东有'广交会'，闻名遐迩，通过本次大会，'广数会'呼之欲出，又将是一张广东靓丽名片"，"希望能年年办，家门口就有大数据大会"。

本次办会采用了"政府指导、媒体搭台、协会协同、企业参与"新机制，定位清晰，南方报业"1+X"报道模式发挥重要作用。无论是从业界、学界反响来看，还是从媒体报道和社会舆论来看，本次"大数据应用及产业发展大会"均堪称广东大数据行业的峰会，大会完成了广东省先行先试国家大数据发展战略舆论动员、思想引领的使命。

号角已经吹响，中央和省里的指示已很明确，会议更是暂时的，关键是未来"珠三角国家大数据综合试验区"这个"珠数区"怎么干，怎么试。

广东省"两会"前夕，2017年1月16日下午，大数据应用及治理现代化座谈会在南方报业传媒集团召开。来自珠三角大数据综合试验区的地市代表、两会代表、知名专家学者20余人应邀与会，为如何承前启后开启广东大数据产业发展新局面、推进广东政府治理现代化积极建言献策。

以下是微信公众号"南方舆情数据研究院"的报道内容：

1.1 "大数据应用及治理现代化"座谈会由南方舆情数据研究院秘书长蓝云主持。本次座谈会由南方报业传媒集团任指导单位，由南方大数据创新联盟提供学术支持。按照会议议程，将分环节研讨珠三角国家大数据综合试验区建设和广东数据治理能力现代化建设，并启动第四届"粤治-治理能力现代化"优秀案例征集活动。

2.1 南方报业传媒集团副总编辑曹轲做主题发言。他表示，就像很难用单一的词语来概括各位与会嘉宾的行业和职业一样，大数据时代的特点就是跨界和综合，这一特点正在促使南方报社内部发生着巨大变化：从以往新闻宣传的平台，到拥有更多服务能力；不能只有舆论引导，还要有舆情服务。

2.2 南方报业传媒集团副总编辑曹轲介绍，2016年10月在省经信委和省大数据局的支持下，举办了"大数据应用及产业发展大会"，得到了省领导的认可，社会效果良好。以后每年举办的话，南方报业也将继续积极参与，愿将该大会办成广东省数据应用的典范。

2.3　南方报业传媒集团副总编辑曹轲介绍，由南方舆情数据研究院举办的"粤治—治理能力现代化"广东经验交流会迄今已成功举办三届。第一届时，马兴瑞省长刚到广东不久，亲自出席会议并为学术委员会专家颁发聘书、为获奖者颁奖，并对"粤治"提出要求、期望和部署。2016年第三届"粤治"活动，我们增加了数据治理方面的案例，并请暨南大学的专家对案例进行了评点和梳理。"粤治"在广东省治理现代化方面积极探索，每年一届，将继续办下去。

3.1　广东省大数据管理局标准与应用处处长熊雄发言称，珠三角大数据综合试验区批复意义重大。珠江三角洲能够与京津冀一起成为国家第一批跨区域的综合试验区，反映了广东大数据方面的工作和珠三角大数据的行业基础获得了国家认同与肯定。今后三至五年内，珠三角大数据试验区的建设就是广东省大数据局的中心工作，是广东大数据战略的核心品牌、核心平台和核心抓手。

3.2　广东省大数据管理局标准与应用处处长熊雄阐述，珠三角大数据综合试验区建设，要重点抓住"综合试验"和"区域一体化发展"两个关键词，积极创造经验，在全国推广。珠三角各地市不仅要在打破区域之间的障碍上下功夫，也要努力打破部门障碍，以及制度障碍。

4.1　广东省冷链协会秘书长谭燕红发言称，大数据的价值主要体现在"共享"，将大数据应用于现代化的发展过程中。她建议政府应该从民生入手。在交通行业，比如说粤通卡，由于数据没有得到充分共享，连接不好，使用起来成效就低。

4.2　广东省冷链协会秘书长谭燕红认为，每个民生行业都应该思考，大数据应该如何应用于我们的生活之中？例如社保、医保全省联网或者是全国联网，大数据应用得好的话，能够实现异地互通，就很有用。她希望珠三角各地区各行业在大数据的应用中，都能够不断进行挖掘，运用好民生大数据。

5.1　广东省人大代表、广州市金象工业生产有限公司副总经理谢小云发言称，目前作为创新主体大学和科研院所的科研难以有的放矢，另一方面，广东相当多的中小制造企业其实非常希望通过技术创新持续提升竞争力，对产学研合作的需求非常迫切。建议由省政府科技主管部门牵头，建立基于大数据应用的全省科技创新服务平台。

5.2 广东省人大代表、广州市金象工业生产有限公司副总经理谢小云还具体提出3点建议：第一，加强大数据挖掘，建立科技创新信息共享机制，降低交易成本。第二，构建服务研发的公益机构、民营机构做补充。第三，建立和完善基于大数据的政府资助官产学研合作机制，充分发挥平台的创新枢纽、外部性作用和网络大数据连通性作用，进一步推进政府、中介、大学进行产学研互动。

6.1 华南师范大学计算机学院副院长、教授赵淦森发言认为，鉴于广东省大数据产业的雄厚基础，广东的电子信息产业、软件服务业、互联网应用、移动互联网都很有优势，走在全国的前列，对珠三角国家大数据综合试验区建设充满信心。

6.2 华南师范大学计算机学院副院长、教授赵淦森表示，要将大数据综合试验区做好，以及治理现代化的事情做好，有三点需要考虑：第一，构建影响力大的大数据平台，形成示范效果。第二，建设直接掌握大数据的渠道。我们的社保怎么改，养老怎么改，企业如何转型升级，要在数据上有所体现。第三，鼓励数据资源的流通、开放和交易。

7.1 广州碳排放权交易所研究规划部副总监肖斯锐发言，介绍大数据在碳排放权交易中的应用与发展前景。广州碳排放权交易所2016年完成了广东省公共交易平台资源的对接，每天碳交易的情况和数据都会在广东省公共资源上进行披露。他表示，现在从全国7个交易所的情况来看，每天公布线上交易的数据和场外转让的情况，每个交易所的价格还未达到统一的市场，包括数据的对比度，碳定价的机制还没有完全统一，还在逐步改进。

7.2 广州碳排放权交易所研究规划部副总监肖斯锐介绍，政府在搜集环境以及环保数据的前提下，每年知道企业排放的数据，同时委托第三方的核查机构，核查企业的数据。广州碳排放权交易所响应广东省发改委资源对接的要求，接下来的工作，将会与广东省公共交易平台进行数据对接，方便企业和投资者了解每天交易的情况。

8.1 广东省政协委员、民革深圳市委副主委、深圳市海云天投资控股有限公司董事长游忠惠围绕教育大数据发言，建议将广东本土人才资源库纳入大数据联盟建设。她认为，基于学生成长过程中有价值的数据的搜集和整理形成的大数据，将学生未来的就业和专业选择，以及教育培养人才、使用人才等环节都打通了，广东省如能建成本土人才的资源库，人才的后备储备可以就地取材，还有望很好解决就业问题。

8.2　广东省政协委员、民革深圳市委副主委、深圳市海云天投资控股有限公司董事长游忠惠介绍，今年的提案是"互联网+教育，打造广东教育的4.0"，希望将大数据应用于教育全过程的智能化。她在美国也成立了大数据公司，做全球高层次人才的猎聘，将真正优秀的海归吸引回来，为国家的建设出力。

9.1　佛山市禅城区数据统筹局副局长、信息办主任郑小广就政务大数据建设发言，介绍禅城区工作经验。2014年起，禅城区围绕很多老百姓不熟悉政府职能的痛点，进行大数据改革探索，将网格化思维与大数据技术结合，实现社会综合执法，18个部门，1898类事项，都可以通过我们的大数据系统解决。目前通过这个平台，沉淀了大量相关的数据，从而实现社会综合管理。

9.2　佛山市禅城区数据统筹局副局长、信息办主任郑小广介绍禅城区通过政务大数据进行决策的例子：第一，2016年国家放开二胎政策，禅城区用学校规划的数据，预测未来五年学位变化的数据，制定未来五年禅城区学校的布点规划和投入。第二，禅城一张图，正在着力解决政府数据一致性的问题，统一搜集和整理政府城市管理的数据，尝试做河道污染以及产业经济的一张图。

10.1　中山大学数据科学与计算机学院副院长、教育部"长江学者"特聘教授肖侬发言认为，珠江三角洲国家大数据综合试验区建设的目的，是为了实现一体化、核心化，用大数据技术推动政府改革。今天政府手上掌握的数据大都与民生息息相关，需要政府在政策方面有所突破。比如人才的问题，如何建立产学研联盟，省里是否可以与市里打通，这些正是建立珠江三角洲综合试验区的目的，招纳人才也不局限于广东。

10.2　中山大学数据科学与计算机学院副院长、教育部"长江学者"特聘教授肖侬认为，技术的研究关键在于大数据的应用。他介绍，中山大学与国家自然科学基金委和广东省成立了大数据科学研究中心，各出1.5亿元，主要是针对广东省的智慧城市做大数据应用，造福城市发展。

11.1　中山大学政治与公共事务管理学院教授郭巍青发言称，政务大数据的目的是为了提高政府决策的质量。从政府管理、政府服务和政府决策的角度上说，未来将更加依赖各种政务大数据，以提升政府用大数据分析提高决策的效率，提高决策的质量。政府制定公共政策和提供公共服务要有精确分析，可能不一定是严格的大数据，但起码是基于数据的分析。

11.2　中山大学政治与公共事务管理学院教授郭巍青以网约车为例，阐述政务大数据如何开展服务。郭巍青称，网约车背后的技术支持就是大数据，其能够将供给车辆与需求乘客通过算法很好地匹配起来，希望政府借鉴网约车做法，在管理城市交通出行方面能够建立大数据的决策平台，更好地规划广州市的交通、珠三角区域的交通。

12.1　广东省环境权益交易所有限公司总经理阳莹发言，介绍大数据在所属公司产权中的应用。他称，产权交易集团作为国资委21个集团之一，2016年产权交易的数据已经突破了一万亿，圆满完成任务。集团业务涵盖的板块包括全省的国有产权交易、药品交易、金融资产交易等，覆盖各个要素。

12.2　广东省环境权益交易所有限公司总经理阳莹介绍，产权交易集团积极探索大数据交易。集团自从十八届五中全会后，国家提出了大数据的发展战略，集团在省经信委领导下，积极筹备大数据交易平台，对于全国范围内大数据的交易，各方面的研究都比较深入，希望参与到广东省的大数据交易中。

13.1　产权交易集团数据与信息服务事业部副总经理魏生发言，提出大数据交易方面面临的现实问题。他称，数据的搜集、整合、开放，目前有大量的需求，但是无法满足，从技术应用本身，孤岛的存在，数据质量，现有的技术和业务如何结合，目前很多东西还预见不到，或者是看得不是很明显。从数据的开放、政策、标准、定价、交换、交易监管来说，大量的问题还未得到解决，基本的困难还是存在的。

13.2　产权交易集团数据与信息服务事业部副总经理魏生介绍集团数据交易中心的筹备情况。他表示，大数据试验区"一区两核三带"的设想非常好，如何将体系做出来，需要中间和第三方平台进行推动，大数据中心筹建的想法是整合各方面的资源，做成市场化的平台。目前集团数据交易中心批文很快就要下来了，未来将包括六大子平台，提供六大领域的大数据交易解决方案。

14.1　惠州市经信局副局长张世锌发言，介绍惠州市政务大数据的经验做法。在省大数据局的支持下，惠州市中心医院和TCL大数据精确营销项目，成功入选广东省大数据示范项目。正逐步完善大数据工作机制建设，成立了大数据科，在市信息化工作领导小组的统筹下，形成了跨部门、跨县区的协同工作的机制。

14.2　惠州市经信局副局长张世锌介绍，惠州政务大数据包括：第一，构筑一网。惠州电子政务网目前覆盖了200家单位和各个区县。第二，构筑一云。电子政务云数据中心支持惠州的网上办事大厅和公共系统交易平台。第三，夯实一个平台。政务信息共享与交换平台涵盖企业个人信息事业单位和社会群体信息的共享。第四，建设一库。政府大数据库包括人口、地理空间数据库基本构建。

15.1　潮州市经信局副调研员陈泽勇发言，介绍潮州市大数据行业的发展情况。潮州市政府认为，经济欠发达地区，也可以跟得上大数据发展浪潮，也可以发展大数据产业。潮州市借鉴学习浪潮公司与江门国资委成立大数据公司，搞双创基地，准备做数据工厂的做法，未来也准备与浪潮公司进行合作，积极发展大数据产业。

15.2　潮州市经信局副调研员陈泽勇介绍，省电信在潮州投资建设的粤东云计算数据中心年底建成，规模较大，建成后对于潮州下一步推动大数据应用，有很大的促进作用，希望通信运营商在大数据方面发挥优势，推动潮州市大数据应用和产业发展。华为等知名IT企业也与潮州市政府接触，双方有意向合作成立本地企业，助推潮州市大数据产业发展。

16.1　云润大数据首席科学家晋彤发言中提到，在大数据服务的过程中，急迫地需要专业的咨询服务。中大的肖院长提到，省信息中心需要专家服务，行业呼唤专业的咨询服务。大数据是跨界的事情，所谓的咨询顾问或者是专家，应该是不同的层面，首先是战略层面，其次应该有业务，或者是行业层面的专家，比如说教育层面的专家与金融是不同的。涉及的技术有所分割，有的是项目管理，有的是体系架构，有的是具体落地的技术。如果能够共同打造平台或者是框架，将行业标准提出来，并且运营好，就可以适应市场的需求，同时是可以推广的成果，我今天就提出这一思路，具体落地，请各位专家一起来共商。

16.2　如何打造跨领域大数据服务平台？云润大数据首席科学家晋彤提出可参考的例子：欧美的专业服务通常是由很强的行业协会管理，比如律师，他们有行业的标准，职业资格和从业行为标准非常严，如果一名律师达不到标准，就会被移出协会，以后可能找不到饭吃。从专业咨询的角度来讲，如果建立可参照的标准，可以预防很多问题。

17.1 暨南大学新闻与传播副院长张晋升介绍，暨南大学与南方日报社从2013年合作，举办"粤治-治理能力现代化"活动，这几年在大数据平台建设方面做了几件事情：一是建立了大数据实验室，依托省里对我们经费的支持，建立全球数据抓取平台，每天可以抓取200多万个数据，现在的问题是如何做好数据开发。二是与全国20多所高校共同建立传播大数据创新联盟，联盟单位包括在社会舆情研究有基础的复旦大学、上海交大、武汉师范大学、云南师范大学、新疆大学、兰州大学等高校。每年推出国际舆情报告。

17.2 暨南大学新闻与传播副院长张晋升发言，建设大数据实验室，暨大新闻学院采取协同的方法，和信息学院、理工学院一起做技术平台，未来也希望依托南方舆情数据研究院这个更大的平台，以及与省大数据局和各个单位有更多的横向合作。

18.1 南方舆情研究院秘书长蓝云宣布，嘉宾讨论发言到此结束。请曹轲、谢小云、熊雄、阳莹、郭巍青、张晋升、邓红辉共7位领导和嘉宾上台，为第四届"粤治-治理能力现代化"探索经验交流会案例征集活动进行简单而隆重的启动仪式！

19.1 主持人南方舆情数据研究院秘书长蓝云对本次大数据应用及治理现代化座谈会做小结发言。他用三句诗进行总结：第一句，横看成岭侧成峰。大家对大数据的认知和看法未必完全一致，16位领导嘉宾的阐述，充分说明大数据的差异性，这正是大数据的魅力所在。试验区的意义也在于鼓励先行先试，在不触及底线的前提下，允许不同方法和路径的存在。

19.2 蓝云小结的第二句：人，诗意的栖居者。最近，未来是人控制机器还是机器控制人的世纪话题再一次火热起来。人工智能发展到今天，是人更了解数据本身，还是数据更了解人本身呢？蓝云秘书长以今日头条的新闻个性化推荐做例子，说明人类应该有效地使用数据，让数据造福人类，造福每一个个体。

19.3 蓝云总结发言的第三句：为什么要攀登，因为山在那里，为什么要研究数据，因为数据在那里。大数据是海洋，在这片海洋里，根据工作部署，南方报业将承担主流媒体的应有之责，重点推进数据治理。在座的各位都是大数据专家咨询委员，感谢各位为珠三角国家大数据综合试验区建设提供的宝贵意见，为广东治理现代化建言献策。谢谢各位。

19.4　主持人南方舆情研究院秘书长蓝云宣布，大数据应用及治理现代化座谈会圆满结束！

本次会议的核心目的就是为"珠数区"建言献策，各位参会嘉宾有较充分的学术、区域、行业代表性。说句实话，我的会议总结、三句诗，完全是急就章，但是"人控制机器，还是机器控制人""人更了解数据本身，还是数据更了解人本身"值得大家共同思考。也许这组命题将纠缠人类很长一段时间，也许是几十年，也许是过百年，它们会成为"世纪之问"吗？

（蓝云/文）

"互联网+数据+治理"的十年
"南方之道"

民声：互联网在中国还有公共价值、社会价值

最近十年，是中国互联网快速发展的十年，也是传媒不断创新发展的十年，还是民众通过互联网积极参与公共事务治理的十年。"互联网+数据+治理"三大要素间，互联网是平台，数据是血脉，治理是灵魂。经历1995—2001年间的投机泡沫后，中国互联网在2004、2005年间全线激活，开启"黄金十年"发展期，从目前发展态势看，这个黄金发展期还有望持续较长一段时间。也正是在这十多年期间，中国的经济实力和综合国力大幅度上升。

广东是经济总量第一大省、网民数量第一大省，作为改革开放的前沿阵地，全省各级党政机构创新氛围浓厚。南方报业传媒集团是国内第一批试水互联网、全面推进互联网与传统报刊业务紧密结合、深入探索互联网社会价值、率先搭建网络平台助力网民"有序政治参与"的传媒机构。在上级领导的带领下，我有幸参与了南方报业的多项重要互联网进程：2005年下半年改组"深圳热线"，创建奥一网；2006年全国首创推出"有话问……"系列互动栏目；2008年推出全国第一个系统化的网络问政平台；2012年成功注册中国第一个以活跃网民为主体、以"民间智库"为明确名称的民非机构；2014年1月，南方报业传媒集团联合中山大学、暨南大学等机构发起成立南方舆情研究院，这是国内首家从专业媒体角度专注"治理现代化"研究领域的复合型智库。

奥一网是南方都市报旗下的新闻互动社区网站，是广东网络问政核心互动平

台。奥一网的前身是"深圳热线"，这是中国第一批地方网站。2005年下半年，南都报系改组"深圳热线"，注入了"担当、创新、包容、卓越"等新闻传媒、公共价值基因。有着"杂交、混血、两栖"特性的奥一网由此呱呱落地，2006年3月起正式上线运营，主推网络问政、新闻博客、网民报料等互动频道。

十多年来，奥一网网络问政大胆创新实践，取得了一定的成效。2006年全国及省市"两会"期间，奥一网全国首推"有话问总理""有话问省长""有话问市长"等互动栏目，两年后在此基础上集结推出了全国第一个以"网络问政"为明确名称的系统化平台。2010年10月，奥一网网络问政平台荣获第二十届中国新闻奖名专栏奖。平台目前近100万条来帖，党政机构回复率接近5%，提升代课教师待遇等一系列民生问题得到有效解决。通过这个平台，网民可与省委常委、省政府领导和广东40多个省直机关和21个地市主要负责人、100多位县委书记县长直接沟通交流。奥一网参与组织了近年广东省级层面的网络问政活动，发掘、培育了一大批具有建设性、责任感、法治思维和监督意识的"网络公民"，提升了广东互联网文化[1]。需要特别指出的是，"网络公民"由奥一网于2009年率先系统定义，"网络公民"来自网民，却高于网民，强调其关注公共事件时的理性、建设性、专业性。

12年前，网络问政在中国兴起，给广东带来了别样生机。到如今，一个充满活力、和谐有序、建设性的网络问政平台在这里已经全面建成，形成了党政一把手率先垂范、各级官员积极响应介入、主流媒体搭建互动平台、各地网民踊跃参与、社会智库穿针引线的大格局，渐成上下呼应、左右竞合、线上线下浑然一体、长效机制有效运作的常态机制。

"过去的一年，广大网友一如既往，踊跃参政议政，积极建言献策。""网上辉映网下，虚拟观照现实。""2016年的成绩单上，有你们的功劳。""热忱欢迎广大网民朋友和我们一起'撸起袖子加油干'，使出'洪荒之力'。"如此情真意切、生动活泼的话语，出自2017年春节前夕广东省委书记胡春华、省长马兴瑞通过人民网、南方网、奥一网和"南方+"新闻客户端发出的《致广大网民朋友们的新春贺信》。这是广东省主要领导连续十年向广大网友发出新春祝福。这也是广东网络问政多年来制度化、常态化运作及多方向推进的一个缩影。

从全国范围来看，奥一网和人民网、红网、大河网、中国宁波网、胶东在线

---

[1]　南都报系网络问政团队. 网络问政［M］. 广州：南方日报出版社，2012：127-131.

等兄弟网站，重塑网络公共价值，搭建了责任网站群落，建设了新时期健康、向上的互联网文化。推进网络问政，并不代表压制网民多元化意见，而是让这种意见有一个顺畅的沟通、解决渠道。广东惠州、山东烟台等地多年实践表明，网络问政办好了，信访就少了，社会综合治理成本显著降低，有学者将其间规律总结为"多上网，少上访，不上街"。

2012年9月23日，在网络问政先行先试之地——广东省惠州市，集结几十位专家、官员的共同智慧，浓缩成"网络问政惠州共识"。"共识"由历年来获得网络问政类中国新闻奖一等奖的大河网、红网、人民网、胶东在线、奥一网、中国宁波网等6家网站，和2家较有代表性的地市网站——金山网（江苏镇江）、今日惠州网共同发布，"共识"开宗明义指出，我们共同致力于营造文明和谐的网络环境，确保信息自由流动、有序流动、安全流动，促进我国互联网健康发展。"共识"认为：网络问政塑造了新型健康的网络文化，是弘扬社会主义核心价值观的重要体现。"共识"最重要的创新意义在于，首度提出了网络问政的"四维主体"说：

1. 党委政府是网络问政的重要推动力。网络问政是新时期密切联系群众、了解民意、凝聚民智的创新手段，是具有国际视野和政治远见的中国官员，基于对转型期中国国情的深刻洞察，主动顺应时代的变革之举。

2. 人民群众的智慧是网络问政的源泉。智慧与真知蕴于民间，通过网络平台，原生态草根智慧可以被集纳和传播。"围观改变中国"的实质是网民渴望参与公共社会建设的强大意愿，是网络问政参政的群众基础。

3. 新技术是网络问政的根基。140字有大乾坤，微博异军突起，自媒体时代到来，网络问政进入了全新阶段。基于互联网技术的网络问政，一定要站在技术的潮头，方能引领时代，倒逼制度改革。

4. 网络问政的孕育，离不开公共媒体的自觉、自律。互联网在中国，不应只有经济属性、娱乐属性，还要有公共价值、社会价值。

在奥一网推进广东网络问政事业进程中，奥一网背后的南都报系、南方报业传媒集团提供了全方位的强大支撑。奥一网"不是一个人在战斗"。2008年2月28日南都报系的16版大型报网互动特刊《岭南十拍》广受好评，被认为拉开了广东网络问政的大幕。2010年10月出版的《网络问政》一书有如下记载：

十几秒的对视，空气仿佛凝滞，时空停顿中掠过一丝疑惑……发生在《岭南十拍》特刊签版那一刻的场景，成为现任奥一网总编辑蓝云终生难忘的记忆。

2008年2月26日上午10点，当蓝云心情坎坷地将《岭南十拍》最后一版放在任天阳（时任南方都市报副总编辑、奥一网CEO）的桌面时，任天阳仔细翻看完每一个版，抬起头，两人默默对视了十几秒。既有心领神会的交流，也有疑问闪烁：《岭南十拍》能否成功，他们心里没底。尔后，他听到任天阳说了一句"很好"，落笔签下了版样。

既要承担拍砖可能导致的政治风险压力，又须面对种种非议，这是《岭南十拍》推出前的处境。出人意料的是，横空出世的《岭南十拍》大获好评，树立了新的报网互动标杆。

几年之后，当任天阳谈及当时场景时，依然感叹：签这个版要下很大决心，因为如果出了问题，是要承担责任的[1]。

民情：重视"舆情+数据"是新时期的群众路线

天天说舆情，日日道舆论，但到底什么是舆情、舆论？两者有何关联？舆论场又是怎么一回事？中国有两个舆论场吗？存在"舆情学"吗？舆情研究的基本价值、共识及公理在哪里？舆情与"国家治理体系和治理能力现代化"又有何关联？……这些问题，值得深入探讨。

"舆情"并非正式学术用语，却是个热词，在百度上搜索词条，共有2,190,000条信息。在中国语境里，"舆情"一般指"与公共事务或公共管理有关的在新媒体平台上有高显示度和关注度的传播事件"。有学者从民众社会政治态度和国家管理的角度，将"舆情"定义为"在一定的社会空间内，围绕中介性社会事项的发生、发展和变化，作为主体的民众对作为客体的国家管理者产生和持有的社会政治态度"[2]。丁柏铨教授在《略论舆情——兼及它与舆论、新闻

[1]　南都报系网络问政团队. 网络问政 [M]. 第2版. 2012：31.
[2]　王来华. 舆情研究概论——理论、方法与现实热点 [M]. 天津社会科学院出版社，2003.

的关系》中阐述，舆情的内涵既可以是公众的意见，也可以是公众的情绪。[1] 这个定义突出了民众与国家管理者之间的利益关系，反映民众对国家管理者行为的评价、认同和接受程度等方面的内容。[2]

"舆论"是个学术用语，是"公共舆论"简称，在20世纪50年代开始社会学和传播学就有研究，指"大众对某个公共议题的关注和意见"。《中国大百科全书·新闻出版卷》的"舆论"专条中释义为"公众的意见或言论"。舆论所对应的论，在古汉语中通"伦"，原指条理。据考证，古代书籍的写作体例分为"著作""编述""钞（抄）纂"三大类，由钞（抄）纂而成的书籍，古人称为"论"。现在一般是指一种学说或者是分析阐明事物道理的文章、理论和言论。[3]

舆情没有公认的英文，在英文学术里，一般和舆论一样，翻译成public opinion，也有偏重公众情绪研究的专家，将舆情翻译成public emotion或public sentiment。舆情翻译的困境，与"网络问政"一词是一样的。2009年在法国巴黎，笔者作为中欧社会论坛中方组组长与欧洲同行交流时，也是苦恼"网络问政"一词无法恰当翻译，只好用"网民的公共参与"（public participation of internet users）代过。

按照笔者的理解，舆情、舆论最大的区分在于向度，"确定性"是其中标杆。舆情是公众对公共事件或人物多向度的意见、建议、情绪的总和，与不确定性有关，是多向度；而舆论就是公众对公共事件或人物相对一致的意见，体现为单向度或双向度，与确定性相关。[4]

对一起具体的事件而言，公众的多元化意见、情绪、意见走向是一种过程，是动态呈现，会有起伏，最终会达到一或两个平衡点、共识点（这种共识点可以理解为"最大公约数"）。其间的过程，更多呈现为舆情，结果更多呈现为舆论。

对一些地方官员而言，"正面舆情""负面舆情""好舆情""坏舆情"等涉及价值性的判断经常脱口而出。其实舆情作为公众意见的集结，有其客观属性，不依主体的价值、道德评判而左右其存在或演化，用"真实舆情""失实舆

---

[1] 丁柏铨. 略论舆情——兼及它与舆论、新闻的关系 [J]. 新闻记者, 2007（6）.

[2] 王来华, 林竹, 毕宏音. 对舆情、民意和舆论三概念异同的初步辨析 [J]. 新视野, 2004（5）.

[3] 齐中祥. 舆情学 [M]. 南京：江苏人民出版社, 2015：43.

[4] 南方舆情研究院, 暨南大学舆情与社会管理研究中心. 粤治新篇——政府治理能力现代化的广东实践（2013—2014）[M]. 北京：人民出版社, 2015：159-161.

情"等客观性判断会更准确。舆论则包含一定的人为意志和政治属性，可以有正负、好坏之分。在这个层面，舆情与舆论的异同，类似于新闻与宣传。

在实务层面，通过公众讨论、事件纠正、媒体传播、主体博弈等内向力量，舆情将被引导、演化。当舆情产生聚集时就可以向舆论转化，这种转化，除主体的自身因素外，在很大程度上还取决于外部的环境。一般情况下舆论需要舆情的支撑，也总是由舆情发展而来，但舆情不一定上升到舆论，如可以通过工作疏导，消除在萌芽状态，也可以通过强权管理，暂时压制。对舆情的引导就是要使舆情不转化为舆论或转化为良性舆论。与"舆情引导"相比，目前更常被官员、媒体使用的是"舆论引导"，严格说来，有些使用是不当的。笔者认为，舆论引导是指媒体，尤其是主流、传统媒体，形成相对一致的意见，短时间内集合成一股集中化的外向性力量，以此来引导、带动社会方方面面，实现相对一致的行为。

明确了舆情、舆情的含义，也就不难理解舆论场。"舆论场"一词最早源自新华社前总编辑南振中，他于2011年7月撰文指出，在当下的中国，客观存在两个"舆论场"：一个是党报、国家电视台、国家通讯社等"主流媒体舆论场"，忠实宣传党和政府的方针政策，传播社会主义核心价值观；一个是依托于口口相传特别是互联网的"民间舆论场"。[1]

"场"原本是物理术语，有引力场、电磁场等概念。能成为舆论场，必有组织中心、话语体系、指令系统、运转通道、运营模式、人员组成、退出机制等要素。笔者认为，按此要素，影响中国民众的有3.5个舆论场，前两个与南振中先生说法一致，第3个是以CNN、BBC、《纽约时报》等为代表的国际媒体，第3.5个是数量众多、影响力不一的海外华文网站。由于技术平台、信息传播等限制，第3个、第3.5个舆论场以往作用于中国民众的力量有限，可以视同不存在，但随着全球化的进一步推进、国内多元化传播格局的进一步巩固，3.5个舆论场共同发力的叠加效应将更加明显。

分析舆论场，其中一个要诀就是研究话语体系，同样一个意思，同样一句话，在不同的舆论场会用不同的说法。这里面最有代表性的，就是外交辞令，"热情交流""友好交流""坦诚交流""坦率地交换了双方意见"等话语对普通民众而言，意思是差不多的，似乎都很友好，但对外交战线人员来说，含义是

---

[1]　陈芳.再谈"两个舆论场"——访新华社原总编辑南振中[J].中国记者，2013（1）.

大相径庭的。一段时间来，我也不太明白外交辞令为何这么拗口，对为何不用大白话也不太理解，直到有一天翻阅前外交部长黄华的著作《亲历与见闻——黄华回忆录》，方才恍然大悟：外交辞令就是一套密文，对文本内容适度加密（不过这种加密的层次、密级，不是特别高），外交工作的特殊性导致一些信息没必要让全体国民轻易了解，只让相关人士掌握即可。不同的话语体系，有其身份识别、价值认同、文本加密等功能。一个能在内心接受并使用"萌""屌丝""给力"等网络说法的官员，其基本立场与网民基本理念应不会差距太远。

按照来源来说，舆情可以分为网络舆情、社会舆情和媒体舆情。网络舆情因其庞大的数据量、快速多维的传播特性、便捷的集纳特点、意见的多元化、相对原生态等，可以也应该成为舆情的主体部分，但网络舆情不能成为舆情的全部。按照中国互联网信息中心CNNIC在2015年7月21日发布的调查报告，我国网民规模达6.32亿[1]。这个数字也就是说，全国居民中，一半以上还不是网民。网民中，有发言、转帖、评论等行为的又是少数。经适度校正后，网络舆情可以成为舆情的最真实、最丰富部分。"重视网络舆情，但不单单依赖网络舆情"，这也是日常走访中多地党政官员反复强调的一个观点。或者可以这样说，不重视网络舆情，就是瞎子聋子，如果只重视网络舆情，就可能是偏听偏信。

正是有了网络舆情、社会舆情和媒体舆情"三情融合"的理论认知，南方舆情数据研究院先行先试，在全国范围内建立了一个真正完整的、全维度的舆情大数据库，含网络舆情数据库、社会舆情数据库和媒体舆情数据库，这个大数据库是项目成功的重要支撑。

新闻行业人员广泛接触社会各行各业、深入各类热点事件现场，上达庙堂，下通乡野，具备较好的业务素质，是优秀的舆情信息搜集者、研判者。记者所掌握的新闻素材，在报纸、网络上呈现的，只是其中一部分，其他素材可以转化成舆情产品。

一起事件或一个线索的新闻价值、舆情价值有交集，但不完全一致。有的事件（线索）新闻价值大，但舆情价值未必高，这种事件往往是已经发生或确认发生的；有的事件（线索）舆情价值大，但新闻价值未必高，这种事件往往是还没发生的，属于非确定性。2014年4月5日，广东省东莞市裕元鞋厂发生了数万工人参与的停工事件，此前的3月29日，南方舆情数据研究院通过《南方日报》公开

---

[1]　第34次《中国互联网络发展状况统计报告》，中国互联网络信息中心（CNNIC），http://www.cnnic.cn/hlwfzyj/hlwxzbg/（阅读时间：2014年7月21日）

预警，这种建设性的舆论监督，促进了事件的良性、快速解决。该起事件，被一些学者称之为"新中国成立以来最大的停工事件"，南方舆情之所以能成功预警，就得益于对2014年1、2月南方报业读者报料（投诉）电话的大数据分析，这些分散的、语焉不详、时间不一的读者单个来电，新闻价值未必大，很难在报纸上单个刊登新闻，但舆情价值非常高。4月上旬，舆情从隐性成为显性，事件爆发，中外媒体广泛报道，新闻价值大大提升，舆情价值逐步降低。一般说来，客观性、显性内容属于新闻，而网民情绪等主观部分、隐性及猜测性部分、应对及关联性部分，属于舆情。厘清这些，新闻作品与舆情报告的界限，也就清晰了。媒体采编人员多一些智库分析、舆情提炼思维，只会提升、强化媒体报道质量，而不是相反。一份立场鲜明、数据扎实的舆情报告，同样能推进社会公平正义、实现新闻理想。参与信息服务、新型智库建设，对处于转型升级阶段的中外主流媒体也是一条新路。英国《经济学人》2013年的收入为3.46亿英镑，广告收入只占三成，智库服务、政府咨询等服务业务占了七成。[1]

一名合格的舆情分析师需要具备哪些要素呢？其一，需要数据搜集能力，在网络时代，尤其要谙熟互联网各个平台及工具，实时掌握一手信息；其二，需要信息处理能力，最好有一定的数理统计知识或思维，能提炼、集纳、压缩海量数据；其三，需要专业分析能力，对某一个行业有长时间跟踪及研究，像医生职业一样，提倡舆情分析师的业务分工，做"专科式"分析师，而不是"万金油式"，从长远来说分析师的职业认证、资格认定，势在必行。

目前关于舆情的各类书籍、讲座、培训比较多，其中不乏一批专家学者、业内人士、党政官员的真知灼见，但也充斥着民间"阴谋论"、网络段子、新闻案例的简单汇编，严格地说来，"舆情学"并未真正成型。一门学科，必有其基本概念、基本前提（公理）、推导过程和成功作用社会的实例。以欧几里得《几何原本》为例，23个定义、5条公理和5条公设，推导出一个纷繁复杂、多姿多彩的现实世界。当我们在现代社会感叹航天飞机、摩天大楼的神奇时，有多少人能明白其中有2000多年前一位古希腊老人的重要功绩。

如果说，一定要在当下建立"舆情学"体系，除了上述谈及的舆情、舆论、舆论场、新闻等定义之外，还有必要确认几个基本共识（也就是无须证明的"公理"），这些公理涉及民主与法制、公平与效率、人与物、集体与个体等若干

---

[1] 谭天，邱慧敏. 转型的进路：如何把节目打造成媒体平台. http://www.mediacircle.cn/? p=19952&utm_source=tuicool（阅读时间：2015年2月6日）

组关系。几乎在每一起焦点舆情事件中，这些关系都会被拷问一遍，比如在2013年"7·23"温州动车事故中，是推进高铁尽快恢复通车，还是集中力量抢救小伊伊；2015年"6·1"长江沉船事故中，媒体的关注点是应该集中在讴歌救难官兵，还是哀悼死难者。这种拷问背后，是不同的舆情应对思维，是舆情学公理，也是公共管理人员的执政理念。建立舆情学的过程，正是中国互联网生态逐渐清晰、国家治理体系逐步建成的过程。

能成为一个独立的学科体系的另一个标准是，能进行数学模型，进行数理推算。现代科学认为物质、能量、信息是客观世界里三个基本要素。舆情正属于信息范畴。1948年，香农发表标志性著作《通讯的数学原理》，"信息论"由此横空出世。信息论里的诸多研究方法，有助于舆情研究，比如说"信息熵"的概念[1]。

"信息熵"也是舶来品，源自物理学上标志无序状态的"熵"。前文已述，某起舆情事件越是无序，不确定性越大，民众的多元性意见、建议就越多，其舆情价值就越大，舆情引导、事件处置的目标就是降低这种不确定性。笔者建议，我们可以定义"舆情熵"概念，来标示舆情事件的不确定性。

　　假设甲地的天气预报为：晴（占4/8）、阴（占2/8）、大雨（占1/8）、小雨（占1/8）。假设乙地的天气预报为：晴（占7/8）、小雨（占1/8）。试求两地天气预报各自提供信息的平均舆情熵。若甲地天气预报为两极端情况，一种是晴出现概率为1，而其余为0；另一种是晴、阴、小雨、大雨出现的概率都相等，为1/4。试求这两极端情况提供的平均舆情熵。

　　解：甲地天气预报构成的信源空间为

$$\begin{bmatrix} X \\ P(x) \end{bmatrix} = \begin{bmatrix} 晴 , 阴 , 大雨 , 小雨 \\ 1/2 , 1/4 , 1/8 , 1/8 \end{bmatrix}$$

则其提供的平均信息量即信源的舆情熵

$$H(X) = -\sum_{i=1}^{4} P(a_i) \log P(a_i)$$

$$= -\frac{1}{2}\log\frac{1}{2} - \frac{1}{4}\log\frac{1}{4} - \frac{1}{8}\log\frac{1}{8} - \frac{1}{8}\log\frac{1}{8} = \frac{7}{4}（比特）=1.75（比特）$$

（注：对数以2为底，与二进制相对应）

[1]　傅祖芸. 信息论——基础理论与应用（第4版）[M]. 北京：电子工业出版社，2015：27-28.

同样的办法，可以计算出乙地天气预报的舆情熵为0.544比特，乙地天气预报比甲地的平均不确定性小。

甲地的两种极端情况，舆情熵分别为0、2比特，也就是本起舆情坐标系下的最小值、最大值。

2015年5月29日，国家卫生和计划生育委员会通报，广东省惠州市出现首例输入性中东呼吸综合征确诊病例。经历过"非典"疫情考验的中国、广东在处理此类公共卫生突发事件时，已经是驾轻就熟，使出"最快速地通报输入病例"，通过微信等平台"最广泛地提醒病人出行路线及可能感染的人员""最大公开度地播报病人治疗情况"等组合拳，事件很快平息。本起事件的舆情熵指数，也经历了从大到小的过程。

正常情况下，舆情熵指数为非负数，0是最小值，标示处于稳定、均衡状态。特殊情况下，舆情熵指数为负数，也就是出现了我们通俗意义上讲的"舆论反转"事件，其间数理推导过程，另文阐述。

建立舆情熵指数，能较好地对各类舆情事件定量，也从数学模型上解释了为何遇到重大公共危机事件时，公共管理部门必须快速表态、不隐瞒，以免公众恐慌、社会危机。南方舆情研究院的所有同事，愿与各界师友、各位同行共同努力，逐步建设有中国特色、南方特点的舆情学体系。

广东是改革开放前沿阵地，毗邻港澳，是经济大省、人口大省、外来务工人员大省，同时也是群体性事件发生数量大省，各类舆情事件层出不穷，社会治理难度非常大。2014年2月24日，中国社科院法学院研究所发布《2014年中国法治发展报告》，对近14年间的群体性事件特点进行了梳理，发现过半数以上群体性事件是因平等主体间纠纷引发，官民纠纷引发位居其次。各个省份中，广东以占全国总数30.7%的比例居首。[1]

经过三年的努力，南方舆情的用户数量超过150个，广泛覆盖省内21地市和部分省直机关，在服务用户数、项目签约额、综合影响力方面，南方舆情已经做到了广东省第一。在推动各地市"建立健全科学决策机制"、有效化解群体性事件、打通官民沟通渠道、促进社会公平正义等方面，南方舆情团队做出了一定的贡献。

---

[1]　李林，田禾. 法治蓝皮书：中国法治发展报告No.12（2014）［M］. 北京：社会科学文献出版社，2014.

整体而言，南方舆情数据项目包含两个范畴，舆情与数据，两者互为主客体，互为支撑，齐头并进。既有舆情的数据化，搭建大数据平台分析舆情事件，并充分采用数据化的手段呈现研究结果；又有数据的舆情化，在广阔的数据领域抽取与舆情、治理相关的部分，专注"数据治理"，构建成熟产品满足用户需求。"舆情＋数据"这种组合模式，也宣告了新时期的治理方式，必须借鉴新型的数据化手段，才能是现代化治理之道。

民智：社会智库集纳民间智慧助推发展

智库（英文名：Think tank），是由多学科专家组成，为决策者出谋划策的智囊集群。智库出品的是智力成果及其服务。在中国，早在春秋战国时期就有类似行业或人员，那时叫"食客""门人"。《史记·孟尝君列传》载："孟尝君时相齐，封万户于薛。其食客三千人，邑入不足以奉客。"

智库作为真正意义上的现代组织机构，20世纪初期才在欧美萌芽，尤其是在一战后在美国兴起、壮大。那时，西方国家面临许多复杂的社会矛盾与问题，政府内政外交等方面的决策遭遇空前挑战，仅靠以往习惯的内部研究力量无法应付层出不穷的各类问题，转而向更为专业、更全面、跨系统的咨询研究机构寻求帮助，第一批专业智库于是在美国应运而生。成功预测"中国出兵朝鲜"的兰德公司，参与制定"马歇尔计划"的布鲁金斯学会，是美国智库的典型代表，也最为中国民众所耳熟能详。西方学界认为，衡量现代智库有三个标准：独立性、研究成果、影响力。[1]

根据美国宾夕法尼亚大学2014年1月发布的《2013年全球智库报告》，全球共有智库6826个，其中美国智库总量为1828个，超过排名第二的中国（426个）四倍之多。从综合影响力角度看，全球前100名顶级智库中，中国仅占6个，其中中国社会科学院排名第20位，为中国区最好名次，而美国智库则独揽了全球前10中的6席。

中国智库发展迅速、数量众多，但是发展极不平衡，95％是官方智库[2]，大学智库、传媒智库、民间智库等发展不理想，由于种种原因，中国智库的整体

---

[1] 杨玉良. 大学智库的使命 [J]. 复旦学报（社会科学版），2012（1）.
[2] 于今. 中国智库发展报告2012年：智库产业的体系构建 [M]. 北京：红旗出版社，2013.

研究水平不是很高，满足不了各类公共机构迅速增长的迫切需求。

广东是改革开放的前沿阵地、多次思想大解放的策源地，民间智囊意识有一定基础。全省目前正处于全面深化改革的关键阶段，面临许多新情况、新问题，对决策的科学化、民主化提出了更高要求。在建设多元化的智库体系方面，广东走在全国前列，遇到的困难也会多一些、早一些，近年来积累了一些初步经验。

历任省委领导都非常重视广东智库建设。2009年4月，时任省委书记汪洋对话12位民间人士、网友，征求对广东贯彻实施《珠江三角洲地区改革发展规划纲要》的意见和建议。汪洋明确提出，要让民间智库提升广东的软实力。随后，《南方都市报》的官网奥一网响应多位民间人士的呼吁，在2009年11月1日的首届"潮涌珠江——广东网民论坛"上，发起成立了"南方民间智库"交流平台。在我们看来，"民间智库"和"网络问政"是相辅相成、合二为一的辩证统一关系，前者偏重主体及内容属性，后者侧重平台及新媒体属性，但内核是一个东西——民间智慧、民间力量。借2011年末省委领导为东莞"坤叔"的"千分一公益基金"批示之东风，终获成功。"广东南方民间智库咨询服务中心"得到广东省民政厅的批复，成为中国第一个以"民间智库"为明确名称的民办非营利组织。

2012年1月12日举行的揭牌仪式获得各界广泛关注。时任南方报业传媒集团总编辑、南方日报社社长张东明和广东省民政厅副厅长王长胜等领导出席揭牌仪式，张东明寄语南方民间智库"开风气于南方，求智慧于民间，集纳民间智慧为政策制订提供思想源泉，让公共政策与民间声音之间形成更好的良性互动"。《人民日报》1月17日专门刊文《"南方民间智库"获批——推动公众有序参与搭建官民沟通桥梁》。新华社、《半月谈》杂志等纷纷对此予以报道。

2014年1月，南方报业传媒集团联合中山大学、暨南大学等机构发起成立南方舆情数据研究院，这是国内首家从专业媒体角度专注"治理现代化"研究领域的复合型智库。南方舆情数据研究院的成立，标志着南方报业、广东省的社会智库探索事业，上升到一个新的高度。

《南方周末》长期关注中国智库发展，对我有一个采访，2016年4月18日发表了题为《智库"大跃进"？"井喷"之后，中国智库还缺啥》的文章。开头部分这样写道：

> "以往出去应酬，见到同学和领导，我说自己做智库，有人以为是我穿的什么裤子；现在出去我说我是搞智库的，人家会问我做的是什么课题。"

曾在有7年历史的"南方民间智库"当了5年执行秘书长的蓝云,最近介绍自己时,终于不用再向人解释"制裤"和"智库"了。

"智库"是什么?关于它的定义中往往会出现这样几个关键词组:研究公共政策、影响政府决策、公益导向、社会责任、独立、专业、非营利。被引为国外典范的是美国兰德公司,它拥有一大批顶尖的军事和公共政策人才,因为准确预测中国1950年出兵朝鲜而声名鹊起。

无论从哪个层面,在中国,"智库"都是一个含义丰富的切片。"中国民间智库的兴起,代表了中国的决策研究系统在走向开放,走向透明。社会智库本身的机制灵活,如果运作比较好,是未来中国智库发展的方向。如果能走向国际化,到世界各地开分社,对提高中国的文化软实力很有帮助。"南京大学中国智库研究与评价中心副主任、首席专家李刚说。

民心:网民参与公共治理的愿望和努力

十八届三中全会公报指出:"全面深化改革的总目标是完善和发展中国特色社会主义制度,推进国家治理体系和治理能力现代化。"很有必要正确理解和把握好两组关系:一是完整理解和把握总目标前一句和后一句的关系。前一句规定了我们的根本方向,就是走中国特色社会主义道路;后一句规定了在根本方向指引下完善和发展中国特色社会主义制度的鲜明指向。二是正确理解和把握好国家治理体系和治理能力现代化的关系。

俞可平教授在《中国治理评论》发刊词里指出,治理与统治既有相通之处,也有实质性的区别,统治的主体只能是政府权力机关,着眼点是政府自身,而治理的主体可以是政府组织,也可以是非政府的其他组织,或政府与民间的联合组织,着眼点是整个社会[1]。2013年11月26日的《解放军报》发文阐述"从'管理'到'治理'意味着什么",认为"这充分体现了我们党执政理念的升华、治国方略的转型,将对中国未来发展产生重大影响"[2]。

---

[1] 俞可平. 中国治理评论(第1辑)[M]. 北京:中央编译出版社,2012.
[2] 刘新如. 从"管理"到"治理"意味着什么[N]. 解放军报,http://www.qstheory.cn/tbzt/tbzt_2013/sbjsz/fxjd/201311/t20131126_295748.htm(阅读时间:2013年11月26日)

网络问政、舆情、民间智库，综合体现了公民参与公共治理的意愿，网民通过互联网呈现的丰富、复杂的内容、情绪，衍生出不同的层次，在不同的时期、不同的事态中，有不同的表现形式。

第一层次是民声。社会大众对某起事件、某个人物，有一说一，有二说二，在遵循法律法规的前提下，想怎么说就怎么说。这种脱口而出的言论是最丰富的、最有生命力的、最有张力的，但正是这种脱口而出，容易导致未深入思考，受到他人影响，很多时候会变现为怒火、埋怨、仇恨。对公共管理者而言，必须换个思维、心态，理性对待民众意见。

第二层次是民情。民声的后面，是民众对公共事件的意见、态度、情绪。"从群众中来，到群众中去""不调查，就没有发言权"等重要要求，表述的意思都是要高度重视民情。

第三层次是民智。民声、民情经提炼、升华后，是民间智慧，是人民群众对社会建设、公共事务的无穷智慧，"吐槽"背后是老百姓的广阔思路、真知灼见。在此过程中，须掌握"多数人意见"与"少数人意见"的辩证统一。

第四层次是民心。革命战争年代，人心向背决定了战争胜负，在和平年代，其道理也一样。民心、人民的终极向往，正是舆情之本，因多元化思潮、事件复杂性、利益纠葛等因素，舆情呈现与民心未必会完全一致，局部舆情可能会背离民心，但舆情的最终归宿还是民心。从微观而言，舆情可以被引导、影响或操控，网络意见可能局部失衡，但是民心是任何势力、任何人都左右不了的。正如"网络问政惠州共识"所述，"围观改变中国"的实质是网民渴望参与公共社会建设的强大意愿。

需要专门强调的是，民声、民情、民智、民心，四者之间不是机械的简单叠加，也不是单纯的线性递进，其演变、融合之道，必须采用现代化手段，必须充分借鉴各类信息化手段，牢牢把握"数据"这个灵魂，这才是现代化治理之道。

2012年11月15日，十八届中央政治局常委与中外记者见面，习近平总书记郑重表示："人民对美好生活的向往，就是我们的奋斗目标。"互联网民声、民情、民智、民心的内核，正是广大人民群众通过互联网积极、有序参与公共治理、追寻美好生活的愿望和努力。

（蓝云/文）

结语：从1到 π，过去、现在与未来

数据的载体、核心是数字。不管是人类世界、物理世界，还是数字世界，或其他世界，数字犹如一粒粒珍珠，散布在各个角落，有的已经被发现，更多的还没有。串起珍珠的线，是数学规律。没有这些线，就没有现在各种形式的网，就没有现在这个丰富的现实。

数字来源于人类的现实生活。一般认为，先有物，后有数。但是人类偶尔会异想天开，主观构造出一些"虚拟数字"，而这些"虚拟数字"又能与现实生活互相映射，最终回馈到现实。不要再拘泥于虚拟、现实的对立关系，在一定的维度，虚拟就是现实，现实就是虚拟。也许在某时某刻，我就是蝴蝶，你就是鱼。很难精准描绘这种"异想天开"，我们只好将之称为天才。

数学规律的核心目的，就是尽量用简单的语言阐释这个复杂世界。作为"上帝描写自然的语言"，数学是全人类文明的共同结晶。数学还是自然科学皇冠上那颗最璀璨的明珠，是自然科学的根基。它的作用还辐射到社会科学的方方面面。"构建公理（公设）—输入变量—推导演绎—输出结论"模型明确告诉我们，众多理论体系的前提在于公理（公设），如果这组公理（公式）不成立，那么这栋理论体系的高楼大厦就坍塌了。原来上帝也会面临"死"的境界。一切都在真与假、是与非、暂时与永恒间游荡。众多大师推演了多种"公理（公设）"，才有现代科学体系。

数学规律一方面要服从于它自身的超自然规律，另外一方面它服务于人类生活。就像进制或数字符号的形成及传播，都遵循了符合客观实际、融合多方文明、适合日常交流等原则。而这与现在我们常说的治理原则是非常相像的。从政治学、社会学角度重新解释"数据治理"绝非刻意拔高、随意界定概念，大数据与治理现代化有着天然的血脉关系，数字、数学的发展，本身就符合治理的原则。

通过模型与算法，冰冷的数字与火热的生活有了更紧密的关联。比如说，指数增长法则只是数学性质的一个体现，但其正向、反向作用力非常大。水滴石穿，更何况这滴水日益扩大。非线性、复杂、无限、不循环、动态、高速、分开是这个世界的主流，线性、简单、有限、循环、静止、低速、聚合只是特例。我们尊重直觉，但很多时候直觉是靠不住的。地球是"无界有限"的，而宇宙又是怎样，我们暂时还不知道，至少霍金还没有给出明确答案。

先有鸡，还是先有蛋？至今仍无定论。

对于阿拉伯数字"0"与数字"1"，这个命题的答案却很清晰。当然这个答案与你的直觉未必一致。是先有了"1"，再有了"0"。在"1—9"流传数百年之后，有了佛教"虚""无"概念的启发，古印度人才臆造出"0"这个数字。但这并不妨碍我们以"0→1"为标示，代指某一个进程。

科学已经迈过了"从0到1""从无到有"的阶段，接下去是"从有限到无限""从有到多"的阶段。大数据便应运而生。大数据得天时地利人和而来，摩尔定律是其"奶妈"，云计算是其"接生婆"，社会的系统性更是给了其"准生证"。大数据带来新的科学范式，着重进行"关联性"思维，不再要求"因果性"思维。根据物理学"不确定性原理"，"在因果律的陈述中，'若确切地知道现在，就能预见未来'，所错误的并不是结论，而是前提。我们不知道现在的所有细节，是一种原则性的事情"。

大数据冲击波的总和，可以冠名为"1→π"。圆周率π，是一个无限不循环小数。任何人用圆规三秒钟就能画出一个圆，但这个圆的复杂性超出你的想象。这与地球的特性何其相似。

"大"是一个形容词，大数据是一个相对的称谓，是一个阶段性的说法，是信息化浪潮中的一朵大浪花。现在大数据才刚刚开始。据测算，2030年每人平均有7件可穿戴设备将联上互联网，到那时我们再来说"大数据时代"才更准确。但是历史不属于等待者、观望者，历史是由先知先觉者创造的。谁先用上新思想、新理论、新概念，谁就是时代的舵手。世界是平的，熨平这个世界的一个推手就是大数据。大数据给了后发区域赶超的机遇。

大数据有丰富的公共价值，尤其是在中国。它并非只是一个数据领域的概念，通过大数据助推"治理现代化"，有治理成本低、风险系数小、综合效益好等优势。"数据治理"在中国有着广阔空间。2015年9月，国务院发布《促进大数据发展行动纲要》，提出"打造精准治理、多方协作的社会治理新模式"，建

"从0到1"与"从1到π"的对比

从0到1	从1到π
有限	无限
循环	不循环
简单	复杂
线性	非线性
静态	动态
确定	不确定
低速	高速
垄断	共享
唯一	多元
聚合	发散
平衡	失衡
抽样数据	全体数据
因果关系	关联关系
强关系	弱关系
圆	椭圆
信息互联网	价值互联网

立"用数据说话、用数据决策、用数据管理、用数据创新"的新型管理机制。

计算机1946年诞生以来，70年来中国人主要是处于学习者角色。但在未来的数字世界的建设、数字生态文明的塑造方面，中国人可以起到更加重要的作用。正如祖冲之计算的π值，在800多年时间内都是全球最精确的。广东是中国的经济大省、工业大省，还是网民数量第一大省，改革创新意识浓厚，在大数据的综合应用方面，可以起到排头兵的作用。

大数据的一大终极使用是人工智能。以2016年"阿尔法狗"4比1击败围棋世界人类"第一人"李世石为标志，人工智能有了更高的能力。人工智能会不会全面超过人类？奇点大学联合创始人、谷歌技术总监雷·库兹韦尔（Ray Kurzweil）的观点是，2045年人工智能将会超过人类水平。他说："我在人工智能领域工作了50年，现在一些新的观点认为，未来的3—5年内，将实现机器通过与人类对话来了解人类的想法。15年后会达到人类智能水平，能够做人类能够做的事情，软件会出现指数级的增长。我们也会和计算机技术不断融合，到2045年它们将超过人类水平，人工智能确实影响到我们生活的方方面面。"他说。

库兹韦尔指出"2045年它们将超过人类水平"，但他没有公开发布推导过程。按照上述"构建公理（公设）—输入变量—推导演绎—输出结论"演绎法则，我们一起来构建模型，推算一下。

现实：计算机1946年诞生，2016年在被认为在人类智力的一个最高级阶段的围棋领域，超越人类。现代人的脑容量是1500毫升，原始人是400—500毫升。

假设：

1. 1946年第一台计算机的"智能数"等同于原始人，取均值450毫升；

2. 人类的脑容量进化缓慢，可以忽略改变，取定值1500毫升。

3. 人类的智能分为知识、智慧，以围棋为代表的是知识能力，各个领域的综合知识、复杂领域的判断是智慧能力。知识能力的"智能数"相当于1500毫升脑容量，智慧能力"智能数"相当于3000毫升脑容量。

4. 计算机的"智能数"同比例、指数级增长，从1946年开始。

推导：

计算机从450毫升脑容量进化到1500脑容量，70年时间持续指数级增长，可以测算出年进化率为1.733%。

按上述1.733%推算，从1500毫升脑容量"智能数"进化到3000毫升脑容量"智能数"，需要40.333年。

结论：人工智能2056年全面超越人类。

这个结果比库兹韦尔说的2045年多了11年。这样的推导当然是简单化、抽象化了，肯定经不起人工智能领域专家的仔细推敲。

但是我们可以明白，如果我们认同人工智能的指数级增长法则，认可这个世界不会陷入"兴衰交替""平稳发展""人类会灭绝"等境界，那么人工智能全面超越人类是大概率事件。

人工智能全面超越人类，那是否意味着机器人接管人类世界，人类将成为机器人的奴仆？这个问题，也困扰我许久。后来我查询到核爆炸的相关知识，也就释然了。现今人类掌握的核弹头可以毁灭全人类上百次。但是可喜的是，这个世界至今并没有被毁灭，而通过核能发出的电流却源源不断输送到千家万户，造福人类。

很显然，霍金没有这么乐观。2014年12月，霍金接受英国广播公司（BBC）采访时明确表示："制造能够思考的机器无疑是对人类自身存在的巨大威胁。当人工智能发展完全，就将是人类的末日。"[1]

（蓝云/文）

---

[1] 据《2045年人工智能将会超过人类水平？霍金说那是人类的末日》，http://www.thepaper.cn/newsDetail_forward_1295846，查询时间：2017年3月23日

下 篇

访 谈

整体概述

⌄

国家信息化专家咨询委员会常务副主任周宏仁：

大数据技术改变传统治国理政模式

【人物简介】

2017年2月24日，国家信息化专家咨询委员会常务副主任周宏仁（右）接受南方舆情数据研究院秘书长蓝云专访

周宏仁，2003年5月担任国家信息化专家咨询委员会常务副主任至今，专注于国家信息化的战略研究，负责主持了许多重大课题研究，为我国信息化推进中面临的前瞻性、战略性、全局性问题出谋划策，为国家信息化战略和政策的制订

做出了重要贡献。其间，兼任联合国信息与通讯技术工作组高级顾问，2008年9月起担任北京邮电大学经管学院院长。

撰写的《信息化论》为全球第一部全面研究和论述信息化问题专著；《信息化概论》作为"普通高等教育'十一五'国家级规划教材"；主编"庆祝中华人民共和国成立60周年重点书系"的《中国信息化进程》；连续主编了2010—2016年《信息化蓝皮书：中国信息化形势分析与预测》。

2017年2月24日，南方舆情数据研究院对国家信息化专家咨询委员会常务副主任周宏仁就"数据治理"话题进行了专访。周宏仁从大数据的本质和大数据发展的条件切入，阐释信息化催生的数据产业如何推动工业社会向信息社会的变革和转型，以及中央和地方政府发展大数据产业决策意志和政策制定的重要性和必要性。

周宏仁认为，数据的可让渡性和可获得性是数据产业发展的前提，衍生的问题包括数据资产的概念、数据产权的确认（立法或者法规）、数据开放、数据交易和定价、数据保护、隐私保护、数据管理权属等等，都是发展数据产业的基本前提条件，而政府数据的开放对实现数据的可让渡性和可获得性是一个极好的示范。

大数据技术正在改变着传统的治国理政模式。建议广东依托国家大数据综合试验区建设，在数据资源开放共享、行业应用、工业大数据、产业集聚发展等方面先行先试，推动大数据应用和产业健康快速发展。

数据不是信息化的副产品，信息化的本质是数字化

南方舆情数据研究院（以下简称"南方舆情"）：周宏仁先生是广东省大数据行业和南方舆情数据研究院的老朋友了。在我们2016年11月份主办的"大数据应用及产业发展大会"上，您作为大会主嘉宾第一个登坛，做了《培育数据企业，发展数据产业》的精彩主题发言，为广东省建设"珠江三角洲国家大数据综合试验区"、发展大数据产业和推进政府数据治理鼓与呼。

党的十八届五中全会提出大数据发展战略，国务院发布《促进大数据发展行动纲要》，习近平总书记在第三十六次集体学习中提出拓展经济新空间，强调以数据集中和共享为途径，建设全国一体化的国家大数据中心，大数据产业迎来重要的发展机遇。您认为，进入互联网20多年来，我国大数据发展的现状或基础条

件如何？

周宏仁：回答这个问题要从以下三个方面分析。一是认识问题的本质：信息化的本质是一场数字化的革命。从数字化信息发展至数字化业务，再发展到数字转型，信息化对人类社会的影响和冲击不断强化和深化。信息化的结果是打造了一个与我们生活的"物理世界"相对应的"数字世界（网络空间）"，我们在物理世界的一举一动，几乎都会在数字世界有所映射。信息化自身也在经历一个数字化、网络化、智能化的迭代，互联网正在向着物联网和全联网发展，打造一个人、机、物智能互联的世界。信息化的直接结果是数据量的急剧增长：计算、网络、数据、软件无处不在。这种现象在农业社会、工业社会都是不曾有过的。

数据看似信息化的"副产品"，随着数据量的日益增大，人们开始认识到，数据不是副产品，而是重要的"正产品"。数据流带来了人流、物流、资金流和信息流，加快和加深了人类对物理世界的认识和认知。这个世界每时每刻在发生什么，人们在想什么、做什么、要什么、不要什么、喜欢什么、不喜欢什么，会越来越多地反映在数据之中。

人机博弈，智能化的机器人可以战胜人类，其技术基础就是对人的行为逻辑和行为方式进行大数据分析，用统计规律和人进行博弈并获胜。如同历次技术革命一样，大数据技术的持续发展有可能使传统的政治、经济、社会、文化、军事和科技活动发生重大变革，带来经济社会的转型，历史就是这样具有相似性。

二是我国发展大数据的现实条件：我国信息化的发展已经促使了一个"数字世界"的形成，规模还不小。据IDC估计，2020年中国的数据总量可能会占到全球数据总量的40%，这是因为中国有13亿人，9亿部智能手机，7.3亿网民，此外还有难以计数的各行各业、机关学校、企事业单位的信息系统，等等。中国数据积累的速度，和中国信息化的发展速度一样是惊人的。

现在讲发展和应用大数据，并不是说我们原来的系统里的数据没有被利用，而是说这些数据的边际效益远远没有发挥，还有巨大的潜力可以被全社会挖掘利用。例如，政府的税务系统和淘宝的电子商务系统，除满足国家和地方的税务数据和淘宝的电子交易处理的需求之外，在对国家经济活动的运行分析和预测方面同样可以发挥巨大作用。

大数据的应用和发展有四个基本条件：数据的可获得、可利用（或以某种条件——付费、签约、交换等等）；数据模型，即对需要解决的物理世界的现实问题有科学的模型描述；算法，求解模型的计算方法；软件，可以在计算机或者计算机网络系统中自动搜寻、获取数据，并按模型和既定的算法完成数据的分析计算，最后将计算结果呈现给用户，实现数据可视化。

大数据的存在是数据产业发展的必要条件，但不是充分条件。数据模型、算法和软件随应用的复杂性不同而差异极大，科学性很强，严格地说，需要数据科学和数据技术做支撑。此外，大数据种类繁多，有数字的大数据、文字的大数据、图片的大数据、语音的大数据、视频的大数据，还有各种各样组合的混合型大数据，不同的大数据类型，其模型、算法、软件差异极大，需要数据科学家和工程技术人员假以时日、孜孜不倦地去研究、开发和市场化。因此，大数据的利用和产业发展，是一个伴随信息社会的发展而发展的百年进程，就像工业时代制造业的发展经历了数百年的不断发展和进步一样，不能指望一蹴而就。

三是我国大数据的发展：近年来，我国大数据的发展掀起了一股热浪，对于大数据重要性的认识是提高了，中央政府和地方政府对大数据都很重视。这是一个很大的收获，也是认识上的一个很重要的进步，对于中国大数据的发展和信息化的发展，都很重要。

在大数据的利用方面，很多企业都有一些脚踏实地的很好的尝试和追求，值得鼓励和支持。只有尝试了，才知道问题的复杂性，才能进一步提出发展大数据的方方面面的科学和技术需要，逐步走进大数据科学技术和产业发展核心。当然，社会上也弥漫着对大数据的浮夸和炒作，对此，我们必须保持科学的、清晰的头脑，不被忽悠。

"千里之行，始于足下"。大数据产业的发展是百年大计，却也是一日千里，不可以听之任之。我们需要有针对国家和地方经济社会发展紧迫需求的，符合实际的，由浅入深、由简单到复杂的发展战略、规划、策略和一系列相应的政策举措，来支持大数据产业和科学技术的发展。特别是推动数据科学的发展，培养数据科学家，更是一个百年大计。信息化越往高端发展，所需要的科学技术支撑就越多，大数据、智能化、人工智能的发展，都是如此。这一点，我们必须有清醒的认识。

政府应该在数据开放上做出良好的示范动作

南方舆情：广东是最早推动大数据产业应用和发展的省份之一，2014年3月即在省级层面成立全国第一个大数据局。2016年10月，广东省正式启动珠三角大数据综合试验区建设。您认为综合试验区建设将会给广东带来哪些机遇和影响？应该如何发力，哪些方面有望成为全国的亮点？

周宏仁：综合试验区建设对广东而言，是一个推动大数据发展的极好的机遇。既然是"试验区"，就可以对一些复杂的，对推动大数据产业发展有重要意义的，政策不清晰或者战略不明晰的，需要探索和回答的紧迫问题先行先试，取得经验，从而达到推动全国大数据产业健康快速发展的目的。

广东历来是全国创新创业最活跃的地区之一，很多新思想、新方法、新事物都在这里生根、发芽、成长。希望广东省能够依托国家大数据综合试验区建设，在数据资源开放共享、行业应用、工业大数据、产业集聚发展等方面先行先试，大胆探索，盘活数据资源，激发创业创新活力，推动大数据应用和产业健康快速发展。这些方面都很重要。

数据的可让渡性和可获得性是数据产业发展的前提，也是"试验区"首先应该关注和"试验"的问题。与可让渡性和可获得性相关的及其衍生的问题包括数据资产的概念、数据产权的确认（立法或者法规）、数据开放、数据交易和定价、数据保护、隐私保护、数据管理权属等等，都是发展数据产业的基本前提条件，也是需要回答的紧迫问题。广东历来走在全国改革开放的前沿，市场意识很强，社会接受程度很高，创新意识也很强。在这些问题上，应该动员地区和全国的智慧，大胆创新、试验、示范。

解决"数据的可让渡性和可获得性"，关键是各利益相关方的协调。目前存在四种数据所有权：个人或者家庭所有、工商企业与事业单位所有、政府部门所有，以及企事业或政府数据中涉及私权的混合型数据所有权。利益分配结构相当复杂，需要妥善处置。政府部门数据、工商企业与事业单位数据中，都含有个人数据或者其他企事业单位的数据。这些数据，如果要"可让渡"的话，一定要与涉及的个人或者企事业单位达成某种契约，以确保"让渡"的合法性。让渡和获得数据，需要法律、法规的支持，才能做到法治、有序。这一点，试验区可以大胆地试验和探索，寻求突破。

政府数据开放对实现数据的可让渡性和可获得性是一个极好的示范，这也是近年来全球广泛开展的"数据开放运动"的深层次原因。政府是全社会公共信息的最大拥有者，数据量非常可观（可能占全社会数据总量的25%左右），政府数据的开放对数据产业的发展起到巨大的推动作用。

当然，政府数据开放，也不是简单地说开放就可以开放，也要先解决可让渡性和可获得性问题。例如，有可开放的、有条件开放（使用）的、不可开放的三大类；对于可开放的、有条件开放（使用）的公共数据，也有收费、有条件收费（商用）、不收费三类；还要制定可开放的、有条件开放（使用）的公共数据的清洗标准，使数据脱敏、脱密，以保护个人和企事业单位的隐私和其他利益。

因此，政府数据的开放，需要做大量的准备工作，推动数据产业的发展，是公共利益所在，政府责无旁贷。试验区可以立即着手，参考国际经验和通例，结合我国和广东的实际情况，制定可行的政策和策略，试行相关的收（免）费规范，做出公共数据可让渡性和可获得性的试验和示范。这一点，无论对广东还是全国而言，意义都很深远。

数据治理是技术革命，也将是一场意义重大的政治变革

南方舆情：的确，近年来包括广东省在内，各级政府部门在致力于治理能力现代化建设提高政府服务能力方面，大数据技术正日益成为重要的工具和抓手。您在政府应用大数据技术提升服务效能、提高治理能力方面，有什么建议？

周宏仁：这个问题的关键点在于，政府应当如何利用自己和社会的大数据，实现国家治理的信息化和现代化。

传统治国理政模式是由政府研究、制定、提出、执行各种国家和社会需要的政策、战略、法规和计划等等，然后由全社会，包括各个政府部门、企事业单位，直到每个老百姓，负责执行和落实。尽管政府在制定各种政策、战略、法规和计划等等的时候，也会展开各种调查研究，听取各方的意见和建议；在付诸执行后，也会了解社会的反应，但是由于时间和技术的局限性，政府对社会的治理，基本上是一个政府下达指令、企业和公民执行的过程，是一个缺少及时有效反馈环节的"开环"过程。

由于网络空间日益成为物理世界、现实生活在数字世界的全面映射，网络空间因此成为政府迅速、准确地把握国情、市情、民情的一个不可或缺的手段。利用网络空间，政府可以构造一个治国理政的反馈系统，完全改变传统的治国理政模式。

在网络时代，政府发布命令，全社会执行的传统治国理政的模式是不可能继续走下去的。政府需要利用信息化这个强有力的工具，使政府的政策和举措，在出台之前先广泛征求、准确把握民意；出台之后获得执行情况的反馈，适时地进行再调整。这样，政府治国理政的过程，就由一个开环的、政府下达指令而公民执行的过程，变为一个闭环的、公民执行并不断反馈的过程，这就是一个公民和

政府互动、参与治国理政的过程，一个民主政治的过程。

民主不仅仅只是一张选票，更是公民真正地参与国家治理的过程。数据治理是技术革命，也将是一场意义重大的政治变革。

具体到广东省，广东省的网上办事大厅做得比较成功，走在全国的前列，广东省的电子政务走过了数字化、实现了网络化，正在向着智能化的方向发展，为广东省进一步实现政府治理能力的现代化准备了很好的条件，数据资源的准备无疑也十分充分，为大数据的决策应用奠定了重要的基础。

现在可以立即着手的，是充分利用全省网上办事大厅所积累的大量数据，有计划、有步骤地实现全省省情（市情、民情）和重大事件的分区、分时、分类的实时采集、整理和报送，就省委、省政府（市委、市政府，县委、县政府）最关心的事项提供数据和信息支持，把"反馈"的内容和渠道先初步建立起来。第二步，再提高一个层次，对各种数据进行分析，根据需要，对省、市、县三级的决策提供支持。全省网上办事大厅的数据，是非常宝贵的数据资源，是广东省全省多年资源大量投入、领导者和参与者辛勤劳动所形成的宝贵资源，不能仅仅停留在"为民办事、为民服务"这个方面，除了要逐步地为决策服务外，还要清洗、开放，供广东乃至全社会的经济社会发展服务，以换取更大、更多的经济社会利益回报。

扶植数据企业，政府应有所作为

南方舆情：您曾提到，大数据应用的发展最终是推动大数据产业的发展，也必须依赖大数据企业的发展。广东本土拥有大量优秀的软件服务企业、互联网企业，在智慧城市、工业互联网等建设上处于全国前沿，在此基础上，广东如何更好地培育数据企业、发展数据产业、打造数据产品，在全球物联、互联中创造商业价值？

周宏仁：重点是要培育一批真正的数据企业，特别是龙头企业。企业的发展主要靠企业自己在市场上打拼，政府的角色主要有两个：一个是用战略、政策、法规、标准、规范，创造一个好的数据企业发展的环境，让企业有劲能使；另一个是培育数据企业的典型，为其他想进入、想创业的数据企业的发展起到一个示范作用。

在数据企业发展的初期，政府的规制不能过严，否则有可能将创造力扼杀在摇篮中；但是也不能过宽，以免引起社会的不满和不安。从这个意义上讲，政府的角色需要把握好。

扶植数据企业对数据产业的发展非常重要。包括：如何定义"数据企业"（早期应该严格定义，以免鱼龙混杂，干扰数据产业的发展，例如，数据企业应以数据为主要输入，以数据产品或者数据服务，或者二者兼有，为企业的主要输出，即产品）；从哪些方面对数据企业给予扶持（除了相当于软件企业的政策之外）；制定相关的标准、规范和政策等等。例如，在公共数据开放方面，可以优先向试验区或者产业园的数据企业提供公共数据，让这些企业在涉及公共数据开放的相关问题（如定价、收费、清洗、服务等）上进行试验、试点，制定标准规范，吸引和鼓励传统企业转型为数据企业，用心打造龙头数据企业，形成全社会的示范效应，通过数据企业发展数据科学和技术、引进和培育人才等等。

要鼓励数据企业在社会上、市场上拿到有用的大数据。目前的数据源主要有企事业单位，政府、互联网和金融等企业、公共平台等，当然，还可以考虑国外、国际数据资源。实际上全社会的数据资源确实不少，只是企业不容易拿到。为此政府的工作必须做在前面，即让数据"可让渡、可获得"，要警惕一些政府不愿意在这些问题上下功夫，只是把推动数据产业的发展看作一种短期行为，力求在任期内取得"政绩"，使大数据的发展始终停留在概念的炒作和社会舆论的忽悠上，更严重的是，政府大量的投入，却没有取得真正的经济社会效益，浪费了可贵的资源，这是很可惜的。

数据是商品，"确权"是开展数据交易的前提

南方舆情： 贵州、浙江等地此前相继成立了大数据交易中心。数据作为资产，您如何看待它的所有权问题，而其作为商品，将如何估值、定价和交易？

周宏仁： 大数据交易中心是推动数据市场形成的一个很重要的尝试，成立之初，创意是好的，后来逐步形成全国跟风，不管地域大小，也不论有没有可交易的数据基础，到处都在成立所谓的大数据交易中心，产生了很多盲目的跟风或者炒作，这个就背离了原来的初衷。

任何商品或服务的交易，必须建立在所有权的基础之上。在数据交易中心，出售数据的一方，如果不是数据的所有权方，或者持有合法数据所有权方的委托证书，是不能提出进行交易的。谁是所有权方，必须有国家或地方政府出具的合法的证明文件，检查这个证明文件就是大数据交易中心的义务和职能，否则后面的交易都是不合"法"的。因此，大数据交易中心首先应该在这方面进行研究和

试探，在当前情况下，只有建立"确权"的规则、法律和制度，才有可能启动和推进数据交易活动的健康开展。

数据资源是发展数据产业的前提。数据资源开发的主要形式，就是构建各种不同功能、不同形态的信息系统。构建信息系统，过去是为相关业务活动的运行、管理、决策服务，今后更有可能以采集、累积各种信息资源，以掌握数据资产为目的，构建各种信息系统。因此，信息系统建设的观念会有很大的转变。

在经济学意义和法律意义上，必须研究和承认数据在一定的情况下是一种资产，即"数据资产"。数字化的数据的产生经由信息系统的建设而实现，需要创新和大量的投入，包括资金（技术、设备）和劳动力的投入，这种投入常常相当可观。无论国家的金关、金税等重大信息系统工程，或是如腾讯、百度、淘宝的企业信息系统，其投入都非常可观。这些信息系统的终极产品就是其所积累的大量数据。显然，不能说这些信息系统的软硬件设备是资产，而其中的数据却不是资产。

数据既然是资产，就一定有产权问题，必须承认"数据产权"。原则上，谁投入信息系统的建设，使数据变成资产，谁就应该拥有这份数据资产的所有权，即拥有相应的"数据产权"。个人对于在自己的智能终端和其他数据终端中所有的专属数据，也可以申请拥有数据产权。

就宏观而言，数据产权对于保护国家的数据资产和信息安全非常重要。目前，中国数字化数据总量占全球数据总量的比例已经很高，由于中国是一个人口大国和世界第一互联网大国，中国的数字化数据总量居全球之冠只是一个时间问题。

"承认数据产权"和"保护数据产权"，长期而言对中国有利。"数据主权"的提法不易界定，而"数据产权"和"知识产权"一样，可以界定，且易于被国际接受，也可以作为保护国家数据安全的一个武器。保护"数据产权"，有利于数据产业发展。国家需要制定"数据产权法"，设立"国家数据产权局"。数据资产的拥有者，可以向国家数据资产的行政管理部门申请承认和保护其数据产权。不难想象，未来数据产权的拥有者在数量上一定会远远大于知识产权的拥有者，数据产权管理和保护的工作量将非常之大。

既然数据是资产，就必须解决资产的定价问题。不同种类、不同性质的数据资产，价格一定有所差异，甚至差异很大。一般而言，投入越多，数据作为资产的价值就越高。数据也可以由市场定价，由供求关系定价。无论如何，数据资产一定会有价值。一旦数据资产有了定价，数据资产作为一种社会财富的地位就确立了，人们（包括政府和企业）以往建设各种信息系统投入的资本存量，就可以变现成为资产。这一点，对全社会而言，意义重大。数据资产有了定价以后，对中国的GDP将产生巨大的贡献。

为了支持数据产业的发展，原则上国家政策应该鼓励数据开放，但数据开放是有条件的。数据开放不可能是无条件的。过去几十年，信息资源共享始终不能实现，一个重要原因即在于数据资产是有价资产，在一般情况下不可能实现共享。政府拥有的数据资产是利用公共资源开发的，原则上属于全社会所有。但是，政府数据开放也不意味着完全的、无条件的免费开放，而要看是向谁开放、使用后是否产生商业价值、是否涉及公共安全、个人隐私等等因素。只有在确认了上述问题之后，数据开放才有可能真正实现。

上面讨论的还只是狭义的数据产业。广义的数据产业是一个完整的、与数据相关的产业链，涉及的范围更广，包括数据的采集、处理、分析、传播、利用、服务、技术等等，产业链很长，极具经济价值，因此可以提供巨大的市场空间。无论如何，我们不难看出，数据产业是一个极具发展前途的新兴产业，决不能失去这个战略机遇，一定要抢先一步，占领先机，力争在国际上主导数据产业的发展。

推进制定数据标准和数据立法，切实保障数据安全

南方舆情：为更好地推进数据资源的释放和开放共享，您认为在大数据领域需要制定哪些数据标准？为保障国家安全、网络安全、数据安全和个人隐私保护，在推动过程中需要在政策立法方面如何完善？

周宏仁：数据是各行各业或者个人在各种信息系统的使用中所产生的，信息系统的设计者需要制定各种各样的数据格式和标准。就大数据而言，非格式化，或者说非标准化的数据居多。在大数据领域，主要的问题是对大数据进行分类，进而研究不同类型大数据的分析和处理技术。不同行业的大数据，在数据格式或者标准化方面可能区别很大，从有利于行业的大数据应用和发展出发，有可能可以通过协商研讨，制定出一些行业的数据标准或规范，供业内参考使用。以行政命令的方式做出数据标准，强制执行，比较困难。

涉及国家安全、网络安全、数据安全和个人隐私保护的政策、立法方面的问题还很多。2016年11月7日，我国已经颁布了《中华人民共和国网络安全法》，

2017年6月1日开始执行，其中第四章"网络信息安全"做出了一系列的规定。当然，网络安全法的落实，还需要做很多艰苦细致的工作。

在国际方面，最重要的问题之一是越境数据流的管理。这个问题，世界各国都很重视，如何既有利于数据的流动、满足经济全球化的需求，同时，又保证各主权国家的数据产权和数据安全，是一个比较复杂的网络空间国际治理问题，国与国之间分歧比较大。在全球已经网络化的情况下，国家、政府、企事业单位、乃至个人的数据安全都受到极大的威胁，如果没有严格和严密的保障措施，国家和个人几乎无密可保。这个问题，必须引起全社会的重视。

（采访：蓝云、任创业、余元锋）

广东省大数据管理局局长王月琴：

2020年珠三角试验区形成"一区两核三带"

【人物简介】

王月琴，广东省大数据管理局局长（兼任广东省经济和信息化委总经济师）。

2017年2月28日，就广东未来5年如何布局珠三角大数据发展等若干问题，南方舆情数据研究院专访了广东省大数据局局长王月琴。王月琴从珠江三角洲国家大数据综合试验区的总体布局谈到广东省在推进大数据创业创新经验，再到推动政务数据集中和共享等，分享了很多干货，并谈到许多机遇。

在推动政务数据集中和共享方面，王月琴透露，省财政拿出了10亿元，建设全省统一的电子政务数据中心。加强政务网络建设，构建省市县镇四级的畅通网络支撑体系。搭建电子政务云平台，提供存储设备、服务器等基础设施服务。建设全省政府数据统一开放平台"开放广东"，提供面向公众的政府数据服务。

在谈到大数据推动制造业与互联网融合发展时，王月琴表示，广东省与国家工业和信息化部已建立共建机制，重点推进基于"自动控制与感知硬件、工业核心软件、工业互联网、工业云平台和大数据平台"的制造业新"四基"试点示范。

推动大数据创业创新，关键是盘活数据资源

南方舆情数据研究院（以下简称"南方舆情"）：2014年3月份，广东省在国内率先成立了省级的大数据管理局，并将大数据作为创新驱动的重要抓手，落实国家大数据战略。两年多来，在"互联网+大数据"的思维引领下，广东省在运用大数据推动创业创新方面进行大量探索实践。能否请您为我们分享下广东省推进大数据创业创新的经验？

王月琴：打造大数据创业创新生态区是珠三角国家大数据综合试验区的建设目标之一。推进大数据创业创新，关键是盘活数据资源。近两年来，广东省依托互联网龙头企业建设一批大数据众创空间，重点推进电信运营商、互联网大型企业向创业者和中小微企业开放大数据资源和平台能力，建设大数据创业创新孵化园和孵化平台，举办大数据创新大赛，营造良好创业创新环境。如腾讯公司众创空间为近2000名省内创业者提供一站式创业服务，孵化团队176个，项目估值达100亿元。广东移动打造大数据微服务化平台，率先在全国推动大数据能力开放，建设中国移动南方基地大数据创新创业孵化园，孵化合作企业超过120家。还举办了交通、航空领域大数据创新大赛。目标到2020年，试验区形成3个左右大数据平台能力开放试点示范，催生一批新兴业态企业；建成10个左右大数据众创空间，在孵创客和中小微企业数达到500家以上；开放气象、交通等民生服务领域的数据资源，培育发展车联网、智慧医疗、信息消费等新应用新业态。

10亿元建设全省统一的电子政务数据中心

南方舆情：中央提出拓展经济发展新空间，强调以数据集中和共享为途径，建设全国一体化的国家大数据中心，推进技术融合、数据融合。在推动广东数据治理现代化过程中，您认为广东省将如何合理安全地推动政务数据集中和共享？

王月琴：李克强总理说，"中国超80%的数据在政府手中，政府数据共享开放应该是大势所趋"。省政府决心很大，省财政拿出10亿元，建设全省统一的电子政务数据中心。构建省市县镇四级畅通的网络支撑体系，搭建电子政务云平台，实现政务系统"物理集中"。统筹建设省政务大数据库，包括自然人、法人等基础信息库和各类专题数据库，实现"资源汇聚"。搭建省信息资源共享平

台，推进省直横向、省市县三级纵向的信息资源共享交换，实现"信息共享"。建设全省政府数据统一开放平台"开放广东"，实现"数据开放"。目标到2020年，全省实现政务信息资源采集率超过70%，在民生服务等重点领域开放500个以上政府数据集。

制造业向数字化、网络化和智能化的转型发展，其实质就是最终实现"数据驱动"的制造新模式。

南方舆情：国家"十三五"规划纲要中进一步指出，全面推动大数据的发展，实施国家大数据战略，把大数据作为基础性战略资源，全面实施促进大数据发展行动，加快推动数据资源共享开放和开发应用，助力产业转型升级和社会治理创新。广东省作为人口大省、经济大省、制造业大省，拥有海量的数据资源，如何将大数据作为实施创新驱动总战略和培育发展新经济、新动能的重要抓手，助推广东制造业发展？

王月琴：当前，广东省深入贯彻落实《中国制造2025》，全面实施《广东省智能制造2025》，打造"数据驱动"的制造新模式。广东省已与国家工业和信息化部建立共建机制，重点推进基于"自动控制与感知硬件、工业核心软件、工业互联网、工业云平台和大数据平台"的制造业新"四基"试点示范。支持建设30家左右"数据工厂"，推动大数据在研发设计、生产制造、经营管理、市场服务、设备增值服务等产业链全流程应用。在电子信息、家电、汽车和摩托车制造、五金、纺织服装、民爆、建材等行业，开展工业大数据创新应用试点示范。选择部分基础和优势产业，建设20个左右制造业细分行业的工业大数据平台，推动行业产业链数据整合和应用创新。支持工业核心软件开发应用，强化软件支撑和定义制造业的基础性作用。

强化广州、深圳的"发动机"功能，形成核心突出、支撑力强、辐射面广的大数据发展中心区域。

南方舆情：2016年4月，广东省人民政府办公厅印发《广东省促进大数据发展行动计划（2016—2020年）》（以下简称《计划》），明确指出，将用5年左右时间，打造全国数据应用先导区和大数据创业创新集聚区，抢占数据产业发展高地，建成具有国际竞争力的国家大数据综合试验区。

同年10月，珠江三角洲国家大数据综合试验区作为全国首批确定的跨区域类综合试验区正式获批。广东在加快建设珠三角国家大数据综合试验区建设过程中，您认为综合试验区建设将会对广东带来哪些机遇和影响？综合试验区将肩负着先行先试实现国家大数据创新发展的重任，未来5年如何布局珠三角大数据发展？

王月琴：珠三角国家大数据综合试验区作为全国首批确定的跨区域类综合试验区，是广东发展大数据的重大机遇。根据《国家大数据综合试验区建设总体方案》，结合广东实际，试验区将重点承担加强政务数据统筹整合、推进数据资源开放利用、促进社会治理大数据应用、促进公共服务大数据应用、促进大数据社会化应用与产业发展、深化制造业大数据应用、开展行业大数据应用、开展创业创新大数据应用、促进大数据要素流通等9项任务。

近日，马兴瑞省长明确指出，广州和深圳是广东经济发展最大的"发动机"，要开足马力，进一步释放创新、创造、创业辐射带动能力。广东省加快大数据发展，将重点强化广州、深圳的"发动机"功能，发挥大数据在提升政府治理能力、推动要素驱动向创新驱动转变、推进供给侧结构性改革、促进大众创业万众创新等方面的作用。

试验区将形成"一区两核三带"的总体布局。"一区"即珠三角国家大数据综合试验区。"两核"是指以广州、深圳为核心区，依托其在政治、经济及科技发展等方面的优势，形成核心突出、支撑力强、辐射面广的大数据发展中心区域。"三带"是指打造佛山、珠海、中山、肇庆、江门等珠江西岸大数据产业带，重点发展工业机器人、自动机床等"工作母机"类设备制造，建设大数据促进先进装备制造业转型升级示范区；打造惠州、东莞等珠江东岸大数据产业带，重点发展大数据软硬件产品，以及以大数据应用为牵引的信息技术核心基础产品，建设全国领先的大数据产品制造基地，并辐射全省；打造汕头、汕尾、阳江、湛江等沿海大数据产业带，进而带动泛珠三角各行政区以及"一带一路"相关国家在大数据领域开展深度战略合作。

广东省将依托珠江东岸雄厚的电子信息产业基础，大力发展大数据及相关产业，培育完善的大数据产业链。

南方舆情：广东省作为深化改革开放的先行地，向来是创新创业最活跃的地区之一，本土拥有大量优秀的软件服务企业、互联网企业，在智慧城市、工业互联网等建设上处于全国前沿。在良好基础上，您认为广东如何更好地培育数据企业，发展数据产业，打造数据产品？

王月琴：数据资源特别丰富是广东省发展大数据产业的突出优势之一。政府数据方面，商贸、港口、航运、物流、海关、金融等数据量都居全国前列。省政务信息资源共享平台联通了71个省级部门和21个地市及佛山顺德区，共享数据超过60亿条。社会数据方面，2016年广东省互联网普及率居全国前列，全省网民数达到8024万。产业数据方面，2016年广东省电子信息产业总产值约3.3万亿元，规模超过全国1/4，规模以上电子信息制造业产值连续26年全国第一。云计算、物联网、大数据在制造业企业的应用率均超过20%，沉淀了海量的产业数据资源。

下一步，广东省将规划建设一批各具特色和优势的大数据产业园，推进大数据产业集聚发展，培育大数据龙头企业及创新型中小微企业，突破大数据产业发展关键核心技术。目前，广州、云浮、肇庆、佛山等地大数据产业园区正加快建设。目标到2020年，建成10个左右大数据产业园，创建3—4个国家级大数据产业园；培育8家左右有国际竞争力的大数据核心龙头企业，200家左右大数据骨干企业。

南方舆情： 媒体由于其高度的公信力和社会影响力，能有力链接大数据产业的上下游资源，有效地推动数据集聚和流通，媒体在国家珠三角大数据综合试验区建设中，将充当什么角色和担当？

王月琴： 政府数据的共享开放是大势所趋。媒体特别是党报在征集和研究政务数据方面，具有先天的优势。此外，互联网上每天都产生大量极具研究价值的数据，如微博、微信、QQ和百度搜索等社交数据，阿里巴巴、京东等电商数据，滴滴、优步、神州等移动出行数据，在线旅行社和各航空公司的旅客数据。媒体可充分利用大数据思维和技术，加强挖掘分析，从而增强议程设置能力，提升舆论引导效果，并借此提供信息增值服务，帮助科学决策。

随着试验区建设的全面启动，广东省将进一步改革创新、先行先试，为全国大数据发展提供广东经验。媒体在挖掘总结广东省大数据发展试验的特点、亮点方面可充分发挥主体作用。此外，媒体也可凭借自身的优势和资源，开拓思路、把握机遇，直接参与大数据产业发展。

（采访：蓝云、林鑫、米娜。感谢广东省大数据局数据资源处提供帮助）

实践应用

惠州市市长麦教猛：

惠州"大物移云"数据治理之道

【人物简介】

2017年1月19日，惠州市市长麦教猛接受南方舆情数据研究院专访（南方日报记者张由琼 摄）

　　麦教猛，暨南大学产业经济学专业毕业，硕士学位。现任广东省惠州市委副书记、市长。

惠州素有"岭南名郡"之称，拥有全国文明城市、国家历史文化名城、国家森林城市、国家环保模范城市、全国优秀旅游城市等诸多美誉。作为毗邻香港、广州、深圳，连接珠三角与粤东的重要枢纽城市，如何以更好质量更高水平进入珠三角第二梯队、建设绿色化现代山水城市，成了惠州"十三五"规划最重要的课题。近年来大数据相关话题受到了社会的广泛关注，大数据时代已然到来，惠州如何抢占先机？2017年1月19日，在广东省"两会"期间南方舆情就此话题专访惠州市市长麦教猛。

惠州一方面全力推进"大物移云"产业和有"广东硅谷"之称的潼湖生态智慧区建设，另一方面积极将大数据运用到城市管理、市民生活服务上。我们通过这"两手抓"可管窥惠州的数据治理之道。

"大物移云"成为惠州产业名片

南方舆情数据研究院（以下简称"南方舆情"）：惠州是发展电子信息产业比较早的城市，已经成为全省乃至全国电子信息重要产业基地。在2016年11月初举办的2016中国手机创新周暨第五届云博会上，不少专家和业内人士表示，惠州的"大物移云"产业基础比较好。能否请麦市长介绍一下惠州的相关产业发展情况？

麦教猛：非常感谢对惠州的关注和支持！刚才提到的"大物移云"，主要是指大数据、物联网、移动互联网、云计算。经过多年培育，惠州已成为首批国家电子信息产业重要制造基地，也是全国乃至全球重要的手机生产基地，形成了终端设备制造产业高速发展、手机通信配套产业齐全、云计算技术产业国内先行领跑的产业发展格局。同时，我市还具有发展物联网和云计算等高端电子信息产业的良好基础，主要表现为"1个集群、2个试点、3个基地"。1个集群，即"惠州云计算智能终端创新型产业集群"，这是国家第一批10个创新型产业集群试点中唯一以云计算为主题命名的产业集群，2016年该集群总产值达2180亿元。2个试点，即国家信息消费试点城市、国家智慧城市试点城市。3个基地，即国家新型工业化移动智能终端产业示范基地、惠州物联网终端及应用产业基地、惠州智能移动终端制造产业基地。大数据产业方面，自2014年以来，我市先后与神州数码公司、阿里巴巴集团、粤数大数据公司、思科公司签署了合作协议，在大数据产业发展顶层设计、大数据应用先行先试、大数据产业发展基金，以及智慧城市运营服务、智慧城市安全管理等多方面开展合作，加快推进我市大数据产业的发展。

2020年惠州将实现大数据在国民经济和社会各领域广泛应用

南方舆情： 国家已批准珠江三角洲建设国家大数据综合试验区，惠州市是珠江东岸大数据产业带重点城市之一，在大数据应用及产业发展方面，惠州未来有什么规划或者长远打算吗？

麦教猛： 惠州最近出台了促进大数据发展方面的两个重要文件：《惠州市促进大数据发展实施方案（2016—2020年）》和《关于运用大数据加强对市场主体服务和监管的实施意见》。我们计划，到2020年实现大数据在国民经济和社会各领域广泛应用。

一是不断完善大数据基础设施建设。我市积极利用云计算技术统筹政府信息基础设施资源的共享和集约化利用，创新电子政务云服务模式，通过铺筑惠州市电子政务网、构造电子政务云数据中心、夯实政务信息资源共享与交换平台、建设政务服务大数据库等举措，有效提高政务信息资源利用率，降低政府IT系统建设和运营成本。

二是推动公共数据资源整合共享。依托"一门式一网式""互联网+政务服务"改革工作，建设我市政务服务大数据库，重点围绕自然人和法人库等基础库群以及市信息资源共享与交换平台的升级拓展，加强不同数据之间的关联，实现多源信息的同步查询。

三是不断拓宽大数据应用领域。在政务大数据应用方面，我市未来将运用大数据改进政府治理方式，推动政务服务便利化、社会治理精准化、商事服务便捷化、经济监测科学化、城市空间规划协同化以及安全保障高效化。在民生大数据应用方面，我市将加快交通运输、社会保障、环境保护、医疗健康、教育、文化、旅游等9个领域大数据应用。

四是运用大数据促进产业转型升级。以珠江三角洲国家大数据综合试验区启动建设为契机，加快建设珠江东岸大数据技术和产品制造业带，努力将惠州建成全省领先的大数据应用先行区和产业集聚地。在促进产业转型升级方面，我们将推进工业、服务业、农业大数据应用。在发展大数据产业方面，将健全大数据产品体系，发展大数据硬件产品、软件及应用服务、信息技术核心基础产品，搭建"政产学研用"合作平台，建设大数据产业园区。

将潼湖生态智慧区打造成"广东硅谷"

南方舆情： 前一段时间，省政府通过了《广东惠州潼湖生态智慧区发展总体规划（2017—2030年）》，提出要把智慧区打造成"广东硅谷"，成为广东省一个重要的创新高地。惠州将如何打造"广东硅谷"，并带动大数据发展？

麦教猛： 潼湖生态智慧区地处深莞惠经济圈的中心地带，是惠州创新发展的两大引擎之一。惠州已经同时拥有"蓝色引擎"环大亚湾新区、"绿色引擎"潼湖生态智慧区两大省级发展战略平台，这在全省地级市中并不多见。

2016年底，潼湖生态智慧区发展总体规划获省政府批准，并由省发改委正式印发，明确了潼湖生态智慧区三大定位为：国家绿色生态城市示范区、广东高端创新要素集聚区、大珠三角融合发展先行区。

下来，我们将突出"生态""智慧"两个关键，在潼湖生态智慧区全力营造良好的创新生态系统，促进各类创新要素高端聚集、高度聚集、高速聚集，把潼湖生态智慧区打造成为惠州发展的"创新核"。

全力聚集高端创新要素。重点瞄准国内外高端创新资源，吸引一批高水平的科研机构、企业总部、创新团队、高等院校进驻，完善创新创业服务体系，努力打造国际一流的科技研发基地。

全力发展六大特色产业。包括智慧产业链、生命科技创新产业链、物联网互联网创新产业链、新能源新材料创新产业链、智能制造产业链和泛旅游产业链等六大产业链。

全力创新发展机制。潼湖生态智慧区与仲恺高新技术产业开发区、珠三角（惠州）国家自主创新示范区、中韩（惠州）产业园区形成了"四区联动、政策叠加"的发展优势，许多政策可以先行先试。我们将积极探索有利于创新发展的体制机制。

全力优化发展环境。突出生态优先，坚持保护与开发并重，着力在生态环境保护、绿色产业培育、生态城市建设、绿色发展机制等方面先行先试。

目前，潼湖生态智慧区已成功引进广东IMEC研究中心、TCL集团智能互联网全球研发基地、中科新能源研究院、华大基因惠州研究院等一批高端研发和创新项目落户，还将举办首届"中国高校科技成果交易会"。总之，惠州将高标准建设潼湖生态智慧区，力争"三年初具规模，五年基本成形"，把它建设成为全省创新发展的重要基地，打造成为惠州强大的创新引擎乃至"广东硅谷"。

互联网和大数据思维同样适用于政府治理

南方舆情：近年来，在"互联网+大数据"的思维引领下，惠州在治理能力现代化方面进行了大量探索实践。请麦市长介绍一下这方面的情况。

麦教猛：在省委、省政府的正确领导下，惠州市牢固树立互联网和大数据思维，借助大数据手段推进政府治理体系和治理能力现代化。

一、建设"一网一库两平台"，夯实大数据政务基础

互联网时代，大数据背景下的电子政务信息化，不是简单地将政府行政由物理空间转移到网络空间，而是要为政务流程的数据再造提供基础和平台。为此，我们大力推进"一网一库两平台"建设，不断夯实大数据政务基础。

构筑"一网"——惠州市电子政务网。惠州市电子政务网目前已建设成结构完整、运行稳定，覆盖200多家市直单位和7个县区的信息网络平台和基础服务平台。

建设"一库"——政务服务大数据库。我们立足惠州实际，打造各专项数据库相互联动的政务服务大数据库。

打造"两平台"——一是政务信息资源共享与交换平台。该平台支撑全市政府部门数据的整合、采集、共享，包括86家单位，涉及1121个信息数据主题。二是电子政务云服务平台。该平台为政府部门信息系统提供统一的软硬件支撑，推动电子政务进入以大数据、云计算促进资源整合、业务协同和集成应用的新阶段。

二、创新"互联网+"政务服务品牌，助推治理现代化

互联网思维的精髓在于跨界与融合。惠州借助大数据手段，探索创新了一批具有惠州特色的"互联网+"政务服务品牌。

一是打造"互联网+中介超市"。2014年12月，我市基本实现了自动筛选中介机构、信息自动推送、网上报名、网上随机摇珠、网上竞价等网上全流程服务。截至2016年底，市中介超市累计成交业务12,022宗，成交金额达3亿元，财政资金节支率达30%以上。这一做法获评"粤治-治理现代化"2014—2015年度广东优秀案例。

二是升级网上办事大厅。2012年以来，我市逐步建立"横向覆盖部门、纵向延伸村居"的网上办事大厅服务体系，基本形成了集政府信息公开、投资项目审批、政府效能监督等十大功能于一体的网上综合服务平台。

三是完善基层网上公共服务平台。我市建立了集"服务、管理、监督"三位一体的基层网上公共服务平台，覆盖对接各级网上办事大厅以及组织（党建）、人社、民政、工商、农业等各有关部门公共服务信息系统，开通217项个人网上办事业务。

三、加快推进智慧城市建设，智慧应用服务成效显著

我市运用大数据技术，加快推进城市各领域智能化进程，智慧应用服务得到较快发展。

一是创新"惠民城管通"便民服务平台。2014年，我市打造了"惠民城管通"便民服务平台，市民通过微信扫描二维码进入投诉窗口就可实现"随手拍"报料。该平台2016年共受理群众诉求3万多宗，有效处置率达92.5%。

二是实施智慧医疗试点"631工程"。我市建立居民电子健康档案等3个基础数据库，实现上级医院医生与基层医生、患者间的在线问诊与远程会诊，同时可通过微信等为患者提供在线预约诊疗、候诊提醒、就诊缴费、诊疗报告查询等服务。

三是打造教育云，实现优质教育资源"班班通"。目前，全市所有学校，包括农村教学点，均100%实现"校校通"和"班班通"。

四是倾力打造"惠民交通"公众出行服务平台。目前，我市已经建成"惠民交通"公众出行服务平台，重点完善了实时公交模块相关功能，目前市民可以查询到的市区线路共72条。

四、围绕建设"平安惠州"，推进基层治理信息化

大数据应用方便政府及时掌握社会动态，推动社会网格化管理持续深化，对"平安惠州"建设提供了保障。

一是建立"五位一体"的信访管理系统。依托互联网将群众通过来信、来访、来电、网上信访、手机信访5种渠道反映的诉求全部纳入系统管理，实现网上信访流程"一条龙"办理。

二是建立社会治安防控"天网"。我市依托惠州公安视频大数据平台，实现了"精确打击"，提升了公安机关"一体化展示、可视化指挥、扁平化调度"能力。

三是建立"惠州社情民意信息库"。我市充分整合"向书记说说心里话"论坛、党政领导信箱、"惠民在线"论坛等网络问政平台资源，减少重复批示和重复办理，提高办事效率。

手握惠民城管通，市民生活更轻松

南方舆情： 刚才麦市长提到了惠州运用大数据推进城市管理智能化，并创新推出了"惠民城管通"这一便民服务平台。能否更详细介绍一下这方面的情况？

麦教猛： 我市运用大数据推进城市管理智能化，主要依托数字城管项目来推进实施，这是提升城市管理水平的一大创新举措。我们的目标是努力达到"手握惠民城管通，市民生活更轻松"。数字城管项目覆盖市中心区230平方公里，涉及市容秩序、市政维护、园林绿化等多个领域行业的城市管理工作。简单来说，归纳为"一库""一网""一平台"。

"一库"就是指建成综合性的城市管理数据库，并探索建立用数据说话、用数据决策、用数据管理、用数据创新的新机制。

"一网"就是指"和美网格"试点创建工作。2016年7月份以来，我们在市中心区推行4个"和美网格"试点创建工作，探索建立一套符合城市管理规律，落实一线常态化管理，推动社区协同共治，实现网上网下互联互动的工作机制。从试点成效看，不仅有效提升了基层执法人员"和美"形象和管理效能，也得到了市民的高度认可。简单举个例子，一位居住在我们将被试点网格内的法兰克福大学的博士生导师，因有商户占道经营影响到他的私人生活。通过网格员与商户的沟通协调，有效解决了长期困扰这位法兰克福大学教授的城市管理问题。他对"和美网格"的工作理念和方式给予高度评价，并主动提出在2017年回国后，为"和美网格"创建工作，充当一名科普工作者，参与社会建设。

"一平台"就是指"惠民城管通"便民服务平台。2014年底，我们依托数字城管首创"惠民城管通"便民服务平台。平台运行两年多来，关注平台人数已有2万余人，共受理群众诉求50,800多宗。该平台既拓展了市民与政府职能部门沟通联系的渠道，又成为我市创新城市管理，实现城市共治共管、共建共享的一个"亮点"。

大亚湾石化区"中国化工园区20强"的秘诀：智能应用一体化

南方舆情： 我们知道惠州两大支柱产业除了电子信息产业外，还有一个是石油化工产业，大亚湾石化区连续三年排名"中国化工园区20强"第二，成为国家重点发展的七个石油化工基地之一。大亚湾石化区在运用大数据进行管理方面也颇有成效，能否介绍一下？

麦教猛：近年来，大亚湾石化区在保持多年排名"中国化工园区20强"前列的基础上，依托先进的云数据、大数据、物联网等技术，推进石化园区"智能应用一体化"管理，进一步提升石化区服务精细化水平。大亚湾石化园区"智能应用一体化"项目，是一个综合了基础建设、应急通信、信息网络、信用管理、综合监控、物流交通等多方面内容，具有多样化、智能化特点的系统工程。通过打造园区云数据中心，将园区信息服务管理方式由"块状"管理调整为基于云数据服务平台的集中管理，统一承载和管理园区政务系统、交通系统、应急系统、安全系统、环保系统、交易系统等信息数据，为园区企业提供信息服务。同时，通过智能监管平台，运用网络技术、多媒体监控技术、地理信息技术等手段，推进智能安全、智能环保、智能交通、智能消防、智能应急等五大智能应用工程，提升政府各部门对园区的内部管理效率。

"旅游云"赋予旅游业现代服务新内涵

南方舆情：现在大数据的应用越来越广泛，甚至对一些行业发展产生了重大影响。近年来，惠州旅游业持续繁荣，发展劲头强劲，麦市长也谈到了"旅游云"这个概念，请问惠州在运用大数据支持旅游业发展方面是怎么做的？

麦教猛：非常感谢对惠州旅游业发展的关注。我们从小处着手，一点一滴地努力推动智慧旅游的发展，以"旅游＋互联网"的方式，用数据管理、用数据说话、用数据决策、用数据服务，实现旅游服务、管理、营销一体化建设。主要做好以下三个方面的工作：

旅游管理更智慧。建立惠州智慧旅游大数据中心，与公安、交通、工商、气象、移动运营商等单位数据共享，整合涉旅产业运行数据，搭建集产业信息资源汇总、产业运行监测、应急调度于一体的市、县（区）两级数据中心，监测重点景区游客流量、旅游团队、舆情评价等，实现全程监管、适时检测，加强节假日旅游和高峰期的协调、指挥、预警、调度，有效疏导游客出行。如重大节日期间，我们通过大数据中心实时监测惠州西湖风景名胜区的游客人流量数据，当景区达到游客最大承载量时，惠州智慧旅游产业数据中心及时发布人流预警，景区工作及安保人员有条不紊地疏导游客，保障景区旅游安全。

旅游营销更精准。建立惠州智慧旅游产业管理平台，深度挖掘分析旅游大数据，通过移动运营商、银联、移动支付商、OTA等单位大数据，分析游客来源地、兴趣偏好、消费水平及出行方式等，准确定位目标客源市场，为科学决策和精准营销提供数据支撑。

旅游体验更轻松。建立惠州智慧旅游电商平台，建设方便游客预订支付，并涵盖吃、住、行、游、购、娱等要素的网络化、智能化电子商务服务系统。如游客在罗浮山景区，只要打开智慧旅游电商平台，即可实现订票、餐饮、购物、住宿等服务，也可以通过平台了解游客数量、天气预报、交通拥堵等状况，提前做好出行计划及预测旅游舒适度，满足行前、行中、行后全程个性化、便利化的智慧旅游服务需求。

（采访：蓝云、洪丹、林毓。感谢惠州市政府办公室提供帮助）

佛山市禅城区区委书记刘东豪：

信息化不仅是技术，更是方法论

【人物简介】

　　刘东豪，广东茂名人，中山大学经济地理与城乡区域规划专业本科毕业。2014年开始任广东省佛山市禅城区区委书记，是2003年佛山新一轮区划调整后最年轻的区委书记。

　　过去几年，在刘东豪的带领下，佛山市禅城区坚持以问题和需求为导向，聚焦经济社会发展的关键环节，率先推进"一门式一网式"改革，建立"一窗能办多件事、办事不求人"的阳光审批生态链，有效推进解决服务群众的"最后一公里"问题，将群众和企业办事事项和服务做到极致，成为全国简政放权改革的鲜活样本。

　　他还以信息化为抓手，构建政务服务、城市管理和大数据应用为支撑的城市治理"云平台"，将全区执法力量和资源"一网统筹"，推动城市管理和社会治理迈上"秒级"解决的新阶段，有效提升政府决策、社会治理和服务的科学化和精准化水平。

从"一门式"到社会综合治理云平台再到区块链技术应用，禅城大数据创新正快速向社会经济多个领域拓展延伸，引领全国县区数据治理的新风潮。

把简单带给群众，把复杂留给政府

南方舆情数据研究院（以下简称"南方舆情"）：禅城率先推进一门式一网式（简称"一门式"）政务改革，在短短两年多时间里，取得了很好的效果和口碑。2015年4月，一门式成功当选"粤治-治理现代化"政府治理创新优秀案例。请回顾一下当时启动的情况。

刘东豪：一门式改革是按照佛山市委、市政府的要求去做的。当时，佛山正在推进城市升级三年行动计划，市委寄望禅城成为"强中心"。"强中心"既是佛山作为全国制造业大市的一个需要，也是时代发展的一个必然。

伴随着新技术的出现，产业利润分配方式发生了巨大的变化。农业社会，主要是依靠土地资源的数量来分配；工业革命后，产业主要是根据生产线的规模和水平；后工业时代，现在主要靠创新，工人越来越少，自动化程度越来越高，主要依靠智力来主导利润分配。

在这种情况下，很多人才会围绕生产服务业转移到城市，同时产业利润也会转移到城市，如果城市建设跟不上发展趋势变化，那么你这个城市会很辛苦。

如果这个城市建设不好，利润留存的部分就会越来越少，这就迫使城市要全面发展，以综合的城市配套来支撑以人才资源为依存的新结构。只有环境变好了，相应的人才才会在这里集聚，集聚之后的效果就是利润分配增长。所以，当时市委、市政府做出的决定是符合客观的，也符合时代发展趋势。

从2012年到2014年，禅城区投资200亿元，撬动社会资本超过1000个亿，强势提升城市基础设施，形成了很好的发展势头。但城市硬件提升之后，禅城仍面临软件升级的挑战。当时省委书记胡春华第一次到佛山调研，给了一个任务，要求佛山打造国际化法治化营商环境。于是，我们准备从软件建设上开始"破题"。

南方舆情：在破题的过程中，您是怎么样想到运用信息化的？

刘东豪：破题首先要找问题，以问题为导向。十八大之后，习总书记提出，要坚持群众路线，解决群众身边的困难和问题，把权力关进制度的笼子，国务院提出推动简政放权。

　　紧接着，禅城深入开展群众路线教育活动，上级重点要求要集中解决群众和企业的感受，特别是审批问题，如何进一步规范干部队伍行为，把管理型政府转变为服务型政府。当时，佛山市委领导希望禅城在简政放权领域率先有所作为，在公共服务提升上有所建树。接到这个课题后，我们就开始研究。恰巧在这个时候，2014年全区的"两会"上，有一位政协委员建议，能否从信息化的角度切入来提升公共服务水平。这个委员说他曾做过研究，上海曾尝试过，希望禅城也能达到上海这种先进城市的行政服务水平。这是一个全新的想法，给我一个很强烈的感觉。

　　然后，我专门带着同事到上海去调研学习，当时上海"一门式"已经做了8年，已经可以把服务下沉到社区，市民只要到一个服务窗口，就能办好事情，把结果拿走。这是一个很好的想法，但是上海改革做了社区类服务，行政审批类的事项一直没有做成。

　　南方舆情：考察结束后，您和您的团队是否都下定决心对行政审批类进行"一门式"改革。

　　刘东豪：说实话，当时大家都觉得很难，难在哪里？核心只有四个字，简政放权。要怎么简？简到什么水平？要怎么放？放到哪个层级？

　　我们原有的审批体系是条块结合的，所以呈现给审批对象就是多个窗口，要完成审批就要跑多个窗口。

　　简政放权究竟可以简到什么水平？这么多的窗口、部门，有很多审批流程，能否减到一，甚至能不能减到零？需要一个颠覆性的做法。苹果手机就是一个很好的启示。依托科技集成，它把一个很复杂的问题变成了一个很简单的问题，我们现在的手机不能叫作"手机"，而是一台微型电脑，但经过简化后，让那些没有受过很好计算机知识训练的人也可以玩得很溜，这就是乔布斯带来的颠覆。

　　所以，考察回来之后，我定了一个题目，叫作"把简单带给群众，把复杂留给政府"。如果我们也可以做出一个像苹果手机一样超乎想象的作品、产品，给老百姓带来一个强烈的感受，我们的服务水平就可以再上一个新台阶。这种强烈的对比和冲击，也就是改革的突破和进步。

　　我记得当时从上海回来召开第一次座谈会，座谈的同事都有各种疑惑，认为要做出这种颠覆性的产品是非常困难的事情，我记得有位同事说了，"这是一个很远很远很远的目标"，一连用了好几个"很远"。但我的目标很明确，就是要行政审批，进一个窗口就能串联起整个审批流程。

用"跳转"打破部门"信息孤岛"

南方舆情：这个改革的难点在哪里？

刘东豪：第一个难点在于行政审批事项很复杂，缺乏统一的标准。仅从名称上看，各地之间各种审批事项只有50%是共性的，还有一半审批名目是各地方自己起的名字，因为各地有各地的政策和特点，群众办事的要求也不一样。要搞清楚这50%差异的东西，是一个很大的工程。我当时把它比喻为"洗白菜"过程，要洗清楚每个审批流程、审批环节、审批要求。当时国家和省市的统一标准还没有出来，我等不及就开始进行事项梳理。我说，就像运货一样，在没有集装箱、标准箱之前，拖拉机、解放牌也可以运，等标准箱出来以后，我再统一改。

第二个难点是放权。梳理完以后就要放权。县区治理，有种"科长"现象，每个人手上拿着权力，就有人找他。这样一来，干部的犯错风险也大，办事的群众也感受不好。当时开第一次动员会时，很多干部都很怀疑这件事能不能做到。为减少改革的阻力，我定下"三个不"的原则，第一不裁员，第二不减编，第三不减薪。然后就开始试着梳理每个审批环节，找每个审批环节的老科长、老办事员，让他们说要具备怎样的情况，才能做到无条件审批，综合他们的意见，把确定的标准写进信息流程，先梳理然后再放权。

第三个难点是数据共享，就是我们常说的打破信息孤岛。各专线系统在不破坏原系统安全性的条件下，用跳转的方法，实现共享，达到了信息化串联的审批闭环，实现信息跑路，而不是群众找门。

南方舆情：在改革的路径选择上，您是怎样思考的？

刘东豪：在路径选择上，我们确立先易后难的原则，先做自然人，再做法人。虽然都是行政审批，但自然人和法人有很大差别。主要有几个考虑，首先自然人面对的服务对象是最多的，面也最广，每天办事量最大。第二，自然人采取先信任后审批模式，你拿很多资料来我当你是真的。为什么要采取这个逻辑呢？如果我不信任你，运行成本就大量提升，选择先信任，是要把成本压缩到最小，当中我也考虑到损失部分，比如个别调皮群众，可能骗政府，但你可以第一次过关，而下一次再来，大数据后台把信息已经匹配上了，审批系统就能清楚知道你讲的哪一句是假的了，这个时候倒查你的责任，你就跑不掉。

改革中，我们碰到的第一个"门"是信息壁垒。政府各部门都建立了自身信息垂直系统，地方要直接共享这些专线系统，比较难。后来我们找了上海一门式的团队，他们的技术恰好解决这个难题，不需要进入部门的系统，而是采用"跳转"的方式获取信息，这在信息行业里叫"妥协"：在不威胁到系统安全性的条件下，可以达到获得审批及匹配信息的效果。

在禅城区改革后的行政服务中心的前台有两台电脑，一台主系统，一台子系统。其中一台就是专门用来"跳转"信息的。举个例子，企业去招工，只要确定应聘者是否18岁以上就可以了，不需要知道应聘者的实际年龄。部门系统只要回答是或不是，只要做出回答，就能继续进行审批，并不影响原有的信息系统。这个技术解决了部门"信息孤岛"的难题，有了这个基础，信息和审批就能串联起来。一门式系统的数据原来是空白的，但通过不断沉淀，数据也就多了起来，形成了大数据。

放权首先是要解放到哪？是放给无差别标准化的审批信息系统。这个在技术上是个难题，简单就很简单，复杂也很复杂。一旦做成，群众按照我们公示的提供几种证件，人员核查跳入系统检验是否真假，是否满足条件，资料是否齐全。资料一旦录入，每个节点审批，权力还是在各部门手里，也没有违背现有行政法的要求。

但不同的是，引进信息化后，每一个节点都有记录，每个节点一收到信息，就必须审批，如果部门出现磨蹭情况，在线监察系统就能马上看到。在某种程度上，没有革各部门的命，但部门受到约束，不能动手脚，只看是否满足条件，满足了就打钩，进入下一个环节，全部走完之后，窗口核对盖章。这就是信息多跑路，不是群众多跑路，不是跑多个窗口，而是跑一个窗口解决问题。

这个问题解决以后，老百姓现场感受就很强烈。我们现在已经做到，超过60%的审批件是可以现场立刻拿到结果的。原来需要排很长的队，现在5分钟就可以办好。这就是一门式的效果，简政放权简到一，放给标准化无差别的信息审批体系，由原来的一级一级放，变成统一的全体立正起立，同时跳转，放给了信息化。

将来能不能简到0？我觉得是有可能的。但现在有点困难，审批需要留存纸质材料，他必须要有一个门接收审批材料，审批需要留存这个文件，必须要有第一次的文件存底。第二，不是所有人会上网使用这个东西，需要一个过程，培育群众使用这个体系。第三是现在的信息安全还没有做到。

南方舆情：企业这块的审批呢？

刘东豪：难度更大。从流程上看，企业的行政审批和自然人是大同小异的，依然是信息化的串联，但不同的是，不能实行先信任后审批的模式，也就是不能一下子相信企业拿来的东西都是真的。相对而言，个人办理社保报销等业务，金额不大，而企业投资，动辄可能是数亿投资，如果出错了谁来负责？所以，企业的审批改革要凸显三个字：放管服。就是权力放出去、管得住、服务好。对这一点，除了继续深化信息串联之外，我们增加一个现场监管和核查的环节。如果你在现场等的话，这套流程需要很多时间，做完一个又来一次，我们不能让企业家等待那么久，所以要做一个改革，让核查和审批分离。

为此，首先做一个网上预审，让企业在网上先申报资料，后台收到以后，进行现场核查作业，当然，这个作业的时间是有限制的。等核查通过，通知企业办事人员到大厅办理的时间，进入系统审批。

南方舆情：核查环节如何监督？

刘东豪：这确实是一个问题。在传统模式上，会出现一种情况，派人去现场核查，刚好跟这个人比较熟，可能就会优先通过审批，也就是说，派出去的人，有比较大的自由裁量权。

在新的模式下，我们做了两个改进。一是派单体系是系统自动跳转的，你和我都不知道这个单子会轮到谁。二是工作人员去现场核查任何机构，要完整记录好核查资料。比如开餐馆，核对你厨房面积够不够，消防设施是否合规等等。原来核查的人只需到场简单一看，打个钩就完成了，没有任何资料、照片。往后都要拍照片记录好负责人、时间、地点，存储好资料，审批核对通过了，才能进行下一步。这就像奥运会击剑比赛一样，"带电作业"，一击中就留下痕迹，就有记录，不能作假。人物、时间、地点，全部资料齐全，保留痕迹，确保真实性，核查的合法性，同时将来在材料工作上不留死角。这就是放管服，权力放得下、管得住、服务好。

现在，你们去禅城的行政服务中心的柜台，已开始转变为服务型了，大家都很和善、礼貌，就像到银行柜台一样，你会得到很好的尊重。某种程度上讲，这也是"熔断"机制，通过这个新的系统，把审批者和办事人员"物理"隔离开来。

缺的不是信息，而是信息分析能力

南方舆情：到了改革深水区的这个地步，您思考的最多的、最想解决的问题是什么？

刘东豪：我们之前做的都是改革的点，下一个是构建整个体系的问题。中央的要求其实很明确了。但现在信息的版本太多。举个例子，今天来到现场的各位，有的拿苹果手机，有的是三星，有的是华为，实际上他们的体系是不一样的。原来，大家不做信息化，用的都是专有通道，门槛并不是很高，我努力一下，在"一门式"上加个"盖子"就能盖上了。但现在大家都开始做信息化，如果没有一个统一的标准，那将来的数据"烟囱"就会越竖越高。这是一个很大的问题。数据要共享才有作用，信息化是要打破部门"孤岛"，而不是增加更多的"孤岛"。现在大家都在建"云"，这些都会产生新的"孤岛"，"云"只要一朵，最多只有"大云"和"小云"的区别。

第二个是统筹。现在各种数据在点上是发挥作用了，但通过累积叠加之后会发生更神奇的作用，传统算法，1+1，一直加上去，一直到100，也就是100而已。但信息化下，如果有100个"1"加在一起，可能就不是100了，可能是100的N倍。这就是数据的力量。如果不加大统筹力度，大家各自在做数据，那1+1可能还是等于1，效果就没有达到。所以，我觉得数据需要加大统筹，特别是标准化的建设，特别是更高层面的工作，必须要有一个统一的东西。

回到政府层面，我们要通过数据分析走向科学决策。什么是科学决策？精准、客观、符合事实。比如说，经济普查这种传统做法成本很高，数据又不十分精准。通过信息化改革后，我现在不仅能够随时拿出来，而且非常精准，这是一个动态变化的数据。我给它取名为"甜数据"。这是来自网球运动的启发，当球正好被打在球拍上的"甜点"（sweet spot）时，球的弹力很大。正好击中，就是我们想要的理念，所以叫作"甜点数据"。其实，数据有很多种，有些是僵尸数据，有些是死数据，有些是活数据，但活数据也要正好击中才有用，有这样的"甜数据"，我们才能做到数字政府，精准客观，科学决策，最后提升党委政府的现代治理能力。

南方舆情： "甜数据"是一个很有意思的概念。

刘东豪： 再说简单一点，就是精准＋动态。现在的数据也有它的展示面，但数据是立体的，不止一个面。不会用数据的人，你看到的只是一个数字，数据给你呈现的是黑白面。如果你会分析数据，那么它通过加工，可能会变成钻石。当然，钻石也是有不同品位的，比如南非的师傅会切成8个面，以色列的师傅会切成16个面，更高水平的可以切成32个面，其价值大大不同。所以，数据是立体的。

数字背后的立体构成是什么呢？第一，它涵盖的内容延展范围有多大？数据是一个原点，它如何和其他数字去构成一个网络体系、一个立体的整体？如果只是一个点，这个点有没有用，它发挥作用是不是有发散式的过程？这个点要是能找到，它的力量就能发挥出来，它就是我们所谓的"甜点"。网球拍子很大，都是网，都是拍，但要是击中这个点，效果就是最好的，力量也是最大的，声音听起来也是最舒服的。大家都说，用这种味觉去表述数据的立体性是很棒的。

南方舆情："甜数据"展现一种动态捕捉的能力，但数据的价值其实也来自分析，禅城在这块有没有案例？

刘东豪：有。数据，以前有，现在也有，但数据的价值在哪里呢？如果本来没有，你有了，这叫有价值。现在大家都有了，数据的价值就减少了。那么，现在它的价值在哪里？在于人，在于思维和思考，在于挖掘，差异化地分析和差异化地利用。不同的人去用这些数据，价值是不一样的。比如今天你去用，你是经过专业训练的，有层次之分。数据的价值也是多面的。有人也讲，数据是一种弹性资源，不像黄金等物品，一克就是一克，而是具有多层价值，这个价值的空间就在于人对数据的运用。如果只是单领域运用数据，往往价值不大；数据的价值往往体现在跨界、跨领域当中，多角度的意义才会被充分挖掘出来。接下来在数据的运用中，比的是思维，而不是比数据多少。当数据上到一定量时，两个亿的样本和十个亿的样本，其实没什么区别，有区别的是分析数据的能力。就像我刚才说的，跟钻石一样，谁的能力越强，他就能切出越多的"剖面"，展现更加五彩斑斓的世界。

具体到禅城，我们这几年从"一门式"开始，到云平台、智慧市场，都是在做信息化，作用很大。包括我们现在马上要做非户籍人口参与社会治理，我们两天时间就把全区非户籍人口的数据及数据分析报告拿出来，包括每个人的身份、学习等等，换作以前，需要花费很长的时间，而且数据还不一定准确。所以，信息化时代到来，我们禅城要把握机遇，现在"一门式"要做的，就是要发挥数据更好的作用优势，加强政府整个体系建设。要学会运用这种新时代的生产工具去创造我们的地区优势、创造地区新的财富，尽快地走上新的轨道。

用区块链构建虚拟与现实的连接通道

南方舆情：我也注意到，您刚才几次提到区块链，这是一个很新颖的名词，据说也写入了2017年区委四届二次全体会议报告。对于这个领域，禅城有什么发展计划？

刘东豪：区块链确实是一个新东西。2016年7月，我们是全国第一个地区提出探索区块链应用。原来大家认为这是一个小众技术，但这个概念在去年迎来大爆发。英文名字叫Blockchain，就是"块"，就是记录数字的"块"。最突出的特点是不可篡改和分布式。信息化高度快速发展，给生活生产带来了高效率和降成本，但信息安全问题日益突出，也带来了不少问题。但凡事利弊共存，刀是双刃的。在信息化高速发展的今天，如何"趋利避害"，需要一种新的方法来解决这个问题。

第一是信息安全。原来信息是没有"主权"的，比如现在信息泛滥，出现数据泄露的情况。这种乱象会影响社会运行的秩序。但区块链恰好解决这个问题，找到"信息主权"，信息的主人要控制它，而不是交给别人来控制它。大家最信任的人还是自己，就是我的信息我做主。区块链最大的特点是自己能掌握，我一旦给出去的信息我能控制。因为它是点对点，而不是点对中心。如果是点对中心那就是无限，就是对到海洋了，那我怎么能控制？

第二是信用。这里我讲的信用涉及很大的范围。信用是什么呢？信用就是真实的，你讲的每个记录，每句话，每个动作都是真实的。人类五千年来一直在追求信用文明，因为信用文明是整个社会秩序发展成本最低的方式。刚才讲了，我们审批为什么先信任后审批，因为是成本最优的方式。原来我们的信用体系是单点信用模式，学过物理的都知道，单点是不稳定的。那么，区块链能做什么？Blockchain（区块链）授信是有的，保留，原来"他信"也是在的，现在加一个"自信"。自我做记录，从一生出来到死亡，这一生全流程、全生命周期做记录，任何一个时间节点都做记录，你做一个，人家也记录一个，整个过程不可篡改，还可相互印证，印证是真是假，反过来就是一种受到约束的真实性，最后实现"你"信。信用开始从单点变成多点，你可能不了解我，但通过这个模式，你知道是真实的，你就会相信我，所以它会把我们带到一个全新的文明阶段，这个文明阶段叫信用文明，这是我们五千年来一直苦苦追寻的东西。去年，我们和世纪互联签约，准备做三个探索，第一个是数字身份，第二个是做公共服务，第三个是做C2M的生产场景。

今天我们讲问题导向，问题出来后，哪个办法能解决这个问题，就是它的价值。区块链就是信息化走到今天所激发出来的一个需求，一是信息安全，二是信用价值，两个问题通过区块链这种方法论来解决。

南方舆情：您的意思是说，信息化是一种方法论？

刘东豪：对，上次在你们举办的大数据应用及产业发展论坛上，我就讲，信息化不仅仅是一种技术，而是一种方法论，一种价值观。它都上升到信用文明了，还不是一种价值观？然后从信息技术到社会应用扩散，那它不就是一种方法论吗？但我们也要记住，无论在生活场景中怎么应用，都是"人"去应用，所以，区块链的主体还是人。就像我刚刚说的信息主体，人们玩信息玩得那么溜，最后才发现，其实我们才是信息的主人，"我"才是主体。区块链就是要找回主体，找回人，所以要从数字身份开始。

现在政府行政审批出现一个大家都认为比较困惑的问题，如何证明你就是你？你妈是你妈？将来就不用证明，你就是你。因为你有生物特征，你有信息背景，你有数据匹配证实。我们构建区块链就是从每个人开始，构建整个主体。人是有形的实体，然后再加一个虚拟空间。

现在正在使用的身份证，进海关、机场都可以，但是在互联网的空间中，你怎么进去？将来互联网要构建很多空间，是不是每一个人去都要报到一次？对上了才能进？将来我有数字身份，我的数据已经匹配到我的真实性了，我到这个空间，你就批准我进。届时人在实体空间是自由的，在虚拟空间也是自由的。我们就是从这样的理念出发，来构建产品的，通过区块链帮你做数字记录，你自己记录，我们也有很多模块来记录，最后在实体和虚拟空间中去展现，再"外挂"货币、金融。将来我们即使不带钱包，也可以支付。

举个例子，我现在在这里喝咖啡，要交完钱才能走，将来可能是我喝完，就可以走了，因为已经有记录，自动扣款，这种虚拟和现实的结合，才是我们的目标，不是说放大了某部分，或者缩小了某部分，而是两部分结合，构成了实体虚拟的结合、线上线下的结合，成为真实的生活场景。

根据人来设计的这套产品是有形的，从每个人开始，到公共服务和你的关系，生产线和你的关系，最后是货币、财富跟你的关系，这样慢慢构建起来，将来是社会生活全新的场景。当然，这能不能马上实现？有人认为要很长时间。如果用旧的逻辑去看发展，它是一个很长时间的概念。但我认为，在信息时代，一个产品从创新出来到被新产品换代，摇篮和墓地之间的距离如此之近，5年前，大家对信息化的认识可能还停留在上网买东西，开会时拿台电脑就叫"IT"了。但现在呢？滴滴出现了，摩拜出来了，将来发展的加速度是任何人都不可想象的，我相信很快。

（采访：何又华、蓝云、张培发、曾婉红。感谢陈冬生提供帮助）

广东省交通运输厅厅长李静：
2020年建成综合交通大数据平台

【人物简介】

李静，广东省交通运输厅厅长、党组书记。

交通运输业是最早践行国家"互联网+"战略的行业之一，在此过程中，运用大数据技术对交通运输的规划管理也最具有代表性。广东省交通运输业在大数据领域积极探索，构建综合交通大数据平台，推进数据开放共享，不断深化交通大数据应用与实践。在促进大数据技术发展、数据治理现代化等方面发挥重要作用。

那么，大数据究竟是如何促进交通运输行业升级转型的；管理部门又是如何推动新兴大数据技术与交通运输出行服务深度融合的？信息共享不足、资源分割严重、数据质量参差不齐等难题又如何破解？为此，南方舆情数据研究院专门对广东省交通运输厅厅长李静进行专访，对广东省交通大数据建设情况进行了深入探讨。

李静介绍，省交通主管部门通过搭建大数据基础应用平台，建设综合交通大数据平台，并制定分步实施方案，计划到2020年，建成综合交通大数据平台，大数据应用能力及交通公共服务水平全面提升；在数据共享与开放方面，建设综合运输大数据中心，建立涵盖公路、水路、民航、铁路、邮政及气象等部门的信息采集、交换、共享和应用机制，加快综合运输大数据的归集融合，推进综合运输大数据的开放应用，实现基础性数据、民生保障服务类数据尽快向社会开放；在推进大数据与交通运输深度融合方面，主办"互联网+交通运输"创新创业大赛，开发各类交通出行APP，发挥"互联网+大数据"的最大效用，促进大数据技术成果转化，促进大数据与交通深度融合；行业转型方面，传统交通运输行业积极拥抱互联网，促进运输组织管理创新，规范引领各种运输方式、新旧业态融合发展，提升运输服务的安全性、便捷性和经济性，提高民众出行效率，同时，不断加强与百度、腾讯、阿里巴巴、广东移动等社会力量的大数据合作，共建智慧交通，共促行业转型升级。

交通行业积极探索与试点大数据应用

南方舆情数据研究院（以下简称"南方舆情"）：2016年4月22日，广东省人民政府办公厅颁布贯彻落实《国务院关于印发促进大数据发展行动纲要的通知》相关文件，为推动广东省大数据发展与应用，加快建设数据强省，制定《广东省促进大数据发展行动计划》。大数据时代社会信息化和政府信息化程度前所未有，利用大数据技术促进政府治理体系现代化，优化公共服务与社会治理质量，已成为各级政府部门提升治理能力的重要手段。请问李厅长，在省交通厅层面，大数据如何运用于交通治理，有什么成果或经验分享一下？

李静：感谢对交通运输业大数据建设的关注，大数据之于交通治理的作用日益重要，目前，广东省的交通大数据建设情况主要分为三个方面：

第一，通过建设全省统一的交通数据中心和省交通系统（云浮）数据备份中心，初步实现行业主要基础数据和共享程度高的业务数据的全省汇聚，建设试运行广东交通数据管理门户。同时，基于交通数据中心开展与部分地市交通主管部门间的数据共享，并通过省和部的有关开放平台实现部分数据集的试点开放。

目前，省交通数据中心基本实现公路、航道、港口、营运车辆、船舶、经营业户、从业人员等行业核心的基础性数据的接入，以及部分高速公路、客运枢纽、重点营运车辆等动态数据的整合接入。整合的数据资源包括：基础地理空间数据（1：10000比例尺的基础地形图、2.5米分辨率卫星影像数据）、全省路网地理数据（含高速公路、国省道、县乡道、村道、服务设施等）、营运车辆数据、从业人员数据、从业企业数据、运行监测动态交通数据等。

第二，在大数据应用上积极探索和试点。

一是积极开展行业数据共享试点工作。按照《政务信息资源共享管理暂行办法》（国发〔2016〕116号）的有关要求，完成了与惠州、云浮两市交通主管部门间的行业数据共享试点。通过数据共享交换平台，实现道路运输行政许可、水路运输行政许可以及综合行政执法等行业数据的互通共享。

二是积极开展对外数据开放试点工作。首先，按照广东省首批政务数据开放应用试点实施方案的要求，梳理对外开放的数据目录，整理了涵盖人、车、户、路、船舶等交通基础要素以及服务区、收费站、客运站等交通服务设施等16类数据集共约17万条数据，共享至"开放广东"网站。其次，按照交通运输部的有关部署，牵头组织开展综合交通出行大数据开放云平台广东片区管理工作，为各级交通行业管理部门、交通运输相关企业、互联网企业、数据开发企业、科研机构、其他社会机构、社会公众等提供综合交通运输出行数据以及相关应用服务的接入、展示、交换、使用等功能。平台自2016年底上线以来，已接入包括广东省高速公路路线信息、公交车辆数据等在内的十大类静态数据。

第三，不断深化交通大数据的应用。一是开发"广东交通"手机APP软件和微信公众号，充分利用整合的各种静态和动态的信息资源，以创新的形式为公众提供全省性、权威性、公益性的综合交通信息服务。二是建设行业诚信体系。通过推进跨区域、跨部门、跨业务信用信息共享，整合全省交通行业信用信息数据，实现诚信信息采集、评价和发布全自动运行。目前，已建立起公路水路建设与运输市场信用信息服务系统，完成了对包括设计、施工、监理、试验检测以及材料供应等在内的324家交通建设从业单位，和包括客运、出租汽车、普通货物运输、危险货物运输、机动车驾驶员培训、机动车维修在内的10,338家道路运输企业的信用评价工作。信用评价结果向社会公开，通过社会监管机制，结合守信激励和失信惩戒措施，引导企业诚信自律。三是启动综合运输公共信息服务大数据平台建设。在广东省综合运输行业服务专有云平台基础上，搭建相应的公共信息服务大数据计算平台，实现行业及相关外部数据的采集、清洗及装载，构建行业大数据仓库、数据分析模型及专用算法库，实现海量数据深层次的分析展示及挖掘应用。

推进数据开放共享体系的构建，推动新兴信息技术与交通运输出行服务深度融合

南方舆情：交通运输业是最早践行国家"互联网+"战略的行业之一，在此过程中，运用互联网结合大数据对交通运输的规划管理也最具有代表性，在促进大数据技术发展、数据治理现代化等方面发挥重要作用。数据治理运用于现代化交通运输管理过程中，如何解决"信息孤岛"、信息共享不足、资源分割严重、数据质量参差不齐等问题？

李静：大数据应用过程中，确实存在数据共享不足、开放程度低、行业之间形成壁垒等问题，这些问题是制约行业发展的重要因素，因此，我们从各个渠道着手，推进数据开放共享体系的构建，推动新兴信息技术与交通运输出行服务深

度融合。

第一，不断加强合作，携手共建智慧交通、共促行业转型升级。

一是与云浮市人民政府、华为技术有限公司签署三方战略合作协议，在构建交通运输综合监测与应急协调平台，打造具有广东和行业特色的智能交通示范区等方面进行广泛和深入的合作。

二是与广东电信开展大数据合作，成立交通运输行业大数据产品联合创新中心。利用双方整合的数据，实现数据共享，优势互补，联合创新应用。在智慧交通支付大数据解决方案、智慧交通枢纽大数据解决方案和交通运输行业信用体系解决方案、大数据基础平台建设等方面进行试点合作。

三是分别与百度、腾讯、阿里巴巴、紫光集团和广东移动等单位签署了协同推进"互联网+交通运输"战略合作协议。如今年春运，我厅携手腾讯共同构建广东省春运交通大数据预测分析平台，将腾讯云计算、位置大数据服务能力与交通运输行业的现有数据深度结合，让春运的组织协调更高效、应急预警更智能。

第二，逐步建立综合交通大数据平台。

通过搭建大数据基础应用平台，建设综合交通大数据平台，促进行业业务协同能力、数据对外开放能力和大数据决策能力的提升。根据综合交通大数据平台的分布实施方案，2017年，广东省将初步建成综合交通大数据平台，在交通信息服务和诚信信息服务方面初见成效；政务信息资源共享工作取得突破进展。2018—2019年，基本建成对社会全面开放的综合交通大数据平台，实现在交通发展规划、重大基础设施养护管理、交通运行监测和应急指挥、行业诚信管理等方面的大数据决策能力的显著提高。2020年，建成综合交通大数据平台，社会机构、政府对大数据的应用能力全面提升，大数据在提升交通公共服务水平、促进万众创新等方面的效益逐步凸显。

第三，推进综合运输大数据的开放应用。

建设综合运输大数据中心，建立涵盖公路、水路、民航、铁路、邮政及气象等部门的信息采集、交换、共享和应用机制，加快综合运输大数据的归集融合，推进跨区域、跨部门、跨业务信息资源的互联互通，实现行业数据资源的全面整合。在构建权威的综合运输大数据融合及发布平台的基础上，推进综合运输大数据的开放应用，实现基础性数据、民生保障服务类数据尽快向社会开放。开展广东省综合运输信息化顶层设计工作，紧抓旅客联程运输关键环节，加快移动互联网、大数据、云计算、物联网、人工智能等新技术的推广应用，促进广东省运输组织管理创新，规范引领各种运输方式、新旧业态融合发展，提升运输服务的安全性、便捷性和经济性，发挥"互联网+大数据"的最大效用，提高民众出行效率。

依托主办"互联网+交通运输"创新创业大赛，构建交通运输大数据垂直产业生态圈

南方舆情：由广东省交通运输厅主办的"互联网+交通运输"创新创业大赛，为广东交通转型升级、争当全国交通运输行业创新驱动发展排头兵走出了一条破题之路。未来的时间里，"互联网+交通运输"创新创业大赛的优秀作品和项目，将如何结合社会力量以及利用大数据技术落到实处，成为贯彻落实国家大数据战略的典型示范，真正推动治理现代化以及行业创业创新？

李静：关于"互联网+交通运输"创新创业大赛，自2015年始，经交通运输部批准，广东省交通运输厅联合相关单位，共同举办交通运输互联网垂直行业创新创业大赛，逐步成为行业创新创业的风向标。2016年底，交通运输部杨传堂书记、李小鹏部长向广东省委、省政府来函指出：广东省交通运输厅深入实施"互联网+交通运输"行动，加快"客运向出行转变向旅游延伸，货运向物流转变向电商延伸，线下服务向线上转变向平台延伸"，推动交通运输与互联网深度融合，为全省经济社会发展和人民群众出行提供了有力保障。

通过大赛平台，成功推动了优秀项目与创投资本、交通运输企业的对接。通过立体矩阵的公共传播，一批脱颖而出的项目获得较高的曝光率，提升了战略投资者和财务投资者的了解和认知，不少项目赢得资本和企业的青睐。如，民营智能交通企业——千方集团独家签约大赛7个项目；获得创新大赛、创客大赛第一名的项目，分别获得阿里巴巴集团旗下飞猪旅行、新国线集团旗下金桥资本的冠名授奖。

为加快大赛成果的转化，大赛组委会正在开展"互联网+"运输服务试点项目申报工作，优秀项目将被纳入广东省"互联网+"运输服务试点，通过政策落地、市场验证、转型试水、经验交流、示范推广等，不断加强大数据等新技术在行业的应用。

依托大赛，大赛组委会发起建立了交通运输大数据资源池，聚合全社会交通运输数据资源，建立交通运输大数据目录与数据资源池，逐步覆盖交通运输行业各细分领域和互联网出行等相关数据。此外，举办了中国互联网交通运输融合创

业大赛大数据应用分赛，运用数据发掘交通运输行业的痛点难点问题，寻找解决方案及相关优秀人才，形成各方合力的交通运输行业转型升级朋友圈。

下一步，广东省交通运输厅将继续贯彻落实国家大数据战略，建立完善政企合作新模式，推动互联网与交通运输的融合发展，推动行业治理能力现代化，为交通运输服务提质增效升级提供强力引擎。

"广东交通" APP及系列微信公众号助力实现春运出行"数据化"

南方舆情： 省交通运输厅领导在2017年1月17日上线广东民声热线，提到2017年春运高速公路车辆的流量跟2016年相比有较大的增幅，市民可通过广东交通的APP和广东交通发布微信公众号实时了解春运情况，合理规划出行。您能否简单介绍一下"广东交通" APP等新媒体客户端是如何结合大数据进行春运交通管理的？

李静： 是的，2017年春运期间，我们开通了"广东交通" APP和系列微信公众号，以"阳光春运、喜乐回家"的主题，设置"阳光春运""喜乐回家"和"春运大数据"三大栏目。为广东全省交通出行用户提供第一手最官方的春运信息及新闻动态，同时将路况信息、票务信息等优质功能服务提供给广大用户，为老百姓的出行创造实实在在的便利。对公众用户来说，可以通过"广东交通" APP和系列微信公众号查看这个平台的大数据分析成果以及其他更多的与出行密切相关的交通信息服务。

其中的"春运大数据"栏目与腾讯等互联网公司进行战略合作，发挥其大数据技术优势，共同发布春运热点区域和人口迁徙情况及出行服务信息，设置了"热力地图""迁徙分析"以及"出行指数"等具体栏目。其中，"交通枢纽区域热力分析"通过广东省交通运输厅掌握联网售票数据，包括客运站已发班数、发送人数等联网客运数据，结合腾讯提供数据模型，与春运数据模型进行数据深度融合，最终形成全省20个客运场站、12个火车站、4个机场和1个主要港口共37个交通枢纽人流热力图。"迁徙分析"提供"迁出""迁入"的大数据，包括汽车、火车和飞机以及热度四个维度的数据；通过这些图形和数据分析，帮助群众了解交通枢纽实时拥堵情况，防止拥堵的加剧。"出行指数"通过"国省干道交通状态图"提供国省干道交通路况信息，反映了全省高速公路及各条高速公路出行的总体变化态势。交通部门通过分析交通枢纽拥挤状况和国省干道路况信息，有效协调相关资源进行调度疏导，以保障春运期间运输工作的顺利开展。用户通过"出行指数"预判拥堵情况，合理选择出行时间和出行方式。

通过这个平台，管理部门可以实时对春运期间主要客运集散地的旅客聚集情况、高速公路和国省道的通畅情况、春运旅客流向、各类运输方式的客运承担量进行数据分析和实时图形显示，实现宏观交通运行事前研判、事中监测和事后总结，提升春运组织协调和应急预警能力。

推进广东汽车客运联网售票，逐步实现"一票到家"的旅客联程联运等综合运输处服务

南方舆情： 刚刚您向我们介绍的"广东交通"APP确实为老百姓的出行提供了很大便利。提到便民出行，在2017年1月中下旬，广东省交通运输厅与飞猪达成战略合作，双方将汽车票的在线预订和购买从网络上全面"落地"，线下购票与网购结合。广东省客运行业统一售票平台——"广东联网售票"已在飞猪平台上成功开设官方店铺，用户可在该店铺购买汽车票，并用支付宝扫码付款。这是"互联网＋交通运输"深度融合的成果。在便民出行方面，交通厅还将如何发挥"互联网＋大数据"的最大效用，提高民众出行效率？

李静： 提到广东汽车客运联网售票，这项工作2009年开始在7个客运站试点启动，2014年进入交通运输部首批省域道路客运联网售票系统建设名单，获专项资金支持。2014年11月，广东省交通运输厅按"政府指导、企业自愿参与、市场化运营"原则，指导组建了广东联网售票项目运营实体——广东南粤通客运联网中心有限公司，并推出"广东联网售票"服务平台。截至目前，"广东联网售票"平台联网客运站总数达420个，广东省三级以上客运站全部接入联网售票平台。联网客运站日均发车超过3万个班次。2016年，全省电子票量约1300万张，其中经"广东联网售票"平台售票超过125万张。

2016年12月12日，广东省交通运输厅与阿里巴巴签订战略合作协议，以"一单到底"的货物多式联运和"一票到家"的旅客联程运输等综合运输服务信息化共建为主线，协同推进行业治理体系和治理能力现代化，促进交通运输产业转型升级，构建立足广东、辐射全国的"互联网＋运输＋互联网"线上线下融合发展的交通运输服务生态圈，更好地满足"人便于行、货畅其流"。

2017年1月3日，"广东联网售票"入驻阿里巴巴综合旅行服务飞猪平台项目率先落地。"广东联网售票"在飞猪平台上开设官方店铺，将广东省汽车票的在

线购买从网络上全面"落地"。目前，广东联网售票在飞猪平台累计售票量接近8万张，票款超1600万元。

传统交通运输行业主动拥抱互联网，共同破解交通大数据建设所遇难题

南方舆情：感谢您与我们分享和交流广东省交通大数据的建设情况，我们受益匪浅，最后还有一个问题，在利用互联网和大数据进行交通治理的过程中，遇到了什么样的困难和障碍，是如何克服的？

李静：在推进互联网+战略的同时，我们也面临着一些问题，既有行业内观念的转变，也有行业基础信息能力弱、整体性开发应用不足、智慧交通发展不平衡等。

如滴滴打车、互联网大巴等的兴起，对传统道路客运行业造成了较大的冲击，许多道路客运企业对互联网怀有消极抵触情绪，无法客观看待行业转型升级的阵痛期。为此，广东省交通运输厅通过举办"互联网+交通运输"创新创业大赛，组织道路运输行业转型升级峰会，开展道路运输改革试点等，鼓励现有交通运输企业利用互联网等新技术实现企业自身转型升级，逐步推动行业解放思想，转变观念，主动拥抱互联网。同时，搭建传统运输行业与互联网、新能源等领域跨界融合的交流平台，在思想碰撞中找到合作共赢的发展契机。通过一系列的行动，全省交通运输行业才逐步认识到公众对运输服务的需求正在发生结构性的变化。粤运交通与阿里旅行达成战略合作，广东"网上飞"客运班车小件快运平台正式启用，"粤运悦行""广州如约""运发出行"等出行信息综合服务APP相继上线运行，行业转型升级成效逐步显现。所以，利用互联网和大数据结合智能交通管理过程中，首先要解决的是思想认识和解放思想问题，这个思想认识问题不单是决策者，还涉及行政管理参与各方、各相关企业、社会群众等多个方面。

"十三五"期间，我们将重点推进以广州、深圳和珠海为核心，逐步扩展至覆盖珠三角的智慧交通"3+6"示范区建设，示范区建设将选定珠三角区域内具备条件的地市，开展协同联动试点工程建设，充分发挥示范效应，带动全省交通行业智慧化建设；加强全行业智能交通发展的统筹协调力度，健全省市共建体制机制，兼顾各地市行业发展差异，促进全省交通行业分类、分级智慧化建设；以效果、需求并重为导向，关注智能交通建设在提高运输服务效率、改善运行管

理、提升安全应急水平等方面的实际作用和效果。同时，建设综合交通运输大数据中心及开放共享平台，推进跨区域、跨部门、跨业务信息资源的互联互通，实现行业数据资源的全面整合，基本建立涵盖公路、水路、民航、铁路、邮政及气象等部门的信息采集、交换、共享和应用机制，实现基础性数据、民生保障服务类数据尽快向社会开放。

（采访：洪丹、黄敬良）

广东省食品药品监督管理局局长骆文智：

用监管信息化保障饮食用药安全

【人物简介】

骆文智，广东省委候补委员，省食品药品监督管理局局长、党组书记，省食品安全委员会办公室主任。

食品药品安全关系民生，食品药品安全监管离不开各类数据和信息。广东省食品药品监督管理局在努力保证全省人民饮食用药安全的过程中，不断探索实现监管信息化的有效途径。2015年以来，通过制定《广东省食品药品监管信息化发展规划（2015—2017年）》，确立了建设"智慧食药监"的目标。目前，"智慧食药监"已完成一期、二期工作，省食药监数据中心汇集了全省食品、药品、保健品、化妆品、医疗器械生产经营企业数据100余万条，食品追溯数据3.5亿条，建立省、市、县、乡镇各级各类监管网格8300多个，覆盖全省100多万家食品药品经营企业。监管信息化在化妆品监管、食品溯源和农产品快速检测等方面取得了明显成效。

顶层设计：打造"一三四五八"系统工程

南方舆情数据研究院（以下简称"南方舆情"）： 十八届五中全会提出大数据发展战略，国务院发布《促进大数据发展行动纲要》，习总书记在第三十六次集体学习中提出拓展经济新空间，强调以数据集中和共享为途径，建设全国一体化的国家大数据中心。可以说大数据产业迎来重要的发展机遇。能结合广东省食药监的工作，谈谈您对数据治理的设想和规划吗？

骆文智： 省食品药品监管局高度重视食品药品监管信息化工作，自2013年新一轮食品药品监管体制改革之后，一直在统筹加快推进信息化建设，重点突破，取得了良好开局，为进一步全面推进信息化建设，助力食品药品最严格监管奠定了坚实的基础。

时任省长朱小丹也在2015年视察省局时做出指示，要求做好食品药品信息化规划，加快建设，提高监管水平。

2015年，省局制订了《广东省食品药品监管信息化发展规划（2015—2017年）》，计划通过三年时间，打造"智慧食药监"，重点建设"一三四五八"系统工程，即一个中心（统一、规范的食品药品监管数据中心）、三大支撑（信息标准和安全保障体系、应用支撑平台体系、人员及配套保障体系）、四级应用〔省、市、县（市、区）、乡镇（街道）四级应用〕、五类覆盖（"四品一械"五大品类全部覆盖）、八大系统（日常监管、行政执法、检验检测、食药追溯、公共服务、监管辅助、应急管理、决策支持），建立起全省统一的信息网络，形成互联互通、信息共享、业务协同、统一高效的信息化平台。

2016年，"启动智慧食药监建设"被列入省政府民生实事工作内容。省局按照省委、省政府和国家总局工作部署，将信息化建设列为了广东省食品药品监管工作中"重中之重"的工作抓紧抓好，明确了信息化要坚持"一把手"工程、全员参与、加快推进、重点突破的工作原则，明晰了信息化建设的任务和内容。

接下来，省局将严格按照《规划》中构建的广东省食品药品监管信息化发展的顶层设计、总体框架，为推进广东省食品药品监管信息化，保证全省人民饮食用药安全做出不懈努力。

治理成效：化妆品监管和食品溯源最为突出

南方舆情：我们了解到，在南方报业传媒集团主办的第三届"粤治－治理现代化"活动中，省食药监"构建运行化妆品安全风险监管新模式"和"构建食品安全追溯体系精准严管乳粉安全"两个项目获得了优秀案例奖。请您同我们分享一下这些优秀案例的治理经验。

骆文智：省局秉持"化妆品安全监管的本质是风险管理"的理念，从2013年开始引入风险管理国际标准，构建并运行了以政府实施风险监管、市场落实主体责任、社会力量共同治理为核心结构的化妆品安全风险监管新模式，形成了以风险管理为基础，以事中事后监管为中心，以风险监测、风险评估、风险预警、风险处置、风险交流为基石的安全风险治理系统。

2013年以来，在风险管理理念指导下，根据化妆品安全风险监测评估大数据，广东省局按照源头严防、过程严管、风险严控的工作思路，在全面落实生产经营企业主体责任、持续加强打击非法添加专项整治、开展安全治理示范区建设、支持开办"三堂"（化妆品生产安全常识大讲堂、化妆品经营安全常识大课堂、化妆品消费安全常识大学堂）系列大型公益培训、发布风险管理年度报告等工作中取得了一系列成果。

美白、祛斑和祛痘类等功能性化妆品监督性风险监测数据表明，非法添加检出率2016年较2015年下降15.5%；面膜类化妆品监督性风险监测数据表明，非法添加检出率2016年较2015年下降13.1%；化妆品安全专项整治监督抽验非法添加检出率2016年较2015年下降11%。

监管数据表明：在严格监管之下，产品非法添加检出率呈下降趋势，企业非法添加行为逐步得以遏制。近年来，全省化妆品市场安全治理水平综合指数逐年提升，第三方评估结果表明2016年该指数为88，比2015年提高16%，化妆品生产经营秩序持续改善。国家食品药品监督管理总局于2016年向全国各省级局专文转发了广东省化妆品安全风险监管工作经验材料；南方传媒集团第三届"粤治–治理现代化"活动将化妆品安全风险监管模式评为政府治理创新十大优秀案例之一。

另外，省局在食品电子追溯特别是婴幼儿配方乳粉电子追溯系统建设及应用上进行了积极探索，也取得了一定成效：2014年，我局建设了全国首个覆盖生产、流通和销售环节的婴幼儿配方乳粉电子追溯系统。经过2015年全省各级监管部门的共同努力，广东省已基本实现对省内产品一罐一码的精确追溯，对省外品种按生产日期的追溯，基本实现了从生产到流通、销售的全环节追溯，将以往分段监管的"点监管"变为了全环节相通的"链监管"，将"人海监管"变为有针对性的"精准监管"。

2016年，省局进一步提升追溯系统功能，完成了婴儿配方食品、食用油、酒类追溯体系建设，已于2016年5月1日起在全省全面推广。广东省还在全国率先将食品追溯纳入地方法规，以地方立法的形式保障追溯体系的建立。

"智慧食药监"建设：建成覆盖省、市、县（区）、乡镇（街道）等四级部门的基础应用平台

南方舆情：在2016年10月份的省大数据大会上，我们了解到广东省食药监正在建设"智慧食药监"，布局"互联网+"和数据治理。能否为我们介绍一下该项目已经取得的成效，以及下一步的构想？我们注意到"智慧食药监"包含构建全省统一的"食品药品安全信息平台"。能否为我们介绍一下该平台的建设与运作？平台对于省食药监局的工作和管理产生了什么影响？

骆文智：“智慧食药监”建设内容广泛，功能复杂，覆盖面广，投资经费较大，省局党组高度重视，多次召开专题会议研究，积极申请“智慧食药监”项目立项，争取省级财政投入。省发展改革委、经济和信息化委、财政厅一致表示支持和配合。目前，省局在相关方面的建设与运作如下：

积极探索，建设基础平台。省局本着“强基础，建急用”的原则，2015年先行启动了“智慧食药监”基础平台建设，在省局现有统一数据中心的基础上，进行数据重组和扩充，推进全省统一数据中心的建设，依托云平台，部署GIS地理信息系统应用，重点建设了日常监管、检验检测、行政执法等系统，为监管人员配备移动终端、便携打印机，开展移动监管，初步建成覆盖省、市、县（区）、乡镇（街道）等四级监管部门的食品药品监管基础应用平台，提升了监管效能。检验检测系统已在2016年我局和部分地市的监督抽检工作中实际应用。特别是基于“智慧食药监”平台的食用农产品快检系统，自2016年7月1日正式上线以来，采集农产品快检180万批次，为顺利推进“全省1000家农贸市场开展食用农产品快速检测工作”省政府民生实事工作起到了强有力的信息化保障作用。

全面突破，推进“智慧食药监”建设。在各方支持和共同努力下，2016年10月，省发展改革委正式批复“智慧食药监”项目建议书。“智慧食药监”便携式打印机、执法记录仪项目已招标完毕并签订合同，即将交付使用；“智慧食药监”可行性研究、初步设计及编制概算项目已于2017年1月24日完成招标，即将启动“智慧食药监”可行性研究报告、初步设计及编制概算工作，并启动“智慧食药监”主体项目立项、报批工作。

根据省局规划及发改委批复的“智慧食药监”项目建议书，目前省局已开展的“智慧食药监”一、二期工作仅仅是个开端，重点的建设内容及功能实现在于后期主体项目部分。2017年，省局将总结前期的探索经验，在食药监一、二期工作基础上，积极开展“智慧食药监”项目可行性研究、初步设计和概算编制工作，并加强与省发展改革委、省经济和信息化委、省财厅的沟通协调，推进“智慧食药监”项目立项审批工作，争取2017年初完成项目总体立项工作，全面推进“智慧食药监”建设。

南方舆情：食品药品的数据非常复杂，在建设全省统一食品药品大数据中心时，省食药监局对此进行了哪些探索和思考？

骆文智：目前省局系统中食品药品的数据来源比较复杂，有来自监管系统内部的监管、抽验等数据信息，还有其他相关部门的数据，还有国家总局的信息等。为此，在我局信息化建设特别是数据中心建设方面，我们做了一些积极的探索：

一是做好数据中心的规划，在《广东省食品药品监管信息化发展规划（2015—2017年）》中强调广东省食品药品监管数据中心是指包括制定全省统一的数据标准，建设统一的数据资源中心和数据交换中心，实现业务数据信息大集中，并对接包括国家总局监管业务数据、省级市场监管数据、信用数据、证照数据等在内的第三方数据。

二是做好"智慧食药监"平台的数据对接工作。发布相关数据标准和接口标准，并做好培训和宣贯工作。如印发《智慧食药监数据中心中间库数据标准》、《智慧食药监食品经营许可数据对接标准》、广东省婴幼儿配方乳粉追溯系统数据标准和接口标准等文件。

三是积极参与省经信委牵头的市场监管平台项目，加强与省质监局、工商局、省经济和信息化委等部门的数据对接，进一步完善数据中心的功能。

经过"智慧食药监"先期项目的建设，在已有信息化成果上进行重构、优化和扩展，构建完成"智慧食药监"基础平台，完善全省食品药品监管信息化统一标准规范，重构食品药品监管数据中心及基础数据库，初步构建成广东省食品药品监管数据中心。目前，数据中心汇集了全省食品、药品、保健品、化妆品、医疗器械生产经营企业数据100余万条，食品追溯数据3.5亿条，建立省、市、县、乡镇各级各类监管网格8300多个，覆盖全省100多万家食品药品经营企业。

数据应用的新思路：社会共治与重点监管并举

南方舆情：我们还了解到，2016年广东省上线了新的食品安全追溯系统。能为我们分享一下省食药监是如何将大数据技术应用在食品安全追溯上面的吗？

骆文智：按照省局原有追溯系统建设思路，企业需要将相关食品的生产经营信息全部录入系统中，通过海量数据汇总分析，得到企业的追溯信息。

但是，目前国家总局关于食品追溯建设有了明确的规定，即明确企业承担追溯体系主体责任，同时不支持各级监管部门建立统一的系统并强制要求企业加入，这也是国家推进社会共治的重要思路转变。下一步，我局将积极调整相关工作思路，一方面要切实监督企业落实建立追溯体系的主体责任，实现对其生产经营的产品来源可查、去向可追；另一方面，要鼓励有条件企业建立完善、先进的信息化追溯体系，鼓励行业协会等组织建立电子追溯平台，为企业和公众提供追溯服务。同时，在"智慧食药监"规划中，对于下一步食品追溯系统的建设，要根据国家的思路进行调整和建设，在各企业建立追溯系统的基础上主动捕捉各企业追溯信息为监管服务。

南方舆情： 您在2017年新年贺词中提到省食药监对全省1000家农贸市场开展食用农产品快速检测工作。请问省食药监在推动数据治理的过程中，如何有效利用这些监测数据？

骆文智： 全省1000家农贸市场开展食用农产品快速检测工作是2016年省政府十件民生实事的一项重要工作内容，这项工作从2016年7月1日起正式开展。根据快检工作要求，全省各地1146个农贸市场每天对蔬菜和水产品为主的食用农产品进行快检，及时将快检结果在市场醒目位置公示，引导群众安全消费。

为了实现快检数据实时上传，及时掌握市场经营主体信息及快检数据，强化食用农产品追溯管理，省局在广东省智慧食药监系统平台基础上，专门开发建设了全省统一的食用农产品快检信息化系统。该系统包含市场和经营户基本信息录入及维护、抽样和检验信息录入、数据统计报表、快检品种项目库等多个模块，各地市场快检结果通过全省统一的食用农产品快检信息系统实时上传和汇总。各级监管部门可以实时掌握每天快检完成情况、每个市场快检情况、每台接入快检设备工作情况，统计分析各地区、各市场开展快检数量、发现不合格数量、不合格品种情况等数据信息。

根据对这些数据进行分析，监管部门可以发现本地区出现不合格比较多的食用农产品品种、项目，从而有针对性地在日常监管或监督抽检中对这些品种重点监管。省局每个月对全省各地农贸市场快检工作情况进行通报，通报内容包括各地快检完成批次数量、发现不合格批次数量、不合格较多的品种等内容，分析工作中存在的问题，提出下一步工作要求，指导各地加强快检工作。同时，省局也通过报纸、网站、微信等渠道发布了农贸市场快检的总体情况，引导人民群众安全消费。

下一步，省局将进一步完善快检信息系统，增加功能，加强对数据的统计分析，利用数据发现食用农产品质量安全存在的问题和规律，为加强重点监管提供依据，提高监管效能，促进食用农产品市场销售质量安全水平的提升。

应对问题与挑战：培养信息技术与食药监管的符合型人才是关键

南方舆情： 在实践中，不少政府部门和企业都反映，数据资源开放与共享、人才培养、数据立法、接口标准、安全机制等问题制约了他们进一步提升运用大数据的能力。想请教一下，省食药监在布局数据治理的实践中有没有遇到上述或其他问题，又是怎么解决的？

骆文智：省局在数据治理方面处于起步阶段，在建设中也遇到一些问题。一是项目整体立项未完成。"智慧食药监"项目立项涉及部门多、审批环节复杂、审批周期长。省局下一步将加强与省发展改革委、经济和信息化委、财政厅联系，齐心协力，强化沟通，积极推进"智慧食药监"可行性研究报告、初步设计及编制概算工作，争取2017年完成项目整体立项。

二是智慧食药监在全国食品药品系统无现成经验可借鉴，同时各地信息化人才不足、经济发展水平不一，因此建设和推广有一定难度。省局将加强信息化建设的顶层设计和先期建设项目的优化完善，积极探索建立人才引进和培养的有效机制，加强信息化人才引进，在此基础上，进一步加大培训力度，将信息化培训纳入食品药品监管业务培训和公务员年度培训计划，在各级食品药品监管部门培养一批既掌握信息技术，又熟悉食品药品监管业务的符合型人才。

（采访：洪丹、黄曦）

广东省旅游局局长曾颖如：

大数据，让"旅游体验"突破时空限制

【人物简介】

曾颖如，广东省旅游局党组书记、局长。

广东，地处南岭以南，南海之滨，旅游资源丰富。"十三五"期间，广东致力于打造成"世界休闲旅游目的地"和"粤港澳大湾区世界级旅游区"，推动"智慧旅游"建设。旅游要"动"起来，突破时空限制，离不开大数据的支持。2017年3月，就广东省旅游大数据的采集、管理、应用以及存在的问题，南方舆情数据研究院专访了广东省旅游局局长、党组书记曾颖如。

信息技术的发展使人"宅"了起来，但旅游需要发生位移"动"起来，这一"宅"一"动"间如何实现精准的对接，提供精准的服务，是一场全新的考验。曾颖如介绍说，依托大数据的综合统计分析，省旅游局能得出游客最关注的景区、游客倾向的城市和来源、游客偏好的旅游项目、游客来粤的原因及在粤时间、行程等等，这些都能够帮助旅游系统提供更好的旅游服务，让游客得到更便利的体验，也有效地指导了全省的旅游营销推介。

谈及广东旅游的未来，曾颖如表示，广东旅游的战略定位是"世界旅游休闲目的地"和"粤港澳大湾区世界级旅游区"，为了实现这一战略目标，广东省旅游将建设广东旅游产业大数据平台，并与互联网深度融合，搭建"互联网+旅游"的服务云，为来粤游客量身制作，提供适需对路的旅游产品和服务，推动旅游体验突破时空限制。

大数据是引领旅游产业转型升级的必然选择

南方舆情数据研究院（以下简称"南方舆情"）： 十八届五中全会提出"实施'互联网+'行动计划，发展分享经济，实施国家大数据战略"，我国进入大数据应用发展机遇期，各行各业都在利用大数据的思维及技术提升自身的发展。相比互联网、金融等行业应用的大数据，您认为旅游大数据在收集、管理及应用方面有什么不同呢？

曾颖如： 为贯彻落实李克强总理参加十二届全国人大四次会议广东代表团审议时重要讲话精神，实施"互联网+"战略，我局编制了《广东省"旅游+互联网"发展规划（2015—2020年）》，印发了《广东省"旅游+互联网"行动计划（2015—2020年）》，以大数据为抓手，为全省旅游系统的"互联网+"做好顶层设计。在大数据已经成为战略资源的今天，旅游大数据是快速把握旅游业运行规律，开展业务和服务模式创新，引领产业转型升级的必然选择。

旅游不同于互联网、金融等行业，旅游服务是景区、旅行社和酒店、餐饮、交通、娱乐、媒体等多行业服务的综合集成，具有很强的复杂性和综合性。当前我省旅游业正处于向全域旅游转型的关键期，这段转型期对我省旅游业挖掘新知识、创造新价值、提升新能力，以旅游大数据整合资源、提升效率、保持产业活力、促进产业转型提出了更高的要求。

从采集层面看，旅游大数据具有数据来源分散、数据量庞大、数据类型复杂、分析实时性要求高等特点。这是因为旅游业本身就是一个综合性强、关联度大、产业链长、行业间互相交叉渗透的综合体，所产生和涉及的数据庞大而复杂，旅游行政主管部门、景区、旅行社积累的数据，仅仅是旅游大数据的一小部分。要实现多行业多领域数据的汇聚整合和关联应用，需要进一步整合行业力量，既要加强与气象、交通、工商、公安、体育等近20多个政府部门的横向合作，又要加强与运营商、搜索引擎、社交媒体、在线旅游企业等行业企业的合作，统筹各级旅游行政主管部门，各地市县区、各行业的大数据资源，形成数据资源互换。这对大数据采集、传输、存储、处理、挖掘、分析和呈现等提出了很高的要求。

从管理层面看，旅游主管部门需要从全局出发，统一规划、统一标准建立旅游大数据框架体系。要分层、分级、分步推进，求同存异。坚持开放合作的管理理念，将旅游公共数据、互联网数据和其他第三方数据多源整合，进行动态管理。一方面政府要做好游客、交通、气象等旅游相关公共数据的协调采集，梳理整合和向社会开放；另一方面，要充分发挥市场在旅游大数据开发利用中的主体作用，有效组织和引导市场主体，结合自身业务进行旅游大数据创新。

从应用层面看，旅游大数据主要分为行业管理和产业经营两个方向。在旅游公共服务、旅游宏观调控、旅游行业监管等方面支持行业管理的科学化和精细化；在旅游市场开发、旅游产品创新、旅游精准营销、旅游服务提升等方面帮助旅游业提质增效。

大数据应用助推定位游客需求

南方舆情：2016年广东省委明确提出将用5年左右的时间打造全国数据应用先导区，将大数据产业作为实施创新驱动总战略和培育发展新经济、新动能的重要抓手。在此背景下，您能否介绍一下广东省旅游大数据的具体应用？旅游行业对于大数据的应用还存在哪些需要解决的问题？

曾颖如：2016年省旅游局按照大数据的采集、管理等几个维度建设了广东旅游大数据的八大示范应用。下面我简要谈谈全域旅游网络监测系统、景区游客分析系统、节假日旅游大数据分析报告三个示范应用。

第一，全域旅游网络监测系统，是通过大数据平台，在互联网上采集38家全域旅游示范单位的网络评价、游客印象、酒店评价、景区评价等内容，进行实时监控，促进全域旅游的更好更快发展。

第二，景区游客分析系统，是通过采购数据监测全省100家重点景区的客流，并对这些客流进行游客画像、消费能力等分析，从而有效指导全省的旅游营销推介，可以为滨海旅游、自驾旅游等进行客源结构的分析等。

第三，节假日旅游大数据分析报告，我们重点讲讲这个。

2016年，是"十三五"旅游发展规划的开局之年，也是广东省旅游业在改革中致力创新、加快发展的一年，我们发布了4份大数据报告。用旅游大数据将广东打造成"世界旅游休闲目的地"及"粤港澳大湾区世界级旅游区"。从大数据报告来看全省旅游系统坚持"创新、协调、绿色、开放、共享"五大发展理念，扎实推进全域旅游和旅游供给侧改革，着力扩大旅游投资和消费，加强旅游市场综合监管，推动旅游业创新发展、提质增效，开创了旅游业改革发展的良好新格局，实现了"十三五"发展的开门红。

按可比口径统计，2016年全省完成旅游总收入10,433.7亿元，同比增长14.9%，其中旅游外汇收入185.77亿美元，同比增长3.9%；全年接待过夜游客3.97亿人次，同比增长10.4%，其中入境过夜游客3518万人次，同比增长2.1%；主要旅游指标稳居全国第一。

广东旅游也推出了一系列新品牌活动。比如说来广东过大年就是新品牌。春节期间，广东推出"到广东过大年"系列活动，各地旅游活动丰富多彩，其中广州市推出"广州过年，花城看花"系列活动60余场，深圳市推出40项景区春节主题活动，佛山市组织开展花市、唱大戏、工匠剪纸艺术及龙狮迎新等活动，东莞市开展登山观瀑、赏花海、灯光节、稻草节等活动，吸引了众多游客。百度搜索"到广东过大年"词条达28万条，相关节庆活动检索量高达5200万人次。

避寒避霾成为北方游客选择广东的一个重要因素。春节期间，广东地区气温在12—27摄氏度之间，空气质量优良率高达92.7%，非常适合避寒避霾，春节前一个月，网络搜索广东天气、空气质量关键词条同比增长10.75%。一程一站仍是来粤游客主流，近95%来粤游客均只在省内一个地市停留，也有近3%的游客选择了在广深、广珠、广佛、深莞、深惠等超过2个城市驻足游玩。广东各市接待国内游客普遍增长，排名前三位的分别是深圳、广州、东莞，吸引国内游客增长较快的地市则为茂名、湛江、汕头。

2017年春节黄金周期间，我们根据腾讯、联通、移动、个推等大数据综合统计得出，最受游客关注的景区是长隆、东部华侨城、白云山等，其中北京、湖北、河南等12个省份游客最爱去长隆旅游度假区；上海、辽宁、四川等13个省份游客最爱去东部华侨城；广西、青海游客更爱去广州白云山风景区。30家重点景区成为最爱，世界旅游休闲目的地效应增强。

此外，根据广东省纳入统计的106家重点景区数据，全省14个滨海城市景区接待游客数量占全省景区游客接待总量的42%，同比增长4.31%；海岛旅游呈现出明显增长的态势，旅游人次同比增长排名前三的海岛景区分别是放鸡岛海洋度假公园、外伶仃岛、川岛旅游区，增长率分别达58.42%、41.48%、23.63%；

2016年运营的深圳太子邮轮母港成为华南区邮轮旅游主要增长点，春节期间，共出发5个航次邮轮，发送游客1.1万人次，海岛、邮轮等滨海旅游最受青睐。

根据广东旅游产业大数据平台数据，2017年春节黄金周期间，近56.3%的来粤游客逗留大于3天，较国庆黄金周增长9.1%。广东打造"夜游粤精彩"品牌，夜游市场越来越精彩，广州珠江夜游、深圳民俗文化村"泼水狂欢夜"等一系列夜间旅游拳头产品，让在粤游客可游玩的时间拉长，游客每天出游时间延伸到22点。

另外，根据国家旅游局团队管理系统和广东旅游产业大数据平台数据，广东游客出境游热情不减，除日韩两国与东南亚国家外，俄罗斯异军突起，以高达11%的占比位列目的地国家排名第二，法国、意大利等欧洲国家也有逐步挤占前列的趋势。一线目的地城市趋于稳定，小众目的地城市涌现新亮点，香港、首尔、新加坡、悉尼等一线旅游目的地城市仍是广东游客出境游的首选，以往较为小众的圣彼得堡、黄金海岸、新山等地则相继入围前列。

以上就是旅游大数据分析报告的主要应用内容。当然，目前旅游大数据的应用也存在一些问题，比如说：一是数据资源总量少，标准化、准确性、完整性低，利用价值不高；二是长期以来政府、企业和行业信息系统建设缺少统一规划和标准，形成众多"信息孤岛"，数据跨部门整合与开放程度低；三是旅游业数据积累和应用创新不足，旅游大数据还未产业化，能够进行旅游大数据建设的企业较少；四是发展思维受到定式限制，重建设轻数据，没有为数据的应用和运营提供人员和经费的保障。这也是我们在"十三五"期间要重点攻坚的问题。

大数据助力旅游经济发展

南方舆情：国家"十三五"规划纲要中进一步指出，全面推动大数据的发展，实施国家大数据战略，把大数据作为基础性战略资源，全面实施促进大数据发展行动，加快推动数据资源共享开放和开发应用，助力产业转型升级和社会治理创新。大数据的应用根本的目的还是带来社会效益。您觉得旅游大数据可以如何应用于服务于景区与消费者、促进旅游经济的发展呢？

曾颖如：旅游大数据可以对旅游经济带来非常大的促进作用。

先谈谈服务景区。一方面，我们可以充分利用景区实时视频、票务系统、停车场、游客的手机通信等实时数据，分析评估实时客流，实现对景区各区域游客流量的监控、预警和及时疏导，提升游客游览的舒适度。另一方面，景区可以根据游客大数据，把握游客客源地分布、游客旅游偏好、行为分析，制定旅游宣传策略，选择精准媒体，精准推送满足消费偏好的旅游商品和服务，并对投放过程和效果进行监控。

再谈谈服务游客。一方面，我们可以充分利用互联网的搜索数据、OTA平台的预订数据、交通出行等数据资源，开展客流预测与预警等方面的大数据应用，及时组织交通、住宿等服务资源，做好大规模客流事件的突发预警和安全预案，保障游客旅游安全。另一个方面，我们可以开展旅游公共信息精准推送，通过游客预订、投诉等历史数据，结合游客位置、场景等实时数据，向游客精准推送客流及突发事件预警、旅游投诉处理反馈、旅游违法经营曝光、旅游服务企业服务质量评测结果等精准信息，让游客出行更加方便、体验更加好。

景区营销更有针对性，游客出游更加舒适便利，自然能够使旅游经济得到更好的发展。

"互联网+旅游"共筑世界级旅游品牌

南方舆情： 您刚刚提到了"来广州过大年"的品牌活动，我们注意到，2017年2月5日省旅游局对外发布的2017年广东旅游春节大数据报告显示，广东省共接待游客4826万人次，旅游总收入达到366.4亿元，另外，报告还展示了关于热门景区、游客出行时间等多方面的数据。从这份报告来看广东省旅游业目前整体处于一个怎样的状态？旅游局未来有怎样的规划？

曾颖如： 关于广东省旅游业的现状，从我们发布的大数据报告可以看出：首先是国内旅游需求旺盛，已发展到大众旅游中高阶段，休闲度假游客比例超过七成。其次是要推进旅游供给侧结构化改革，推动旅游体验突破时空限制，多元化供给也创造了多元化的需求。第三是旅游满意度不断提高，旅游消费不断升级。第四是旅游与互联网深度融合、协同发展，具有互联网经济特征与旅游产业特色的"互联网+旅游"新经济形态，崭露头角。

对于广东省旅游业怎样发展，省旅游局的未来规划是按照省委、省政府"三个定位、两个率先"的战略部署，紧紧围绕全域旅游发展战略，突出滨海旅游、休闲度假、岭南文化、商贸会展等特色，积极推进旅游供给侧结构性改革，深化体制机制和产品产业创新，提升融合发展能力，完善公共服务体系，增强旅游对消费、投资、扶贫、富民等促进作用，加快打造"世界旅游休闲目的地"及"粤港澳大湾区世界级旅游区"，以优异成绩迎接党的十九大胜利召开，为广东在全国率先全面建成小康社会做出新的贡献。

在旅游大数据方面，我们将全面贯彻落实国家旅游业"十三五"旅游发展规划，建立省市县三级旅游数据中心体系；重点打造覆盖全省各级旅游主管部门、旅游企业、涉旅单位的旅游产业运行监测和应急管理指挥平台，通过大数据提升旅游管理及对游客的应急服务能力，促进旅游管理部门与更多部门形成信息共享和协作联动，有效实施旅游市场监测、舆情监控和数据分析，及时准确地掌握省内外、境内外游客的旅游活动信息，旅游企业的经营信息及旅游市场的动态信息，建立旅游预测预警机制、管理服务、维权保障等机制，有效保障旅游安全，提升游客的旅游体验及品质。同时，搭建"互联网+旅游"服务云平台，支持建设一批智慧旅游城市、智慧旅游景区、智慧旅游企业、智慧旅游乡村；建立旅游与公安、交通、统计等部门数据共享机制，形成旅游产业大数据平台。

"技术＋制度"保障数据安全

南方舆情：在政府治理能力现代化建设中，大数据已经成为重要的助推工具，大数据在政府服务、社会民生等领域的应用也十分明显。在大数据的应用过程中，确保数据安全及维护个人隐私一直是重要的话题。从旅游大数据的角度来谈，您觉得在收集、应用数据的时候如何解决这类问题呢？

曾颖如：从行业管理来说，旅游大数据主要面向宏观角度，数据不会聚焦到某个人身上，而且在数据清洗过程中会做脱敏处理。

从产业经营来说，基于帮助游客便捷便利的角度，在游客确实有需要的服务方面进行精准推送，这和垃圾信息、信息轰炸等有根本性区别，主要目的还是解决游客的服务需求。

当然从大数据整体安全来说都是一致的，都要根据国家的规定来。我们从两方面来强化了旅游大数据的安全保障，一是增强安全技术保障能力，推进旅游大数据安全设备设施部署。在旅游大数据采集、共享、梳理、分析、发布等各环节，充分利用数据销毁、透明加解密、分布式访问控制、数据审计、隐私保护和推理控制、数据真伪识别和取证，数据持有完整性验证等数据安全技术。二是完善安全规范制度体系，制定旅游大数据安全标准规范。制定旅游大数据安全技术标准，明确数据采集、管理、共享、交易等环节的数据加密、数据传输、数据存储、数据管理等方面的技术要求，保障旅游公共大数据开发的安全。

（采访：蓝云、洪丹、李育蒙。感谢肖洋提供帮助）

广东省产权交易集团董事长刘闻：

先行先试，破解数据交易难题

【人物简介】

刘闻，硕士研究生，高级经济师、高级产权交易师，现任广东省产权交易集团有限公司董事长、党委书记。1981年经高考进入解放军广州通信学院学习并入伍；1984年随昆明军区十一军赴老山前线参战，任主攻营通信排长；1985年至2000年先后任部队军、师单位干事、政治部和办公室副主任；1999年参与组建广东省广晟资产经营有限公司，历任广晟公司人事部部长助理，综合部副部长、部长，董事会秘书、总经理助理；2007年11月—2012年10月，历任广东省广晟资产经营有限公司总经理助理兼广晟投资集团、中人集团、中人建设公司董事长、党委书记等职。

推动政务数据开放，是重点、难点也是关键点

南方舆情数据研究院（以下简称"南方舆情"）： 国家"十三五"规划纲要中指出，全面推动大数据的发展，实施国家大数据战略，把大数据作为基础性战略资源，全面实施促进发展行动，加快推动数据资源共享开放和开发应用。从国内其他省市的数据交易发展现状来看，如何推动各级政府部门、企事业单位把数据放到数据平台上来是一个难点，您是如何看待这个问题的？

刘闻： 推动政务数据的共享与开放确实是一个难点，这里有几个客观问题需要解决：一是政务数据还很分散，很多数据没有集中管理，还是处于信息孤岛状态；二是部分政务数据还不是电子形式，还处于纸质记录状态，没有形成电子档案；三是政务数据的安全要求高，哪些数据可以公开，哪些数据需要脱敏，如何整合各个地方的数据，这些都是一个挑战。因此，推动各级政府部门、企事业单位把数据放到数据平台上来流通，不是一件一蹴而就的工作，也不是单靠省产权集团或筹建中的省大数据交易中心能够单独完成的任务。推动政务数据的流通，是在市场主导，政府引导下有条件、有步骤的，循序渐进的过程。无论是国务院《大数据发展行动纲要》，还是省政府的《大数据发展行动计划》，都明确了大数据共享、开放的目标与时间节点。

在数据探索之路上先行先试，省产权集团任关键角色

南方舆情： 2016年10月，在大数据应用及产业发展大会上，珠江三角洲国家大数据综合试验区作为全国首批确定的跨区域类综合试验区正式启动建设。您认为贵公司以及筹建中的省大数据交易中心在珠三角国家大数据综合试验区的建设中将担当怎样的角色？

刘闻： 在《珠江三角洲国家大数据综合试验区实施方案中》，明确要求由省产权集团统筹建设省大数据交易中心，在数据交易、数据产品开发和交付等方面先行先试，探索建立数据商品化运作机制。在广州和深圳开展大数据市场交易标准试点。在珠三角探索开展数据资产证券化，推动从数据资产到数据货币或者有价证券的转化。到2020年，省大数据交易中心将建设成为立足广东、服务全国、面向全球的数据交易服务平台。

省大数据交易中心：立足广东、服务全国、面向全球

南方舆情： 省大数据管理局局长王月琴在2016年10月的大数据应用及产业发展大会上表示，广东将依托省产权交易集团，在数据交易、数据产品开放和交付等方面先行先试，筹划建立广东省大数据交易中心。这方面的工作进展情况如何？您对广东省大数据交易中心未来的定位与工作有何规划及设想？

刘闻： 省大数据交易中心的筹建工作已经基本完成，正在等待省政府的正式批复，预计2017年下半年即可实现数据上线流通、交易。

省大数据交易中心将建设成为立足广东、服务全国、面向全球的数据交易平台、数据资产管理增值平台、数据聚集平台、互联网金融服务平台、数据交易金融服务平台，旨在促进数据流通、规范数据交易行为、维护数据交易市场秩序、保护数据交易各方合法权益，并向全社会提供完善的数据交易、结算、交付、安全保障、数据资产管理和融资等综合配套服务，最终成为广东大数据产业的"网顶"，引领大数据产业发展。

大数据将渗透各行各业，推动经济的"升级换挡"

南方舆情： 根据《南方日报》在2017年1月22日的报道，广东省产权交易集团在2016年总交易额达到1.11万亿元，在推动供给侧结构性改革、促进广东省国有"僵尸企业"出清重组方面做了很多很有成效的工作。目前很多行业利用大数据方面的技术及思维方式，取得了非常大的发展，您觉得在推进供给侧改革、化解过剩产能等方面，大数据能够起到一个什么样的作用呢？

刘闻： 供给侧结构性改革的重点，是减少无效和低端供给，扩大有效和中高端供给，这必定会加快发展的"动力切换"，推动经济的"升级换挡"。大数据具有海量、多样、快速、真实等典型特征，利用大数据进行分析，企业能够找准市场需求、明确发展定位，进而创新产品、优化流程、降低成本、提升效益；政府也能够及时追踪企业乃至整个行业的发展动态，精准助力改革。随着大数据向经济各领域的渗透应用，将加快产业之间及产业链之间的垂直整合速度，促进产业结构向中高端迈进，从而提升传统产业，加快技术改造、流程再造、信息化建设等进程，着力提升竞争能力和综合效益。

撬动数据大山，推动产业发展，探索与布局大数据领域

南方舆情：广东省产权交易集团业务以要素与商品交易业、金融与交易服务业、数据与信息服务业三大业务板块为主，请问贵集团未来在大数据领域有什么战略布局？

刘闻：省产权集团三大主业，要素与商品交易业已基本成熟，金融与交易服务业也已初具规模，数据与信息服务业将是未来重点加强培育的方向。在大数据领域，省产权集团将开展以下几种服务：一是建设大数据资源流通交易平台，提供安全的数据流通交易服务，通过线上大数据交易系统，撮合客户、用户进行大数据交易，达到数据的共享、流通、交换，实现数据资产化，并带来数据的增值；二是搭建政务大数据的共享平台，通过各类公共数据汇聚及数据共享，结合企业交易数据等，为政府在交通、医疗、卫生、民生等领域提供更多的信息获取渠道，提高政务服务满意度；三是通过云架构数据分析平台为企业提供定制的SaaS服务、数据分析服务、可视化技术服务等大数据应用技术服务，从而降低企业使用大数据技术的成本与门槛；四是数据资产管理及增值业务，接受各类企事业单位的委托，在保证数据安全的前提下，从采集、加工、存储、分析、共享、开放、安全、归档、销毁等整个数据生命周期进行资产化管理；五是设立大数据产业引导资金，撬动社会资本，推动全省大数据产业的迅速发展。

政策法规结合常态化机制，全方位保障数据安全与隐私

南方舆情：一谈到数据交易，就离不开数据安全与隐私的问题，对此您如何看待？贵公司在数据交易实践中有哪些做法能够消除交易方在此方面的顾虑？

刘闻：数据安全与隐私的保护，一是要靠政策法规，大数据立法与标准规范是国家数据安全的基本保障，从国家数据主权和国民数据产权两个方面入手，推动数据法律规范和标准体系的建立，保障国家数据安全与个人数据隐私。二是要靠安全保障常态化机制和大数据安全技术。

省产权集团是省国资委全资设立的一级企业集团，而省产权集团控股组建的省大数据交易中心各家股东单位，也全部是省属国企或中央企业。省大数据交易中心在大数据交易安全领域，主要有以下三点保障措施：首先，在大数据交易的过程中，省大数据交易中心将及时审查和保障交易的数据信息

必须是通过合法渠道收集的，权属是清晰的。其次，在数据流转的过程中，省大数据交易中心会对数据交易各方的权利义务及数据产品的产权归属做明确的约定。再次，省大数据交易中心都将明确设定，数据交易各方之间的职能定位与权属分配。

（采访：蓝云、林鑫、任创业、余锦家。感谢刘慧敏提供帮助）

南方报业传媒集团副总编辑曹轲：

舆情服务与精准治理

【人物简介】

　　曹轲，1966年生，陕西礼泉人。南方报业传媒集团管委会副主任、副总编辑，南方舆情数据研究院执行副院长，曾任南方报业传媒集团新闻研究所所长、南方日报社读者来信部副主任、南方日报采编中心主任、南方都市报总编辑、南方网总编辑等职。多次荣获全国省级党报好新闻、广东新闻奖、中国新闻奖；曾获广东省五一劳动奖章、广东新闻"金枪奖"，并被国务院授予"全国先进工作者"荣誉称号。

　　2017年3月14日，南方舆情数据研究院专访了南方报业传媒集团副总编辑曹轲。曹轲分享了南方报业近年来在参与推进政府治理能力和治理体系现代化的过程中所做的探索和经验。

　　曹轲认为，近年来经济社会快速发展，对政府改革、治理创新的要求越来越高。传统的社会治理方式明显不能适应现代治理环境要求。从根本上来讲，其实就是治理现代化需要政府有专业的治理能力。从媒体的角度上来讲，就需要提供专业的服务，发展出舆情精准服务的能力。

舆情服务不同于新闻报道或内参，要求的是定向精准，需要的是分析价值、信息价值、情报价值、对策价值。南方报业拥有丰富的媒体资源、社会资源，一两千名记者伸向社会各方面的信息触角。在已有的传播能力基础上，开发了舆情服务的能力。

南方舆情数据项目不仅注重经济效益，同时更加注重社会效益。在服务用户的过程中，不仅提供周期性、即时性的"常效"舆情服务，而且更加注重提供系统性、预判性的"长效"舆情服务，助力于建立治理现代化的"长效"机制。

为此，南方舆情数据研究院特别强化了对大数据的开发和应用，正在建设舆情研判中心和用户"坐标系"，建设案例库、对策库、历史数据库和评价标准，推进成体系化的舆情服务，和高校、广东省大数据局等机构展开了广泛合作，希望提供高质量的智力支持和舆情服务。

做舆情不同于做内参，需要更加专业的能力

南方舆情数据研究院（以下简称"南方舆情"）：十八届三中全会上，推进治理能力和治理体系现代化被正式提出。近年来从中央到地方都在践行这一要求。如何理解治理能力和治理体系现代化这个概念？南方报业在这一过程中应该发挥怎样的作用？

曹轲：近些年来经济社会快速发展，整个社会治理的大环境也在变化，这就要求政府要改革，要转型，既不能是原来的"全能型政府"，也不能对很多事情放任不管。现在政府决策的制定要考虑到方方面面多种因素。例如，惠民政策的出台，就不能简单地出于好心凭经验办事情。比如桥塌了就简单地通报正在修，有逃犯就告诉大家正在抓，其他的情况你别问，不能说。因为大家会关心决策的背景、过程，需要有参与感，需要有即时的互动。

传统的社会治理方式明显是不能适应现代治理环境要求的。这背后有很大程度上是对社会治理的观念和认识的问题。以往的社会治理和舆情管理的思路比较粗放，在方式方法上，往往比较容易依赖技术，缺乏对宏观舆情的了解和对系统性风险的把握。

从根本上来讲，其实就是治理现代化对政府的要求跟原来有所不同，需要有专业的治理能力，需要治理能力现代化。

作为媒体，对于民情社情有一定的了解。我们看到有些地方官员那么努力却不能取得很好的效果，我们也着急，希望能够帮助改善决策过程，改进治理效

果。在这个过程中我们就在思考，治理是一种专业能力，从媒体的角度来讲，也需要我们提供专业的服务，这就是舆情精准服务的能力。

2014年初，南方报业传媒集团正式推出了南方舆情项目，为地方政府和企业用户提供专业的舆情服务。在服务过程中，我们十分注重数据技术的应用。现在是大数据时代，除了互联网平台，还有各种大数据工具。大数据会为治理能力现代化提供科学的支撑，舆情服务相应地也应有数据的支撑。

不管是做好舆情服务还是说用大数据手段，最后的目标都是为精准治理服务，全面形成适应现代社会发展，适应各方面快速需求的现代治理能力。在长期的实践之后，进而形成中央提出的"治理体系现代化"。

南方舆情：南方报业一向给人的印象是善于做新闻报道、善于做舆论引导的，现在又做舆情服务，会不会跟新闻报道、内参的功能重合或者冲突？会不会互相影响？

曹轲：媒体以前在社会治理中的作用就是舆论监督，写公开报道或者写内参。但是报道又不能完全发挥这个作用，内参也不能很好地达到这个效果。公开的报道有很多信息是没办法完全展示的，决策的过程和公开报道会有所不同。内参往往是泛泛的情况反映，并非常态化、制度化的东西。

舆情服务和新闻传播是不同的行业，但是有一定的接近性，舆情服务要求的是定向精准，是一种分析价值、信息价值、情报价值、对策价值，是一种智慧和智能的东西。媒体做舆情服务，就要在原来的能力上有转变，有提升。把原来的调查采访转变为信息采集，把原来的新闻写作提升为舆情生产。一方面继续可以服务大众，另一方面也可以精准地服务用户。

目前，新闻生产和舆情服务这两块业务在内部是隔离的，有防火墙，舆情服务不会影响报道品质。舆情业务上既发挥"专职＋协同"的优势，也不混同于新闻报道，更加不等于简单的删帖、撤稿。从更深的层次，舆情数据业务也能支持新闻报道，对深度报道、对新闻的专业化都开始提供支撑。

媒体转型不是转行，形成服务能力才能长远发展

南方舆情：在媒体转型融合发展的大背景下，南方报业是怎样形成舆情服务能力的？南方报业做舆情服务的优势在哪里？

曹轲：南方报业在办报方面是比较有名的，《南方日报》《南方都市报》《南方周末》《21世纪经济报道》《南方农村报》等媒体都有广泛的影响力。我

们的新闻报道能力、舆论引导能力在业界名列前茅，但在当前的媒体环境下，只拥有这些能力是不够的，必须生成并提升服务能力才有发展空间。

在这个情况下，我们提出要提升舆情服务的能力。事实上，舆情服务能力跟原来新闻报道能力有一定的相似性，但又有所不同。尽管深度报道和内参不能直接变成舆情产品。但是南方报业作为媒体拥有丰富的媒体资源、社会资源，一两千名记者，伸向社会各方面的信息触角，信源是很足的。我们在集团已有的传播能力基础上，开发出舆情服务的能力，发展了舆情数据业务。

南方舆情项目不像高校、技术公司以及越来越热的智库，只是拿一些静态的报告，泛泛的分析，我们是要持续的跟踪、全方位的搜索、多方面的信源，以及记者专业的数据分析和舆情分析来形成舆情产品和舆情服务。这是我们的独特的优势所在。我们希望在舆情服务的过程中，让舆情服务能力越来越成为与现代传播能力并行的又一大能力。

南方舆情：南方报业目前在舆情服务方面做了哪些探索？取得了哪些成效？

曹轲：2014年，南方舆情作为南方报业传媒集团加快转型融合发展的重点项目被正式推出。项目采用"专职＋兼职""人脑＋电脑""线上＋线下""舆情＋数据""问题＋对策"的生产和运营模式。经过3年多的发展，我们在广东省内做到了市场规模第一、项目签约额第一、综合影响力第一，目前服务超过150个用户，实现了广东省21地市全覆盖，取得了良好的经济效益和社会效益。

我们建立了比较完整和丰富的产品矩阵，不仅包括舆情日报、周报、月报、季报、年报、舆情即时报、突发事件专报等周期类舆情产品，也包括舆情案例库、专题定制报告、专业舆情培训等定制类舆情产品。2016年我们总共为用户提供了8000多份舆情产品，收获大量用户好评。例如，2016年底环保督查风暴期间，专门生产的两份《全省21地市涉环保类舆情专报》获得省委书记胡春华签阅。

在服务用户的过程中，我们不仅为政务用户提供周期性、即时性的"常效"舆情服务，而且更加注重提供系统性、预判性的"长效"舆情服务，帮助政府建立治理现代化的"长效"机制。比如，针对PX、核电、垃圾焚烧这三个各地政府最为头疼的"邻避问题"，我们生产的三大项目专项舆情报告，仍在不断完善和补充新的东西，让报告更加充实和贴近；针对年底欠薪事件多发的"老大难"问题，2016年我们专门生产的《广东省年底"欠薪讨薪"舆情专报》得到省委领导高度认可。这些产品和服务，并没有多么惊心动魄，而是在潜移默化中带来政府治理社会治理方式的改变。

除此之外，我们每年4月和10月还会分别举办"粤治-治理现代化广东探索经验交流会"以及"大数据应用及产业发展大会"。2014年首届"粤治"活动，马兴瑞省长出席并给予指导，俞可平、郑永年等知名学者出席并做了演讲。2016年首届大数据应用及产业发展大会，时任省长朱小丹表达了高度肯定并做出过重要批示。这说明我们为推进治理现代化所做的努力有价值、有意义，得到了政府和学界的认可，得到了服务用户的认可，未来我们将继续把这些活动办下去。

南方舆情： 南方报业、南方舆情项目在推进实施过程中，采用了哪些互联网思维？

曹轲： 南方报业本身拥有包容、创新企业文化和有活力的团队氛围。在媒体转型融合发展过程中，我们容易接触到最新的互联网+思维和治理现代化的理念。通过报道这些理念，我们自己也受到影响，自觉运用互联网+思维去推进集团各个项目，推进治理现代化。在这个过程中，我们既要把原来的优势继续保持，同时也要对办报思维、新闻思维进行改变和提升。

在媒体转型中，最大的转型就是机制转型、思维转型。因此，我们在推出南方舆情数据项目时，就运用了互联网+的思维，希望建立一支扁平高效的团队。目前我们的专职人员总共也就50个左右，如果按照传统的办网站或者做项目的标准，甚至参照国内同类的项目，都可以达到150人。但是我们50多个专职同事服务了超过150个客户，并且都还服务得不错，一个很重要的原因就是我们拥有专业高效的协同团队。依靠协同力量，我们能够发挥极大的能量。

另一方面，在项目生产、运营、服务过程中采用"阿米巴机制"。在这一机制下，我们可以根据项目需要组成一个个机动性强的项目小组，并以协同的形式组建一批兼职团队。这里既包括和集团内部单位进行生产、销售、服务等方面的内部协同，也包括和外部的高校、智库、学者展开外部协同，力争让最广泛、最专业的资源为我所用，为用户所用。

通过"阿米巴机制"，我们有效地整合了集团内外的资源，同时也能够保持核心的标准体系，能够用更少的专职的人做更专业的事。如果只是简单地搭台子、铺摊子，自己内部什么都有，不管是技术，还是生产到销售全部都是自己人，对于项目来说恰恰可能是封闭的，项目运行会很保守，也很难做大做强。采用协同的思维办项目，人更少，触角反而更加灵敏。

此外，在项目建设时，我们也不是要一蹴而就地建立非常系统完善的体系，而是有迭代更新的理念，不管是产品方面还是技术方面，我们都预留了调整空间、发展空间，留下了升级的接口，这样项目就拥有不断前进、优化升级的动力。

舆情不只是一门生意，推进"善治"才是终极使命

南方舆情：在构建政府治理能力和治理体系现代化的历史进程中，作为媒体，南方报业应该怎样发挥媒体的能力，担当社会责任？

曹轲：南方舆情项目在设计之初，就有对宏观环境的考量和对社会价值的追求，因此我们十分重视舆情项目的社会效益，也很注重政务服务的效果。我们不是只把舆情当作一门生意，而是希望舆情服务可以有力推进政府"善治"。

2015年10月，南方舆情研究院更名为南方舆情数据研究院，"数据"二字不是简单的字面上的加，而是我们确实要在大数据平台的建设和应用方面发力，强化大数据对舆情服务的支撑作用，为各级党委政府推动科学民主决策、提高治理能力提供舆论支撑和智力支持。

另一个可以体现媒体价值的是"粤治"活动。相比于高校和技术型公司，媒体在举办这种大型交流会方面有独特的优势，从案例的申报、实地调研走访，到邀请专家评选，媒体能够更加有效地整合资源，并且能够从全局的高度挖掘整理政府治理现代化方面创新的东西。

"粤治"活动举办3年来，我们总共评选了政府治理创新、舆情引导、大数据与公共服务3个类别共80个优秀案例。这就不光是在进行简单的一对一的个案式的舆情服务。我们在总结其中的规律性，梳理政府治理现代化各个领域创新的点，慢慢就变成一个体系了。

除此之外，我们还请了俞可平、郑永年等知名学者，以及各行各业的专业人士来做学术顾问，把学界资源和业界的资源整合起来，形成一套系统科学的服务体系。所以以南方舆情成套产品矩阵和舆情服务的"坐标系"背后的价值观的体系是完整的，能够呼应和全面地对接治理体系和治理能力的现代化进程。

这个过程中，我们也跟随政府的创新、发展进步以及治理能力的进步，提升我们的舆情服务能力，实现媒体转型。这种转型不是转行，不是用多元产业补媒体的不足，既没有丢掉媒体的特色，又能继续保持我们原有的传播能力，同时也拥有了新的服务能力。

南方舆情：南方舆情未来在舆情服务方面是如何布局的？有哪些着力点？

曹轲：一是建立舆情服务的"坐标系"，建设南方特色的服务体系。具体来说，我们正在努力构建"省—市—县—乡"舆情服务体系，争取实现广东政务系统的全覆盖，推进成体系化的舆情服务。

为实现这一目标，要有更高的服务水平和更好的服务品质。为此，我们成立了舆情数据中心，正在建设舆情研判中心和用户"坐标系"，我们还与广东省大数据局合作成立了"南方大数据创新联盟"，和中山大学、广东工业大学等高校合作申报了国家政府治理大数据工程技术研究中心培育项目。目的是希望能够让南方舆情在现代治理中形成有南方特色的舆情产品、服务体系。

另一个重要工作就是建设关于现代治理的系统化的案例库、对策库、历史数据库和评价标准。我们跟北大合作建成了"广东治理案例库"。每年"粤治"活动，都可以收到200多个申报案例，这些都将纳入案例库中。收入案例库的还包括关于PX、垃圾焚烧、核电等重大项目舆情报告。同时，我们正在建设广东治理现代化评价的指标体系。

除此之外，我们与工业和信息化部电子情报所，中山大学政治与公共事务管理学院、国家治理研究院、传播与设计学院，暨南大学新闻与传播学院、公共管理/应急管理学院等签订了战略合作协议，希望能够通过多方合作互补，为广东全面深化改革提供高质量的智力支持。希望从方方面面，从内到外地丰富媒体对治理体系现代化的适应度。不仅是响应，而是发挥参与和推动的作用。

南方舆情：广东在推进数据强省的过程中，南方报业、南方舆情数据项目应该提供哪些支撑？

曹轲：从南方舆情数据项目开始研发舆情产品的时候，我们就特别重视互联网的技术，重视大数据的应用，重视平台和数据产品的关系，不是简单地靠人力和手工作坊做事情，而是真正地依托大数据。

我们现在舆情数据、政务数据、媒体数据比较多，行业的、产业的数据相对比较缺乏。但在政务舆情服务做好之后，我们还要把经济的、行业的舆情服务做起来。不管什么行业的发展，一定离不开对社会环境、营商环境、生活环境的了解和分析，这些是南方舆情的长项，我们未来将发挥自己的长项，增加服务全社会各行业的能力。

同时，我们在参与推进治理现代化的过程中也在积极地去挖掘和整理有关"大数据与公共服务"的案例。2016年10月，我们与省大数据局合办了大数据创新和产业发展大会。从这个时候开始，我们希望参与到广东省的电子政务、电子商务，将政务大数据应用到智慧城市建设的项目进程中去。

目前，我们已经有了初步的计划，就是参与广东省大数据交易中心的建设。希望以此为契机，一方面推动大数据和治理现代化在全省政务以及各个行业的应用；另一方面，在这个过程中完成南方报业内在的转型，生成数据能力、服务能力，从而让南方报业成为一个智慧型的传媒集团，跟治理现代化进程相辅相成，更好地发挥主流媒体的推动作用，成为一种与时俱进的进步力量。

（采访：蓝云、洪丹、米中威）

专家观点

腾讯副总裁邱跃鹏：

"腾讯云"就在你身边

【人物简介】

邱跃鹏，现任腾讯公司副总裁，负责腾讯公司社交网络事业群的运营、研发及腾讯云的全面管理工作。邱跃鹏于2002年加入腾讯，曾负责QQ、QQ空间、QQ秀、QQ会员等业务的整体技术工作，是腾讯海量服务架构的重要设计者之一，历任互联网运营部总经理、云平台总经理、社交网络事业群技术负责人等职务。

源于多年在互联网领域的深耕，在他的带领下，腾讯云用户规模在短时间内突破百万，业绩一直保持高速增长，成为全球领先的云服务商，其被评为云计算行业"2015—2016年度中国最具影响力人物"。

云技术炙手可热，被业内人士称为未来"互联网+"基础设施第一要素、互联网行业的下一个风口。2017年3月15日，南方报业传媒集团采访小组就云及其应用的话题，专访腾讯副总裁、腾讯云负责人邱跃鹏。邱跃鹏认为，云技术正在成为国内外互联网巨头们争相布局的重点领域，包括计算与网络、存储与分发、大数据与人工智能、云安全以及各个垂直领域的应用解决方案等正在对互联网行业格局进行颠覆，极大提升企业和政府效率，改变普通人生活模式和行为模式。

未来，云的应用将会像水电一样，成为社会基础资源，在人们的生产生活中发挥越来越重要和不可或缺的作用。

云："互联网+"基础设施的第一要素

南方舆情数据研究院（以下简称"南方舆情"）：这是您与我们团队的第二次"亲密接触"，2016年我们特别荣幸邀请到您参加"大数据应用及产业发展大会"，您在会上做了《大数据，创新赋能时代发展》的精彩主题演讲，受到业界广泛关注。我们留意到，这两年云技术的发展正在成为互联网行业的一个热点，您作为腾讯云的负责人，请介绍一下云计算在国内外的发展状态以及腾讯在这方面的投入和规划是怎样的？

邱跃鹏：从产业进度看，国外做得比较早，美国尤其早，大量的美国创业企业都在用亚马逊AWS，整个社会对云的接受度是比较高的，各行各业也有很好的落地应用案例。随着亚马逊探索的商业模式取得成功，很多人认为，云技术已经成为互联网技术的下一个风口。

国内之所以慢一点，有一些主客观原因：一方面，大家对新事物的接受程度需要一个培养过程；另外，也是更重要的一方面，产品成熟度也需要一个过程，需要跨过一个门槛。

国内这两年的发展非常快，我们判断说是机遇来了。比如，随着虚拟化技术的快速进步，很多固有问题被快速地解决，也开始能够跨过一个用户大量使用的质量门槛，同时它确实带来了突出的便利性和很多的新特性，比如安全、大数据、机器学习等，这些技术的获取成本大幅降低，用户也就动心了。所谓风口，有时候就是要等待这种关键点，跨过这个门槛，就有可能产生爆发式增长，增长曲线就是指数型向上的。

这几年，腾讯对云的重视度一直在不断提高。除了刚提到的行业已经达到一个爆发点，这是一个重大机遇，另外，腾讯是中国IT技术设施规模最大的互联网公司，云是生态建设重要一环，是未来互联网产业，甚至所有的信息相关产业不可分割的组成部分。

可以这么说，云技术是腾讯战略布局的重要落子。2016年中，在深圳举办的腾讯"云＋未来"峰会上，Pony（腾讯公司董事长兼首席执行官马化腾）在演讲中指出，互联网+的基础设施的第一要素就是云，未来互联网行业就是用人工智能在云端处理大数据。此前，Pony在"互联网+峰会"上也明确表示，云服务等将是腾讯未来关注的大事。

我们希望腾讯云可以成为行业赋能者。这是一个B2B市场，我们要从原来只做互联网行业转向提供更综合的服务解决方案，特别是要和一些传统企业结合提供一些服务，与公司整个互联网+战略匹配，要有能力把这些东西作为一个基础能力输送到非互联网行业，让互联网+变成一个可落地的东西，也就是能够做一个赋能者。

微信红包、滴滴打车：腾讯云就在你身边

南方舆情： 普通人提起腾讯公司，想到的一般都是QQ、微信等服务，未必第一时间会想到腾讯云，"云"好像距离普通人很远。我们知道，像大家非常熟悉的微信红包、滴滴打车等大众服务，其背后的技术支撑就是腾讯云，"云"其实与我们日常生活很近。请问腾讯云在这些领域的应用情况怎样？

邱跃鹏： 你讲到了一个很好的问题。以滴滴打车和微信红包为例，实际上腾讯云的一些技术应用已经融入人们日常生活当中。

先说一下我们与滴滴的合作。2014年冬，腾讯投资的滴滴遇到一个大问题。在与竞争对手的市场争夺中，滴滴前期预估订单量会上升10%，结果却出乎意料地增长了500%。这听起来是一件好事情，但对当时的滴滴来说却是生死攸关的考验。面对大流量和高并发的状况，滴滴几度濒临宕机。我们当时判断认为短时间内的用户激增，靠滴滴自身的扩容速度和机器采购的速度已经完全不能够满足业务的发展，因为传统的扩容方式需要花费大量的精力和时间，这对于期待立竿见影的滴滴来说显然无力承受，为此，我们提出将系统整体搬迁到腾讯云，事实

证明这一选择是明智的。获益于此，滴滴的后台系统得以在数天之内安然承载数十倍的业务增长。

云系统的安全性和稳定性是滴滴最终在补贴大战中胜出的关键。这样的业务支持在腾讯非常多，滴滴是腾讯云向外部企业输出的一次尝试。

另外，说到微信红包。在过去可能大家都觉得，腾讯很多时候处理的是社交，或者是偏娱乐性质的数据。红包这种其实是带有金融属性的，它对于每一分钱的计算都要求得非常准确，我们看到腾讯在这方面也支撑得很好。以微信红包为例，在鸡年春节，仅除夕当天，微信用户收发红包个数高达142亿个，比猴年增长75.7%，24：00祝福达到了峰值，收发达到了76万个/秒。从绝对数量级来讲，这样大的交易笔数在全球都是最高的了。

这几年随着微信支付这种金融能力的提升，我们在处理大量的交易方面的技术能力也得到极大的提升。腾讯多年来一直在技术方面不断地去投入，虽然我们很低调，但是我们的技术一直在持续地不断地积累。

所有的技术积累都不是一帆风顺或者一马平川的，我们踩了很多的坑，把很多的问题都解决好了，所以我们做云也是希望可以把这种科技变成一种真正的能力，给到更多的用户，让各行业的创新变得更简单。而且站在未来看，科技的普及程度和速度，可能未来十年比过去一百年，或许未来三年比过去十年的科技进步都要更快。

我们认为云是一个非常好的承载，可以让更多的企业受益，我们不希望这个资源掌握在少数人的手里，而是可以让更多的人受益于科技带来的进步。

政府数据开一点小口子，几千万人就能从中受益

南方舆情： 我们了解到，腾讯和广东省政府签署了"互联网+"战略合作协议，腾讯云承担了广东省网上办事数据库的建设等项目。请您介绍下腾讯云参与广东省政务服务具体项目的相关情况，以及您是怎样看政府数据治理的。

邱跃鹏： 实际上，腾讯作为"互联网+"的倡导者，已经在广东、四川、贵州、上海、重庆、河南和深圳、广州、佛山等20多个省市陆续落地"互联网+"战略。除广东省之外，腾讯还与湖南省政府、四川省政府、深圳市政府、深圳市公安局、上海市政府、上海市公安局、广东省交通厅、广东省旅游局、广东省气象局、河南省高级人民法院、人民日报社、成都传媒集团等机构签署战略合作协议。

可以说，互联网+时代，政务云是腾讯云必争之地。微信城市服务已经覆盖362个城市，项目涵盖交管、出入境、人社、税务、户政、文化生活等30多个领域，累计服务用户超2.3亿。这些应用，推进了各地的智慧城市建设，让"互联网+"从口号变成了给人们衣食住行提供便利的实实在在的工具，在人口庞大、公共服务资源相对有限的情况下，通过高效连接最大程度释放公共服务潜能。这背后，腾讯云提供了坚实的支撑。

刚提到广东省网上办事数据库的建设项目，这是腾讯云的分布式云数据库在互联网+政务服务的大规模应用，腾讯云在该项目中主要是承建网上办事数据库，以分布式数据库平台为基础，提供数据获取、处理、分析、应用的全链式服务，实现各类办事数据无缝衔接、贯通共享，支撑广东省网上办事大厅业务应用和"一门一网式"政府服务改革。在网上办事大厅建设过程中，腾讯云可以充分发挥自身在互联网数据上的运营优势，协助政府实现对网上办事数据的运营，推进社会化数据和网上办事数据的融合发展。

此外，我们与广东省市在"互联网+政务""互联网+警务""互联网+交通""互联网+旅游"等领域，都有比较深入的探索与合作案例，也获得了多方的认可。

谈到政府数据治理，首先要解决两方面的问题，首先是在记录上，我们就要解决怎样用更经济的方式去处理这些数据的技术难题；第二个其实回到业务的层面，这些数据能为我们创造什么价值，怎样去挖掘数据背后的意义。

政府手里有大量的数据，怎么能让它为民所用，我相信这也是政府比较关心的话题。我们更多的看到的是，政府的数据开一点点的小口子，可能带给业务的改善是非常大的。像报税，年收入12万以上会有申报的，以前这个申报是很麻烦的过程，自己要去填很多的数字，我们在微信的"城市服务"做了"12万个税申报"，在微信上一键就可以完成个人的申报。你想假设是一千万人需要申报，如果他的申报时间从一小时，变成现在可能是一分钟，这个带给社会的价值是不可衡量的。

在确保安全、有序的前提下，政府的数据开一点点小口子，中国可能有几千万人或者上亿人从中受益，而且带来的是整个社会运转效率的提升。

云，未来将会像空气和水一样不可或缺

南方舆情：普通大众不全是计算机专业，对于云技术概念和应用存在困惑，邱总能否用比较直白和形象化的语言，向大家描述一下，为什么云技术在未来这么重要？跟人工智能什么关系？能否从您的角度解释一下人工智能？

邱跃鹏：我们做云最开始的出发点是希望把我们已经积累的经验分享出去，让更多的企业可以直接用。我们过去踩过很多坑，我们把这些坑填好了，它变成了一条路，我们希望这条路可以让更多人来走，而不是再去摸爬滚打。实际上，在我们做云的过程中，我们也越来越发现，尤其是创业型公司，对云的需求是非常普适性的。今天，我们用水用电，大家感觉是很正常，插上插座就可以用电，打开水龙头就可以用水。在计算资源这件事情上，过去的门槛还是很高的，随着云的普及，它就真的变成一种社会基础资源，像水和电一样。

当然，需求也在不断发生变化。就像我们今天的消费升级一样，人们已经不满足于喝到水了，我们看到整个饮料市场的竞争是非常激烈的，需要有更多元化的、更满足市场的东西。举一个例子，我们2016年在推视频云技术，以前大家会觉得做视频是很专业的，广电或者大的视频网站才会去做，但是2016年我们把这个技术开放之后，刚好也是直播爆发的一年，各行各业都需要这个技术。如果说计算资源是水和电，那么视频云就是一个饮料，功能性饮料。2016年我们发现大量的人已经进入我要消费功能性饮料的队伍中了。所以我们觉得，它会是一个不断演化的过程，很多技术都会成为企业的消费必需品，而且这些技术企业必须掌握。

人工智能是现在非常火的一个领域。以云计算为基础的人工智能必将带来一场革命，并且这种革命会在很多地方发生。人工智能带来的是效率的极大提升，人类可以从大量繁重的体力和脑力中解放出来，我们应该花时间去学习，去适应它，很多时候，新技术带给人的更多的是便利。

科技的发展日新月异，人类进化的速度肯定和科技的速度是不一样的。我们想象一下，1917年的人会知道今天人的生活会是这样吗？不要说1917年，我觉得1980年的人都想象不到今天的生活，我们的生活是一个什么状态。就像移动支付的崛起，直接就跨过信用卡时代，直接就到了移动支付时代。这个可能10年前大家都想不到。所以我觉得很多东西，今天去讨论没有太多的意义，更多的是怎么样跟上趋势、不断地去改变。

加强大数据环境下个人信息安全保护

南方舆情：近年来，电信诈骗日益成为一个严重的社会问题和违法犯罪领域。马化腾总裁在全国"两会"期间就重点关注了数据、信息安全问题。您认为大数据环境下，企业应该如何平衡大数据收集、处置与个人隐私的关系？怎样保护好用户数据安全？

邱跃鹏：腾讯从创业之初，就非常重视数据安全。我们严格遵守法律规定，采取技术、管理等手段防止数据泄露，保障用户信息安全。管理层面上，腾讯制定了内部安全管理制度和操作规程。技术层面上，腾讯采取了防范计算机病毒和网络攻击、网络侵入等危害网络安全行为的技术措施，腾讯还采取数据分类、重要数据备份、加密、匿名化处理等安全技术和策略保护用户个人信息，以防数据泄露、丢失或通过未被匿名化处理的个人信息识别出用户。

具体来说，首先腾讯不会明文存储用户的密码等敏感个人信息，并采取符合标准的安全保障措施防止第三方获取这些敏感信息；其次，腾讯充分保护用户个人信息，未经用户同意，不会收集提供服务所必需以外的信息，我们严厉禁止过度收集用户数据的行为；第三，为了更好地向用户提供服务，我们仅在获得用户授权的前提下，采取合法合理的方式收集必要的用户数据；最后，在使用用户数据时，腾讯采用匿名化、加密等多种手段，保障用户数据的安全性。

大数据环境下的个人信息安全问题，已经不仅是互联网产业，而是所有民生领域都会遇到的问题。2017年的"两会"，Pony提出《关于加强大数据环境下个人信息安全保护的建议》，建议强化政府综合管理，加大对新型网络犯罪的打击力度，同时加快推进法律适用和落实执行等配套机制；建立个人信息的采集、保管、运用等环节构建分级分类保护体系；对重点群体、重点行业的个人信息数据施加重点保护。

个人信息泄露是诈骗等多发恶性网络犯罪的重要源头。自2013年以来，腾讯开始探寻反诈骗的有效方式，先后与公安、银行、运营商建立了深度合作关系，发挥腾讯海量大数据优势及技术优势，为各个环节反诈骗提供大数据利器。经过几年的努力，形成了全行业联合，能力互通、职能联动的反诈骗闭环，利用生态的力量共抗电信网络诈骗的"腾讯模式"，通过"鹰眼盒子""麒麟系统""守护者计划"等技术与推广方案，为系统化建设全行业反电信网络诈骗体系提供了有力支持。

组织是一个动态进步的过程，管理同样是这样的

南方舆情：最后，请教您一个个人管理风格的问题。感觉得到您是一位有亲和力、温文尔雅的领导者，但是您所带领的部门业务成长速度却非常快，是如何做到的？有财经媒体报道说，您带领的业务有"咄咄逼人"的感觉，您怎么看？

邱跃鹏：每个业务都有这个行业的规则和策略，我们做很多事情更多要有学习的心态，要用符合行业的商业打法去推动。另外，可能我们成长得也非常快，确实也要去组建更善战的团队。管理团队的话，我觉得就是，你在做不同的决策的时候，要有不同的策略，管理不同事情也要有不同的管理办法和风格。不同团队不同管理，哪怕同一团队可能每隔几个月都要调整管理方式。组织是一个动态进步的过程，管理同样是一个动态的、学习的过程。

（采访：蓝云、吴娴、任创业、余元锋）

浪潮集团执行总裁陈东风：

开放与共享是数据的灵魂

【人物简介】

陈东风，浪潮集团执行总裁，长期从事信息产业、智慧城市以及大数据等相关业务工作，业内知名领军人物，曾任山东计算机服务公司室主任、浪潮系统公司副总经理、浪潮微机事业部副总经理、浪潮（北京）电脑公司总经理、爱立信浪潮通信技术有限公司中方总经理、青岛乐金浪潮数字通信有限公司中方总经理、浪潮通信信息系统有限公司总经理、北京市天元网络技术股份有限公司总经理等职务。陈东风在智慧城市以及大数据等领域有着丰富的工作经验，对智慧城市运营以及大数据产业的发展有着深刻的理解与研究，在业界享有盛誉。

浪潮以领先的技术和综合的软硬件实力，在中国IT品牌中独树一帜。围绕智慧城市与大数据等若干问题，2017年3月13日，南方舆情数据研究院对浪潮集团执行总裁陈东风进行了专访。

陈东风认为，智慧城市的建设必须紧紧围绕、支撑"便民、优政、兴业"这三大目标。他指出，目前城市数据缺乏开放和有效整合，随后他以城市监控数据为切入点，全面为我们介绍智慧城市、万物互联以及数据开放等前沿领域。他提到，物联网的兴起为推动智慧城市、大数据的深入发展提供了难得的机遇，因此智慧城市的建设，首先要关注传感数据平台的建设，而借助路灯LED改造，实现完整的生态布局，他认为是目前打造传感数据平台的最优方案之一。传感平台经逐步推进建设，将会产生巨大的价值。他进一步指出，以大数据为核心的智慧城市，关键在于对包括组织数据、互联网数据、物联网数据在内的数据资源的开放、整合和运营，而浪潮在其中担任着智慧城市运营商以及数据生态建设者等的重要角色。

其后，陈东风为我们解释了浪潮"数据流通领域的阿里巴巴"，以及"中国数商"的相关定位，他指出数据不流通就没有价值，而浪潮集团一直致力于推动数据的流通、开放与共享。

围绕贵阳的大数据交易中心以及人工智能等问题，陈东风进一步分享了他对大数据开放、数据价值的深刻见解。他更透露，浪潮集团目前参与了多个国家大数据中心建设的相关项目。

最后，陈东风阐述了对广东大数据发展的期待，他认为广东有胆识有能力做数据领域先行者。

解构智慧城市，以大数据成就"便民、优政、兴业"之目标

南方舆情数据研究院（以下简称"南方舆情"）：在2016年大数据应用及发展大会上，您演讲的主题是智慧城市，其中您提到万物互联的概念，大家印象很深刻，能不能请您谈一下智慧城市的特点？以及能否请您为我们分享和畅想下智慧城市以及万物互联对大家的生活工作会带来什么影响？

陈东风：智慧城市有三个追求点，一个是"便民"，一个是"优政"，也可以称为"善政"，还有一个是"兴业"，这是智慧城市建设的三个目标，现在我们要做的就是支撑好这三个方面的建设。

物联网是智慧城市的一个重要数据来源，目前来自物联网的数据还是相对稀缺，主要原因是基于城市的物联网数据分散，缺少有效的整合。譬如遍布城市的监控摄像头，大量的摄像头每天收集大量的数据，但这些数据并没有开放，缺乏

整合，更没有得到有效的分析及运营。

城市监控视频数据的整合能够产生巨大的价值，这不仅体现在城市管理方面，实际上，通过监控摄像头数据的开放、整合，其想象空间十分巨大。如可以为人们提供网上城市浏览服务，即使不能亲临广州，也可以通过开放的摄像头数据，浏览广州的风景名胜。大部分的监控摄像头视频数据完全可以实现开放，而监控摄像头的相连、分布实际上就组合成了一张物联网，这张物联网背后的价值正等待我们发掘，而关键在于视频数据的开放、整合与运营，浪潮现在也在这方面进行一些探索。

而在万物互联方面，城市的万物互联，离不开遍布城市的数据收集与互联互通平台，我们把承载这个使命的系统称之为传感平台。城市的物联网布置方案始终是个让人头疼的问题，目前我们浪潮在规划的一种布置方案是，借助城市路灯的LED的改造，把传感平台布置在城市路灯上，通过利用路灯，解决了供电问题、网路传输问题、基础数据的前端处理等问题，借助包括摄像头在内的多种传感器与路灯的结合，实现对整个城市的覆盖监控。资料显示，全世界大概有十几亿的路灯，未来十年，大量地区的路灯将要进行LED改造。基本上借助路灯的改造而布置各式的传感器可以让我们监控各种各样的数据，如测雾霾、测二氧化硫等。城市中各种数据都可以通过路灯上的传感器记录下来——大量的、实时的、遍布全城的不同类型的数据，这里面蕴藏极大的想象空间，比如说，汽车在城市中进行自动驾驶，遍布城市的传感器系统将能为自动驾驶方案提供最强大的支撑。再比如说雾霾，通过对路灯上的传感器进行大数据分析、运算，城市中雾霾的形成、流向以及变化，都能做到实时分析。目前借助城市路灯改造布置传感器是实现传感平台建设的最佳方案之一，当然这里指城市的处置方案，农村或野外另当别论。

智慧城市与物联网，是一种连接的关系，数据的采集与分析必须基于城市中广泛分布的传感器，这就是传感平台。实际上这个操作方法目前国内外都有相关的尝试，浪潮也在积极探索，当然现在成本还相对较高，整体推进难度还较大，但在主要的街道或热点区域进行传感器的布置是完全可以实现的。传感平台的建设是一个逐步推进的过程，然而综合城市物联网一旦布置完成，那将会产生极大的价值。广州作为发达城市，我认为很有实现的条件。

从智慧城市的运营来看，智慧城市的综合管理基于上面提到物联网数据以及互联网数据和组织数据的整合与运营。组织数据、互联网数据、物联网数据是智慧城市的重要数据来源。组织数据，即政府或者机构公开的、内部的数据，这是经过长期的积累、事后的分析数据，这些数据目前还是由各级政府、机构所持有。互联网数据，是互联网公司通过社交、交易、查询、搜索所产生和记录用户行为和实时的交易数据，这也是一个庞大海量的数据。物联网数据记录了我们社会生活真实的感知的数据，物理世界和互联网数据感知的数据应该是来自物联网。智慧城市建设必须紧紧与这三方面数据管理相结合，并对由此产生的大数据进行开放、整合以及应用。

智慧城市第一是数据的整合，第二是运营，浪潮是智慧城市的运营商，而智慧城市的运营需要生态的建立，一个人、一个集群或一个软件开发商难以解决智慧城市建设与运营中的众多问题，所以生态的建设对于智慧城市来说必不可少。

如中国移动并不直接生产电信设备产品，而是通过网络管理、运营管理、建立生态，通过高效的运维实现长效的盈利。作为通信运营商，中国移动在政府许可的前提下，投资兴建基站，发展通信业务，提供通信服务，这是运营商的主要盈利模式。同理浪潮是智慧城市运营商，我们也可以在政府的许可下，基础性的便民服务建议由政府提供资金支持，同时我们可以为大众或企业提供一些有偿的增值服务。以大数据技术为基础结合浪潮的运营思维，可以充分支撑起智慧城市的三个诉求点：便民、优政、兴业。通过数据的开放、整合与运营，通过生态的建立，大量的企业尤其是初创企业完全可以持续挖掘基于数据的服务，如浪潮提到的AB创客概念。而开发数据服务的企业越多，那么最终必然能够推动数据产业的发展，便民、优政、兴业这三个目标一定可以实现，老百姓的生活也会越来越好。

以医疗行业为例，目前涉及数据的业务已经很多，但各种数据缺少开放共享，也缺少整合与运营，如化验结果医院间不能互通，挂号系统也各自为政。能不能通过对相关医疗数据的开放、整合，建立生态，打造平台，以实时监控、分析各医院的挂号数据、就诊数据、各科室病人数据？我们想担任的就是这样一个整合的角色，对数据进行整合、运营，去推动智慧城市的建设。通过数据的开放共享以及对组织数据、互联网数据、物联网数据的整合，推动城市智慧能力的不断发展不断演进。就像小孩上学，从懵懂无知到上小学、初中、大学，越来越聪明，这是知识的积累和沉淀，智慧城市的"智慧"及数据也是如此，以整合、运营为基础，不断积累、发展、演进。

数据不流通则无价值，浪潮要成为数据流通领域的阿里巴巴

南方舆情： 我们注意到浪潮集团最新的一个定位：成为"数据流通领域的阿里巴巴"。能不能请您为我们介绍一下这个定位的内涵？

陈东风： 这是我们浪潮董事长孙丕恕在第三届世界互联网大会提出的概念。阿里巴巴通过基于消费品的电商服务，带动了多个产业的发展。而浪潮则是期望打造基于数据的流通交换的平台，通过数据的交易流通与开放，深挖大数据价值，推动大数据产业的发展。

数据流通是大数据发展的基础问题，数据不流通就没有价值。这首先涉及数据的共享和开放，我们想推动的正是数据的共享，尤其是组织数据的共享。譬如说政府内部的数据能否实现部门之间的共享？又如在数据的开放方面，能否在采取脱敏或加工等措施后，把一些数据对外开放？不管是建设智慧城市，还是在实现便民、优政、兴业的三个目标的过程中，数据的开放都是关键的一环。

政府掌握大量的数据，但目前政府所掌握的数据大多未能实现对外开放使用，甚至政府内部数据的共享也暂不尽如人意，当然现在存在不少难点，但很多政府单位也越来越重视数据的共享与开放。举个例子，山东省公安厅厅长原来在贵州工作，深受贵州大数据的探索与实践的影响，他到山东公安厅后即尝试探索公安数据的开放，浪潮也通过共建研究院的形式参与其中。实际上，数据的流通问题核心在于政府数据即组织数据的共享和开放，这不光要靠行政手段，必须多管齐下，当然国家也已经做了大量的工作。在这方面，目前国内暂时还缺乏样板，我们希望能够通过合作、共建等形式做成几个样板，展示数据开放的价值，来推动数据共享、开放。

因此浪潮期望通过打造数据交易流通的平台，不管是通过有偿无偿或各种交易方式，让数据流通起来。数据的来源是数据流通的关键前提，目前政府拥有大量的数据，政府是数据的最大来源之一。最近我们和很多地方政府都谈过这方面，虽然目前不少政府单位对数据开放的理念已十分理解和认同，然而出于安全、隐私、保密等的考虑，不少政府部门、单位仍对数据的开放持观望态度。浪潮原来就已有一个数据交易平台，我们把数据收集、梳理、整合，进行市场化的管理、交易，这是完全没有问题的。而我们现在做的大量工作，就是尝试去游说各地政府，去推动政府数据的开放与共享。当然我们在尝试推动政府数据开放的过程中，也在不断思考数据的安全、隐私和保密等问题，按部就班，逐步推进，

如哪些数据能开放？哪些暂时还不能开放？此外，我们现在为政府提供数据服务，我们在推动政府数据开放的过程中，也想做好数据的运营。如卫计委如何整合各省数据？行政命令是一个方面，更多的是需要数据运营的理念和方法，我们愿意在与政府合作的过程中积极提供数据运营或智慧城市运营的理念和方法。

数据已成关键生产资料

南方舆情：如您前面所说，浪潮在推动政府数据开放方面做了大量的工作，如果您现在见到某位省委书记或市长，您要说服他重视大数据，发展大数据，开放大数据，您最想说什么？

陈东风：实际上还是围绕那三个诉求点：便民、优政、兴业。我们对大数据对智慧城市的投资，是可以带动这三点的。传统的招商引资政策是政府提供办公用地或税收优惠，当然现在也需要这些，但大数据时代的招商引资，更需要政府提供关键的生产资料——数据！数据已经成为重要的资源，成为一种生产资料，是促进招商引资，推动经济发展的关键因素。浪潮愿意通过投资去带动当地的经济、产业发展，当然，我们也希望，在政府监督的前提下，与各地政府共同探索智慧城市和大数据的价值。

数据隐含着巨大的价值，需要整合与运营，需要我们说的AB创客来挖掘，更需要流通、共享及开放。对大数据的开放、整合与运营最终必能带动当地经济的发展，一些政府领导已经很理解这个概念。

数据交易中心不应局限交易业务，数据服务必成亮点

南方舆情：相信浪潮集团如果介入数据的交易流通，会让中国的数据交易更上一个台阶。而我们了解到，贵阳的大数据交易中心被称为全世界第一个大数据交易中心，目前其交易额已破亿元，请问您对此有何看法？

陈东风：现在各地的大数据交易机构普遍都被称为"大数据交易中心"，交易中心并非金融机构，也不仅仅是狭义的交易机构的概念。在数据交易中心，数据的交流可以多种多样，不仅是数据的交易、买卖、交换，数据交易中心也可以成为数据之间乃至掌握数据的机构或个人之间的沟通平台、场所，更可以提供各种形式的数据服务。浪潮也在提供数据服务，如我们与商务部、旅游局的合作，我们并不直接提供数据，我们提供的是数据服务，如通过整合数据，为旅游局分析景区或商圈的运营或人流情况。又如国内的某化工交易场所，也是通过为媒

体、政府提供数据服务作为主要盈利模式之一。数据服务是大数据交易中心的其中一种盈利模式，更是数据价值呈现及变现的手段，浪潮也有不少营收来自数据服务。

南方舆情： 数据交易、数据服务是数据价值的体现，所以说，纯粹的数据本身并不是最重要的，数据背后的价值才是关键？

陈东风： 套用传统商品为例，商品的价值不仅在于其材料，更重要的是其使用价值和附加价值，同样，数据商品也是一种商品，数据的价值也是如此。商品流通产生价值，数据更是如此，数据是可以拷贝复制的，一种数据可以给多人以多种方式使用，这就是数据流通的价值。

南方舆情： 能不能这样说，交易流通的不是数据本身，是数据的灵魂？

陈东风： 概念发展日新月异，大家都在探索、琢磨和实践。在数据交易领域，从浪潮来说，目前正计划打造或培养数百万的数据商人，这也是国内首次提出数据商人的概念。

扫地机器人无关AI技术，人工智能本质是大数据分析

南方舆情： 2017年"两会"期间，人工智能首次写入政府工作报告，对此您怎么看？

陈东风： 大数据的分析本身就是人工智能的核心，分析大数据必须用到AI（即人工智能，下同）技术，而非很多人理解的诸如扫地机器人就是人工智能，扫地机器人并不需要挖掘大数据的价值，也不具备这样的能力。前面提到的智慧城市，就必须基于大数据，通过AI技术，把大数据的一个个价值进行挖掘和呈现。人工智能的核心还是数据，是软件跟硬件的结合，软硬件的结合解决了人工智能对各种数据的复杂运算，如无人驾驶汽车后台的计算单元。

破解数据发展迷思，广东有胆识有能力做数据领域先行者

南方舆情： 浪潮集团在信息产业领域拥有30余年的深厚经验技术积累，以领先的技术水平和运营能力为政府、企业提供服务。目前浪潮已为包括重庆、贵州、济南在内的全国多省、市提供政务云及大数据支持，而当前广东正在围绕大数据以及智慧城市等进行大量的探索与实践，能否请您谈一谈对广东在大数据、智慧城市以及政务云建设等方面有什么看法或建议？

陈东风： 广东政府应该把数据去开放、共享，广东有这种能力，也有这种胆

识和创新精神，当然现在广东也有很多地区已在积极探索。

在全国各地都在研究琢磨大数据的情况下，现在是沿海走得慢，内陆走得快，经济发达地区往往存在方方面面的考虑，而欠发达地区则无所顾忌、渴望突破，他们更愿意探索和尝试大数据的应用与研究，包括贵州、陕西等省份，银川、西安等城市，以健康医疗大数据领域为例，目前做得最好的是内蒙古的乌海。

广东作为中国改革开放的前沿，像深圳这样的大城市，就是探索、摸索而逐渐成长起来的，在大数据时代，广东更应该积极探索、尝试。浪潮愿意加入广东省大数据产业发展中，当前也在广东做了一定的工作，我们愿意跟广东政府一起探索，一起尝试，共同探索智慧城市及大数据的价值与应用。

（采访：蓝云、任创业、余锦家。感谢孙海波、梁恩贵、孔令玲提供帮助）

阿里巴巴集团前副总裁涂子沛：

像爱护土壤一样去保护和治理数据

【人物简介】

　　涂子沛，大数据专家，阿里巴巴集团前副总裁，著有《大数据》《数据之巅》。1996年本科毕业于华中科技大学计算机系，2006年获中山大学公共管理硕士学位，2008年获卡内基梅隆大学公共管理硕士、信息科学硕士学位。在美期间，历任软件公司数据仓库程序员、数据部门经理、数据中心主任、亚太事务总监、首席研究员等职务。2014年12月，回国出任阿里巴巴副总裁，主管集团大数据事宜。2016年1月，创建大数据智库，旗下自媒体平台"涂子沛频道"，致力于将大数据的科技符号转变为文化符号。2012年7月出版《大数据》，2014年5月出版《数据之巅》，两本著作获得高度评价。书中观点被国务院印发的《关于促进大数据发展行动纲要》、浙江省政府印发的《浙江省促进大数据发展实施计划》等文件多次引用。

2017年2月27日，就广东大数据产业建设、政务数据治理等问题，南方舆情数据研究院专访大数据专家涂子沛。涂子沛与我们分享了大数据在国内应用发展的历程，指出广东发展大数据可以抓住珠三角大数据综合试验区成立的契机，跨地域推动数据整合、流通和应用，做出不一样的成绩。

涂子沛同时指出，数据交易的方向并非有形数据的交易买卖，其本质是一种以数据为基础所提供的服务。对于现在数据过度采集的问题，涂子沛在数据采集合法性、正当性和科学性三方面给出建议。通过数据流通来推动政务业务融合，最终数据联通和共享都将引起几乎所有政府机构的职能重组和流程再造，这也将会是大数据时代组织运行的常态。

涂子沛建议，加强对数据的认识和使用，从国家的层面，从社会的层面，推动到个人的层面，在中国文化里加强数据文化的基因，同时认识到数据是私隐的载体，是一种权利，数据可以产生红利。数据文化、数据权利、数据红利与每一个个体息息相关。

大数据应用发展已经到了蜜桃成熟的阶段

南方舆情数据研究院（以下简称"南方舆情"）：2012年，您出版了中国大数据领域第一本著作《大数据》，之后出版《数据之巅》，深入浅出阐述大数据的基本内涵、意义和现实运用，引领中国社会对大数据战略、数据治国和开放数据的热烈讨论。因此，2013年也被称为中国社会的大数据元年。四年多来，您认为大数据在国内的应用发展是一个怎样的过程，已经发生了哪些改变？

涂子沛：从概念上看，已经到了一个蜜桃成熟的阶段。大数据在精准营销、个性化管理等商业应用方面已有很多开花结果。在政府层面，一方面数据滞后的时间越来越短。以浙江为例，政府在数据的实时处理上有很大的进步。比如在杭州你今天没有扣安全带，实时被抓拍，通过图片即时处理，很快你就会收到罚单。另一方面就是数据的融通。江西正在做全国公安部门物流数据的试点，通过物流数据去跟踪辨别嫌疑人员有没有收发快递，通过这些数据发现逃犯。逃犯可能没想到，发个快递也能暴露自己的罪犯身份。

南方舆情：您曾在广东求学，也在广东工作过，能谈谈您对广东大数据现状的认知及看法吗？

涂子沛：广东在大数据领域起步较早，广东是国内首个成立大数据管理局的省份。如今很多省份或城市都跟上了广东的步伐，贵阳、沈阳、上海都陆续成立了大数据管理局。大数据综合试验区建设是第二轮机会，贵阳成立了全国第一个大数据综合试验区，然后上海、沈阳、河南等也获得批复成立。同时国家还批复成立了两个跨区域的大数据综合试验区——京津冀和珠三角。珠三角大数据综合试验区的成立是一个新的契机，广东可以抓住此契机，跨地域推动数据整合、流通和应用，做出不一样的成绩。

数据交易应以数据服务为基础

南方舆情：广东的软件服务业、互联网行业发展在国内具备一些先天的优势。在大数据应用和产业发展方面，刚才您也提到，现在很多省份都在发力，广东面临着压力和挑战。据悉，广东正在筹备启动大数据产权交易中心建设。在大数据产权交易方面，能否给一些建议？

涂子沛：目前国内的数据交易模式都不成熟，对国内很多交易所现行的数据交易方式，我个人持反对态度。

南方舆情：您是否觉得现在的这种数据交易行为，或在监管方面有哪些不足呢？

涂子沛：很多在数据领域从事商业运营的公司老板可能曾有这样的经历，常有电话来问，"有全国社保数据，10万块钱要不要"。拒绝了之后的下个月又有电话来问"5万块卖给你，要不要"。从10万块降价到5万块，是因为在过去一个月他已经卖出了多次，如果初始数据购买成本是10万块，他流转倒卖2次（每次5万块）即可回收成本，第三个月，可能他会打电话来问"2万块卖给你，要不要"，如果卖出他即可实现"盈利"。

这个案例反映出两个突出问题：第一，这就是今天数据交易的现况，大量的数据从灰色渠道中流出和交易；第二，由于数据复制几乎没有成本，数据交易难以被监管。因此，我认为数据交易不是有形数据的买卖。未来我们的数据交易应该以数据服务为基础，基于数据服务去做数据交易。

科学合理收集数据，减少"数据扰民"

南方舆情：2016年10月份，国家批复广东珠三角大数据综合试验区建设正式启动。在试验区建设的过程中，数据采集除了时效性、实时性，在渠道、手段，以及数据标准的交换等方面，您有一些什么建议？

涂子沛： 核心应该是如何更加合理、安全、科学地收集数据。目前，一个突出的问题是过度采集的现象普遍存在。不同的部门重复收集同一种数据，甚至同一个部门因为不同的业务环节也在重复收集数据。今天办事你要填表，过段时间再去办事，又得填表。至于为什么需要这个数据，没有人告诉你原因。过度收集上来的数据没有保护好，受到攻击就泄露出去了，反而成为了一个公民隐私泄露的问题。"徐玉玉案"的爆发，我们应当反思、质疑当下政府和商业机构数据收集体制机制之合法性、正当性和科学性。我建议，对于如何科学合理地收集数据，我们应当尽快出台相应的法规，明确统筹的部门，详尽规定数据收集的目的、类型、流程和使用的权限，抑制过度收集数据。我相信，用法律来约束数据收集的过程，不仅可以提高数据收集的科学性，还可以减轻公民负担、减少"数据扰民"。

数据融通是政府职能改革的契机

南方舆情： 数据收集后最终要通过数据的流通，来实现业务的融合。在政府应用数据创新社会治理模式的过程中，政府各部门之间各地区之间，数据流通现在还存在明显的壁垒。您认为这些壁垒主要体现在哪些方面？我们可以从哪些方面去推动数据的融通？

涂子沛： 壁垒存在的关键还是在于部门利益，现在部门把数据视为权力，一旦把信息数据共享出去了，权力可能就要丧失。之前我从海外回国，落地某市，需要为新租的房子开通水、电、气。整个经历还是有点雷人、催人思考。办理水、电、气等业务的市民服务中心集中了政府的各个职能部门，窗口都是开放式的。我在水务柜台备齐资料、交验办理完毕后，辗转隔壁电力部门柜台，却需要重新复印、交验，资料留底后才能开通电力业务。这就是目前国内大多数政务服务中心的现状，各职能部门的办事员虽然坐到一起了，实现了物理空间上的集中，但是数据联通却非常有限。这往往由于行政力量或是人为的划分，跨部门跨地区的数据难以获取和融通。因此，表面来看，数据联通是一个技术问题，但其实是个政治问题，最终数据联通和共享都将引起几乎所有政府机构的职能重组和流程再造。数据联通、机构裁减和合并、大部制行政改革，这些都是暗合的。"交数则交权，分家先分数"，将会是大数据时代组织运行的常态。曾几何时，全世界的政府部门都强调分工，大数据时代则要强调融通。为了有效地融通，政府甚至要设立一些新的职位，如首席数据官，统筹领导整个数据的收集、使用和联通工作。深圳的大部制改革，就是一个契机。

数据是智能世界的土壤，公开应存一定条件

南方舆情： 从政府的信息公开到呼吁政府数据开放。您觉得信息公开与数据开放的不同之处在哪里？

涂子沛： 数据开放和信息公开这是两个完全不同的概念。简单地说，公开是信息层面的，是一条一条的；开放是数据库层面的，是一片一片的。公开即告之，是知情权的载体，而数据开放是将原始数据以机器可读的形式放在互联网上，让别人下载后就可以自由使用，它是技术层面的，是为了让社会更好地使用数据资源，推动经济发展和社会创新。例如公共财政公开、官员财产公开，今天很多国家已经不是把一个数据结果告诉大众，而是把整个公共支出的数据细目以数据库的形式放到互联网上，以供大众分析使用。在大数据时代，开放数据的意义，在于让数据这种生产资料流动起来，以催生创新，推动知识经济和网络经济的发展，也可以促进中国的经济增长由粗放型向精细型转型。大数据时代也是对社会关系、个人社会地位的挑战。数据开放是信息自由流动的一个高级阶段。数据如果是开放的，就代表知识是开放的，权力是开放的，为开放社会提供了真正的基础。

南方舆情： 您觉得政府数据开放的界限应该怎样科学地规划？

涂子沛： 关于科学规划，政府数据开放可以设置两个底线：第一，数据开放不危及国家安全；第二，不侵犯公民隐私。除此之外，所有的数据应该都要开放。有些地方已经喊出"缺省型开放"的口号，默认所有数据一旦产生即是开放，如若不开放，需要有专项文件规定。而目前政府数据开放还是基于领导意志的阶段，搞改革、搞试点、搞大数据竞赛，数据即阶段性开放。事实上，数据开放应该是一种持续状态，才能保持开放的意义和价值，或许我们可以通过立法来形成制度性的、系统性的、长期性的数据开放。我们可以朝这个方向努力。

南方舆情：《南方都市报》2016年有一篇热门报道，记者花600块钱买到了同事的开房记录，这其中涉及了商业和个人数据的开放，刚才您也提到了数据买卖。

涂子沛： 现在的问题是"数据失控"，公共数据并没有规范地开放，却在

地下渠道中流通买卖，产生不当价值，甚至危及民众的生命安全。"徐玉玉"事件就是个典型。商业机构数据的泄露，大致有两种情况：第一种情况是内鬼的存在，把数据复制出来，拿去交易买卖；第二种就是黑客攻击，没有确保数据的安全。数据是智能世界的土壤，任何智能应用是基于数据这片土壤，我们要像保护土壤一样，保护数据、治理数据。

普及数据文化，共享数据红利

南方舆情： 不只是科学研究，您在实战方面也有丰富的经验，包括您曾经在阿里担任过大数据方面的负责人。互联网企业发展大数据，它一般有怎样的目标、方向，对政府治理与建设有哪些促进的作用？

涂子沛： 首先，政府可以借鉴互联网企业大数据应用的经验，推出智能化、个性化、精细化的应用。比如淘宝的个性化页面和商品推荐、腾讯微信基于用户所需的个性化服务，这种个性化服务是建立在源互联网企业收集的所有关于你的数据基础之上，它才能够"猜你喜欢"，把好的商品推荐给你，猜你所需，将你所需的服务推介给你。手机界面是有限的，现在政府APP也可以学习做到服务的智能化和个性化。其次，我觉得未来的公共服务是基于预测的、精细化的公共服务。长期来看，一个城市很多事项是稳定的、变化不大的，根据预测可以规划人力资源配置做出适当调整。比如公交行车路线的合理规划、行政窗口业务办理进度规划等等，通过大数据实时地预测，政府可以考虑公平与效率，更灵活合理地调配人、财、物等公共资源，然后发挥最大化的价值。

南方舆情： 中国人善于含蓄、模糊以及联想式的表达，您所提倡的是"数先生"，就是主要用逻辑来分析，用数据来证明一些东西的合理性。与国外相比，中国在数据文化方面还是有所缺失或是需要提升的，您在这方面有没有一些建议？

涂子沛： 无论是互联网，还是大数据，抑或是云计算，在这一波的技术浪潮中，美国依然是领头羊，是举旗人，但是受益最大的实际上是中国。我们的应用学习能力非常强，在很多方面甚至已经走到了美国的前面。我们所要提升的是在中国文化里加强数据文化的基因，这是必须普及大众层面的事情。首先是对数据的认识、使用，要从国家的层面，从社会的层面，推动到个人的层面，让个人可以精确地使用数据，使每个人都有使用数据的意识。其次，慢慢地我们还要认识到数据是隐私的载体，它是一种权利。最后，数据可以产生红利，商业机构有了我们的数据，就可以通过我们的数据获得巨大的商业利益，这种数据红利应该跟数据的所有人一起分享。数据文化、数据权利、数据红利都是跟个人相关的。我将在我的第三本书中描述数据的全面应用。

（采访：吴娴、肖卓明）

华南师范大学计算机学院副院长赵淦森：

民生应用倒逼数据标准制定

【人物简介】

2017年2月28日，华南师范大学计算机学院副
院长赵淦森接受南方舆情数据研究院专访

赵淦森，毕业于英国肯特大学，获博士学位。在英国期间，曾任英国Nexor
公司兼职高级安全技术顾问、甲骨文英国（Oracle UK）高级工程师。2008年由
中山大学作为海外人才引进，2010年由华南师范大学作为优秀人才引进，现任
华南师范大学计算机学院副院长、教授，广东省服务计算工程中心副主任、重点
实验室主任等。现任国际信息处理联合会云计算专委会副主席、中国云计算专家
委员会专家委员、广东省云计算专委会常务副主任委员、广东省超级计算专委会
副主任委员、粤港信息化专委会委员、广东省青年科学家协会常务理事等。

2017年2月28日，就广东数据治理、数据安全、数据交易等若干问题，南方舆情数据研究院对华南师范大学计算机学院赵淦森教授进行专访。

赵淦森指出，广东有良好的基础和优势，有望实现电子政务服务的全覆盖。数据治理的本质是通过大数据这种技术和手段，带来工作能力的突破以及方法的创新，因为有了大数据的支撑，可实现制度、流程、业务等不同层面的创新。

他认为未来数据会像水电一样成为城市发展的基础设施，民生方向的紧迫应用将倒逼数据标准制定和发布，提升政府数据治理，需在思维建立、制度建设和安全立法等方面有所突破。

以"机器人打伞的算法"为例，他解释了"众智"的概念，大数据应用，可以不完全依赖严谨的全处理过程，在特定的前提下，只要能通过侧面数据反映全局并解决问题就可以。同时，他作为高校工作者，建议大数据应用实践的人才可以跨学科、跨专业、复合型培养，通过人才队伍建设加快大数据产业的前进发展。

实现电子政务服务全覆盖广东有良好优势

南方舆情数据研究院（以下简称"南方舆情"）： 2016年10月，珠三角国家大数据综合试验区启动建设。综合试验区的建设将给广东带来很多机遇，在信息服务业、软件服务业、移动互联网等雄厚基础上，您认为广东还可以在哪些方面在全国树立示范标杆作用？

赵淦森： 很关键的一点，我们拥有良好的基础，基于这个基础我们可做全省范围内的"全覆盖"。如无线网络的覆盖、互联网应用的普及等。广东各政务部门数据化建设已相当完善，下一步就是把治理和服务过程延伸到市民，让广大的市民参与。个人觉得，在国内，如果要做到全民参与，或是多方协同，广东是很有优势的。广东政务有网上办事大厅、电子政务云和电子政务应用系统的建设基础，市民通过智能设备，随时随地登录互联网，使用电子政务服务，可以构建完全覆盖的政务服务和数据治理系统。这些是广东在全国的优势和亮点，而且广东对服务创新和技术创新具有很强的开放性和包容性，能够很快适应各种互联网应用。

数据公开与共享是全民参与数据治理的前提

南方舆情： 广东的改革向来走在全国的前沿，在推行这些全覆盖的过程中，不管行政力量还是全民参与，包括协同力度，就像您说的，与其他省份相比，更加容易落地。大数据在政府治理创新中的作用日益凸显。建立数据思维、推进数据公开共享、管理数据安全，在大数据运用于政府治理的具体过程中，有哪些关键突破点和努力方向？

赵淦森： 这是一个认识问题。政府不是没有数据思维。恰恰相反，他们的数据思维是相当明确的，非常清楚这些数据的价值。现在政府部门数据仍未公开，是因为这些部门的数据思维意识太强烈。反向思考这个问题，这些部门具有很强的数据保护意识，他们的数据思维集中在数据的所有权，而不是开放权和使用权上面。同时，很多部门错误地把数据的管控权误解为数据的所有权，认为他们在管理的数据就是他们所拥有的。这就造成了各个机构拥有很多的数据资源，而不能被我们使用。这种现状的改变，需要我们去努力推动政府具有数据开放思维，让政府在符合法律规章制度的前提下更主动、自愿地把数据共享开放出来。对于一些涉密和隐私的数据，要按着要求做好保护或者处理。在保证满足这些条件的前提下，我们政府应尽量把数据公开、共享，为企业或者个人所利用，实现数据资源应有的价值，对于推动大数据产业前进发展具有很重要的作用；同时，对于推动国家治理和政务服务的创新，实现全民参与，其意义重大。

比如，我想参与到广州的交通治理中去，分析广州目前交通现状，通过算法协助优化目前广州交通出行路线和时间规划。但这仅仅是我个人意愿，我没有数据，无法实现。如果交通部门的数据可以公开、共享，我想很多人都愿意为解决我们目前交通现状问题出谋划策，达到前面所说的全民参与的情景。这也说明，数据公开、共享，是全民参与数据治理的一个重要的条件。政府部门通过权力实现治理，但市民可以通过大数据应用参与到治理过程中。政府治理的结果最终会通过数据分析和呈现，得到治理的具体落实情况。

具体应用倒逼技术标准，推动数据应用标准化

南方舆情： 您现在担任广东省数据标准化委员会的副主任委员，您对广东省数据标准化有哪些展望？

赵淦森： 针对这个问题，我认为是从具体的应用倒逼技术标准。目前很多标准规划是相当接地气的。比如电子病历的使用，除每个医院自身的数据管理外，还存在着数据标准问题，医院之间的数据不能兼容匹配，这就造成电子病历在医院之间不能互通互用，教育亦是如此，教育数据的标准化和流通，也是全民关注

的事情。因此，与民生相关的教育、交通、医疗等方向的数据标准将会被优先制定完善、先行先试。

南方舆情：民生方向的紧迫应用将倒逼数据标准制定和发布，实现数据的流通和可交换，这是一种典型的数据治理现象。那么您可以为我们解读一下，数据治理的本质是什么？

赵淦森：大数据是一种技术和手段，大数据带来的是工作能力的突破（原来做不了的现在可以做了）以及方法的创新（不同的方法、更高的效率、更好的结果）。同时，因为有了大数据的支撑，我们实现了制度、流程、业务、方法等不同层面的创新，这些是更为深层次的治理体系和方法。治理模式实现宏观管理到微观治理或者精准管理的转变，如精准扶贫，由于有数据支撑，实现扶贫对象精准化，真正意义上做好"贫有所扶"；另一个就是制度或者体系的转变，在数据治理模式下，实现更全面的管理或者参与情景，如省人大的"人大代表意见一键通"服务平台，实现市民与人大代表的实时、全方位的沟通，通过人大代表将每个市民的良好建议转交到相关部门，相关部门的跟进过程的信息通过平台可查询，实现人大代表工作透明化，通过"互联网+"的形式，推动人大代表行使监督权的转变。

广东数据治理的实践，任重而道远

南方舆情：大数据手段的利用，在政府工作流程和职能履行等方面会发生一系列的改变，您也为我们举出一系列生动的例子，展现数据治理的本质。您担任过省人大、省总工会等部门大数据项目建设的咨询专家，您认为目前在广东，政府数据治理的现状如何？

赵淦森：坦白地说，广东各政府部门目前存在两种极端，好的很好，差的很差。数据治理触动政府部门内部的业务流程或者业务权限等问题，使得政府工作流程的透明化进一步提升，所以推动数据治理存在一定的部门阻力。在这些阻力存在的情况下，如果一把手数据治理意识很强烈，这个单位就会在数据治理方面走得很前；如果一把手的意识不是很强，那就难以实现。

南方舆情：除了以上阻力外，您认为数据治理其他方面还有哪些具体困难呢？

赵淦森：目前最大问题是立法和法律赋权。国内在大数据立法方面相对很落后，目前真正意义上支持政府数据公开的法律只有《统计法》，而且只授权统计局开放政府数据。如果个人发布数据与统计局数据不同，那就是个人数据存在问题，因为个人没有权利发布数据。如交通部门没有法律赋权，不能公开交通数据给广大市民，如果使用行政命令发布，则存在很大风险。由于没有法律制度的支撑，数据的公开与共享就很难实现。

南方舆情： 我们发现，即使是政府数据，部门之间的数据由于职能不一、统计口径不同，可能会存在数据不一致甚至数据打架的情况，您如何看待这种现象？

赵淦森： 在数据治理领域，这种存在十分普遍。有以下几个原因：一是现在数据治理需要多部门数据协同运作，数据原本不在一个"池子"里，由于时间、地点等客观原因，数据采集精度要求以及采集差异性，导致数据本身存在差异，但不影响数据本身的真实性；第二种是数据获取渠道存在差异，受社会条件限制，新生数据变化很大，旧数据不能及时更新，造成新旧数据之间存在差异。

南方舆情： 也就是说目前数据差异性是一种普遍的常态。政府数据保持一致性，在数据流通过程中，才能创造出更多有价值的产品和服务。那么目前是否有方法解决数据可能存在的不一致性呢？

赵淦森： 由于政府部门之间的差异性，保持数据一致性存在很大难度。目前的解决思路之一是使用权威数据源，比如说市场主体，权威数据源应是工商局的市场主体登记数据，税务数据的权威数据应该是税务局的税收数据等等。权威数据源具有最终的解释权。

在特定使用场景中定义数据价值

南方舆情： 未来数据会像水电一样成为城市发展的基础设施。广东大数据交易中心也即将注册。对于数据资源的估值、确权、定价和交易，您有何建议？

赵淦森： 目前我们正在协助省有关部门调研大数据立法问题，特别是数据的所有权的确定，对数据流通、应用、创新开发具有主要的推动作用，但也是大数据立法过程中最难的一个问题。对于数据的价值评估主要有以下几个方式：一是根据数据产生的成本去计算；二是根据数据潜在收益去估算。但是这是传统商品估价方式，由于数据具有可复制等属性，与传统的商品的排他式持有不同。在流通过程中无法监管数据的复制、删除和利用。我个人觉得上述的估价方式都不太适合大数据价值的计算。可以考虑参考知识产权的形式，在特定使用场景中，来定义大数据价值，可能会更合适些。

制度建设是云安全及数据隐私保护的重要前提

南方舆情：云计算和大数据等信息技术在推动"互联网+"和国家大数据战略中扮演重要的角色。作为国内较早开展此方面研究的学者，也是国际信息处理联合会云计算专委会副主席，能谈谈您对云安全及数据隐私保护的看法吗？

赵淦森：很多安全问题不是技术问题，是制度问题、管理问题或者是应用问题。我们经常说，信息安全是三分技术七分管理。目前的数据信息安全问题是缺乏相应的管理制度，归根结底有一部分原因是立法问题。从法律角度，数据本身应如何去保护，一旦个人隐私被侵犯时，法律层面如何追责。例如"徐玉玉事件"中偷卖数据者，并没有造成徐玉玉直接死亡，如何追究其责任？目前对于数据信息安全，犯罪成本很低，危害严重，根本原因在于无法可依。

跨学科、跨专业培养大数据应用实践的复合型人才

南方舆情：数据科学是交叉型学科，这门学科非常注重理论与应用实践的结合，而这方面人才恰是市场紧缺的。作为高校教育者，对于如何协同创建一个"政企产学研"的人才培养平台，为广东大数据应用发展供给合适的人才，您有何建议？

赵淦森：培养大数据领域专职人才，应注意跨学科、跨专业，并结合实践应用培养。大数据作为一种手段，能结合不同专业和应用场景及领域，发挥其本身价值。大数据的应用离不开数学等基础学科，只是目前在数学领域突破很小，但与其他领域的结合应用方面存在很大突破，所以在人才培养过程中，应注意结合基础学科，结合应用场景，培养复合型人才。

南方舆情：您曾经介绍"机器人打伞的算法案例"，机器人通过分析周围环境中多数人是否打伞，来确定自己是否需要打伞，这种建模思维有别于传统的数据采集、分析并得出结论的过程，应如何解释呢？

赵淦森：这种思路称之为"众智"，通过依托他人的智慧和想法，完成你想做成的事情。"机器人打伞的算法案例"主要是通过感知，提取出大部分人的智慧和想法，按着这种大多数的思维去做，如果大部分人都是理智的，那结果一般是合理的。大数据的处理，可以做不完全严谨的全处理过程，在一定的条件下，可以通过侧面数据反映全局并解决问题。

（采访：吴娴、任创业）

云润大数据研究院首席科学家晋彤：

借交易之树，栽培数据价值果实

【人物简介】

　　晋彤，毕业于北京大学物理系，拥有超过30年信息产业实战经验。曾在多个技术和咨询公司担任高级工程师、首席架构师、咨询主管、CTO、首席科学家等职务。广州市邦富软件有限公司与广州市云润大数据服务有限公司创始人，目前担任云润大数据研究院首席科学家。大数据专家，为多家公司及数百个各级政府提供大数据技术和战略咨询服务。研究和主持项目方向历经并行算法、神经网络、固体物理、海量数据处理、网络空间安全、体系架构以及软件开发等方面。

　　2017年3月8日，就政务数据治理、数据交易、大数据产业发展及政策导向、大数据咨询顾问行业发展等问题，南方舆情数据研究院专访大数据专家晋彤。晋彤作为较早从事大数据相关业务运营的专家，以自己亲身参与的经历，分享了从传统媒体到新媒体的媒体大数据行业的演变、以及关于舆情大数据价值深化的观点。

在政府数据治理的进程中，如何构建一个理想的数据治理架构，晋彤从技术和管理两个层面提出大数据技术运用于政府科学决策，并提出结构性解决方案的方法学。

在数据交易方面，晋彤建议，从公平性、稳定性和规模性去综合看待，多交易增值产品，少交易原始数据，做好真正面向广泛市场的交易机制，使得数据交易形成一个健康生态圈。

晋彤同时呼吁，通过大数据咨询顾问这个角色去推动大数据知识交流及传播理念和方法，有计划地推进相关业务建设。要从战略咨询、业务咨询和架构意识等方面打造这样的专业团队，在发展过程中要规范入门门槛、制定行业职业操守和行为规范。

作为一名骨灰级IT人，从IT（信息技术）走向DT（数据技术），面向技术框架改变，晋彤也从知识结构的完善、研发事务的重心等方面对技术从业者的发展提出若干建议。

数字经济的体量会远远大于实体经济

南方舆情数据研究院（以下简称"南方舆情"）：早在十多年前，您就开始研究大数据基础平台，切入大数据产业。就您的认知，目前大数据领域，广东有哪些行业产业相对成熟？还将孵化出哪些新的业态？市场估值前景如何？

晋彤：大数据产业与经济发展水平极度相关，中国目前有三个大的经济圈——京津冀、长三角、珠三角，从目前人才和市场来看，广东有机会进入国内前两大市场，如果要进前一，这要看我们的努力程度和运气。广东发展大数据具备天时和地利。首先，广东有雄厚的工业基础，制造业发达，制造业产生的数据量远大于人为生产的数据，物联网产生的数据体量非常大；其次是电商，电商是大数据应用的前沿，电商交易数据也是大数据应用分析的一个重要方向；第三是政务数据，政务大数据应用是重中之重，目前来看，从项目投入、立项规模看，政务大数据应用也已在迅速推动发展之中。以上这些行业，无一不受益于大数据技术和应用，这也是我们的经济趋向，相信未来数字经济的体量会远远大于实体经济。

在我们的生活中，大数据意识和技术也已经迅速地渗透，数字生活在我们的日常中占据越来越大的比例。我们从读报纸到基于网络空间去了解信息，电商购物、上网学习培训、网络直播等等，随着VR技术的兴起，人的整个思维已经跟网络空间结合在一起。数字生活的发展，导致生活选择项越来越多，信息越来越透明对称。基于以上这些情况，可能会有权威数字生活指南这种形态的媒体出现，它可能是一种个性化的应用，引导人们的数字生活。

工信部和省政府2016年指导召开的大数据大会，南方报业集团是具体承办者之一，大数据大会对广东大数据产业的发展基本定调，政府、企业都会大力推动这一产业的发展。作为圈里面的一员，我希望大家一起努力。

利用大数据技术提升媒体服务能力

南方舆情：谈一谈您亲身参与的舆情大数据、媒体大数据行业，大数据如何为舆情监测分析服务，以及这种价值如何深化，媒体又如何通过大数据提升内容、渠道和服务能力。

晋彤：媒体有一个很模糊的概念，叫传播影响力，这是一个很重要的指标。虽然很多人在讲，但概念却不清晰，传统媒体的有效到达率究竟是多少，大家都说不清楚。这是因为对于传统媒体来说，缺乏互动以及统计的机制。新媒体出现后，通过媒体大数据，你可以去统计一篇文章、一场活动，甚至一个媒体的传播影响力。当媒体可以通过足够细化的指标对网络数据进行分析，自然就产生了舆情。通过互联网用户行为分析，基于用户画像就可以产生个性化推荐引擎，这可以反过来提升媒体的内容品质、渠道推广及服务能力。随着数据技术的成熟以及数据量的不断丰富，机器可以对每篇文章进行深度学习，根据学习的结果进行自由文本的生成，这就是写作机器人。就目前来看，机器还不能够进行语言风格的提炼以及承上启下的上下文理解。假若这两者可以实现，并且可以通过数据模型去做人物设定、场景设定，写作机器人也就可以去写小说了。但媒体大数据并不是屏蔽人工操作，中间可能需要人工干预。虽然机器通过学习掌握丰富的数据模型，数据可视化可以从固定数据模型去产生，但数据表现的形式，需要人工干预才能提炼出来。

除了媒体的生产传播，当我们可以使用大数据技术对媒体进行舆情分析的时候，我们就可以将这一技术用于改善政府及企业治理。这就是舆情大数据、媒体大数据行业的价值深化。

建设统一数据平台，避免更多"信息孤岛"

南方舆情：在国务院发布的《促进大数据发展的行动纲要》中，明确提出建立"用数据说话、用数据决策、用数据管理、用数据创新"的管理机制，逐步实现政府治理能力现代化。您认为从方法学上来看，政府在数据治理的进程中，构建一个理想的数据治理架构有哪些着力点和开展方向？

晋彤：首先是要提供一些技术的方法论，就是你要怎么样去面对一个需要解决的对象，如何去解决。第一，政府的数据并非空中楼阁，它是以大量的过去20多年的软件系统建设为基础，但多年的建设也产生了众多的信息孤岛，这是我们面对的一个实际情况。我们应该沉下心来用大数据的方法把相关数据全部融合在新的大数据平台上，充分利用好之前建设系统产生的数据，暂停建设更多独立的系统平台。第二，建设区域性的政府数据汇聚中心。不管是建设分布式的数据网络，抑或是响应中央的号召，建立国家级统一数据中心。建设区域性的政府数据汇聚中心，可以保证数据的统一管理，确保数据的条块分割是符合政策管理的，这样做的好处是在遇到政府管理改革或者是政府职能部门调整的时候，可以避免很多业务系统要重新设计和开发。第三，建设大数据交易平台，让大数据平台产生新的价值。

其次是管理上的方法学。由政府部门的基础功能驱动产生不同的业务流程和数据，比如税务、社保、民政等等数据。广东政务服务一直走在国内前列，当然我们还要进一步开发这方面的潜力。比如佛山禅城的一门式改革，在思路上已经很超前。基于大数据做业务数据的融合和业务系统的重构可以极大地提高政府办事效率，提升政府服务能力。还有一块是智慧政府决策，通过大数据去分析整个行业、产业的趋势，可以从政策层面去避免上马不合适的项目。比如，政府引入一个电子加工项目可能比较顺利，因为项目本身环保问题没那么突出。但如果引入核电或者垃圾焚烧项目，可能就会出现比较大的抵触。这就需要政府决策去了解老百姓的知识结构、心理结构和其他因素。大数据可以为整个决策提供结构性解决方案，适当避免项目上马后出现尴尬的情况。

多交易增值产品，少交易原始数据

南方舆情：刚才您提到了数据交易，目前国内大数据交易产业已经起步，贵阳、浙江等省市的大数据交易所都已正式挂牌运营。广东省大数据交易平台也即将注册成立。数据如何定价、价值变现的探索，以及在商业化机制中如何运作，您有何建议？

晋彤：我的建议比较直接，所有的交易都必须具有以下三个特性：一个是公平性，然后是稳定性，还有是规模性。首先是公平性。只要交易双方在不缺乏法律保护意识的情况下进行交易就行，这是自由交易的基础。第二个稳定性。数据的价格难以保持稳定性，因为原始数据一般存在一个确权的问题，另外交易过的电子资料非常容易复制，保护数据可能比版权保护更加困难。所以数据交易，应该不是有形数据的买卖，而是需要通过基础的数据服务技术能力，将数据的原始形态加工成数据的价值形态。数据就像虚拟土地，是交易虚拟土地还是去交易上面长的树和水果呢？我认为应该多交易树和水果。这就是我的观点，多交易增值产品，少交易原始数据。第三是规模性。广东虽然不是第一个去从事数据交易的，但并不意味着我们不能把数据交易规模做到第一。因为数据交易是跨地域的，就像上交所和深交所，并不会每个地方都有证券交易所。数据交易也一样，未来可能会出现相对集中的数据交易中心，去交易全国甚至全球数据产品。个人认为，只要做好真正面向广泛市场的交易机制，数据交易形成一个生态圈，规模是可以做上来的。

南方舆情：2016年大数据大会上正式启动珠三角九地市跨区域的国家大数据综合试验区的建设。站在产业发展的角度，从政策保障方面来看，您有哪些建议？

晋彤：一个产业通常都有前瞻性的驱动。珠三角的制造业，要从定制的"制"变成智能的"智"；珠三角这个全世界最大的贸易集散地，要从物流的集散地发展成为包含电商结算等在内的综合平台。从产业发展的角度来看，机会和危机会驱动这个产业，跳出原有的思维方式，政府应该给产业的变革最大限度甚至是前所未有的支撑。比如义乌，政府给了足够政策扶持它去做小商品市场，最后它发展成为世界小商品交易中心，政策导向对产业的发展是非常重要的。

大数据咨询顾问是行业发展的催化剂

南方舆情：近年来大数据热度不断升温，因此催生出大数据咨询顾问这一行业。您觉得大数据咨询顾问行业如何定位？在政府企业数据治理过程中，它将充当什么样的角色？怎么规范化？

晋彤：第一，大数据这个行业快速规范的发展，是需要通过专业知识的交流并且需要有计划去推动的。通过大数据顾问这一角色，可以大大提高效率，避免走很多弯路，也可以使得成本大大下降。这就相当于一个化学反应的催化剂，虽然量少但是很有用。另外，大数据顾问也是一个传播使者，向人们传播大数据的理念和方法。第二，大数据顾问并不一定只是计算机编程人才，实际上战略性的顾问咨询非常重要。了解政策方向，了解产业结构，同时了解行业发展，这就属于战略咨询。战略咨询又分两种：一种是通用的战略咨询，就是讲趋势和政策；还有一种战略咨询就是针对行业，掌握行业客户资源，通过业务的深度和发展方向指导我们应该怎么去做。也有些人具备两种战略咨询的特质。第三，大数据是深度技术性的活，大数据咨询顾问需要有架构意识，这可能更接近于现代的IT产业。在做大数据的组织架构时，也要考虑到效益、吞吐量、扩展性、稳定性、兼容性、安全性等等。架构设计好以后，才是具体的落地实施。

最后，大数据咨询顾问行业必须要规范，需要有能力和水平的咨询顾问去执行大数据的传播和咨询，否则就会出现很多乱象。舆情分析行业已存在这种乱象，我见过有个人在名片上印制"中国首席舆情分析师"。我们要吸取这方面的经验教训，尽早制定这个行业的规范。这点可以借鉴国外的律师行业协会，它不是一个政府组织，但有明确的行业协会规范，有入门门槛，对从业者要求也很严格。除了具备一定技能外，还必须遵守职业操守和行为规范，比如对客户数据严格保密，这些都可以在发展过程中逐步完善。

南方舆情：可以说您是"骨灰级"IT人，从IT到DT，技术框架上会产生哪些变化，或者说将面临哪些技术挑战？我们该如何应对这些转变和挑战？

晋彤：如果大家真的喜欢技术，那就是最好的时代。因为你可以动手，愿意去尝试，出结果、出成绩的概率就大。这是一个纯技术爱好者的亲身体验。

站在从业者的角度，大家要生存，首先需要考量我所在的产业，是处于上升期还是夕阳产业。从IT到DT，个人认为从技术层面来看，应当尽量去做一些逻辑性强、严谨的算法类事务，少去做一些泛泛的、容易被替代的工作。有些工作比如用户界面的整合、接口程序的代码黏合，这些工作量很大，但未来这类工作却会有自动化的方案去替代。目前架构师是非常缺乏的，但随着大数据技术的发展，未来也有很多东西会被云化，像虚拟化、存储管理、数据挖掘等，"云"会帮我们解决架构问题。所以我们需要认清发展趋势，提炼自己面向架构的基本知识。业务的知识，永远不会过时。真正好的技术人才应该是懂业务的技术人才。如果大家对技术还有追求的话，也不妨从计算机层面下沉去接触基础数学、物理的知识，这些将成为大数据计算领域的基础，有助于我们去理解模型的建立、算法的原理以及应用。

（采访：吴娴、肖卓明）

数相科技CEO邓立邦：

人工智能超过人类或许只要50年

【人物简介】

　　邓立邦，数相智能科技有限公司CEO，2004年毕业于中国科技大学。数相科技人工智能客服机器人"小双"研发团队leader。所带团队matview 2017年获Kaggle国际猫狗识别比赛第七名，是该比赛唯一进入前十的中国团队。

　　2017年2月27日，关于人工智能的应用及发展，南方舆情数据研究院对数相智能科技有限公司CEO邓立邦进行了专访。邓立邦介绍了数相科技发布的人工智能客服机器人"小双"。"小双"团队通过识别图片，实现以物种识别为主的人机自然交互。目前已可识别AKC（美国养犬俱乐部）标准分类下的全部256种纯种狗，还有82种其他大型陆上哺乳动物、56种鱼、28种昆虫等。

邓立邦同时分享了对国内外人工智能发展的看法。在人工智能领域，沉下去做基础性的研究是很必要的。相对于国外来说，国内的很多做法是先找市场需求，直接使用现成的技术成果，铺好市场后再考虑去提升技术，这种方式在人工智能领域容易遇到瓶颈。

关于人工智能未来发展的趋势，邓立邦认为大数据是人工智能的基础，在很多领域，基于大数据，人工智能做的决策会比人类更优秀。从目前的发展进度看，人工智能一旦具备推理能力，它的进化速度会加快，很可能在50年内超过人类。

"小双"是位了不起的"她"

南方舆情数据研究院（以下简称"南方舆情"）：数相科技日前发布了第一代"小双"，主攻图像分类与识别。您和我们讲讲"小双"是什么吧，应该怎么称呼他？听说他识别小狗很厉害，怎么做到的？

邓立邦：确定名字阶段我们进行了较长时间的讨论，人工智能这个领域很大，我们希望能在模式识别这个小方向，做得更专一些，希望能在这个小小的领域里面做到无双，所以就取了"小双"这个名字。目标有点大，但目前正一步一步地往前走。我们是从物种识别，从狗、猫这些常见的动物开始的，起因是生活中碰到了一个问题。2016年我带小朋友看宠物展，发现参展的狗非常多，有许多是我们连名字都说不出的，更不要说他们的习性、脾气等特点了。当时我在想，能不能通过人工智能，或者说通过机器学习算法去解决这个问题。然后，我们就开始研究，从刚开始可以识别35种狗，到后来的176种，做到了现在的可以识别全部256种纯种狗，识别准确率也超过了92.39%。目前全球在这一块我们是做得最全的，包括百度和谷歌目前都没有把一个物种的识别做得很全面。我们正和中科院华南植物园合作，通过他们提供的照片样本，让机器进行一万多种植物的识别训练。接下来，我们希望一个物种接一个物种，逐步扩大识别物种范围。也许不久，通过"小双"，你随手拍一张物种照片，就可以马上知道包括它的名字在内的有关它的全部信息了。

"小双"除了普通照片的物种识别外，在其他图像格式数据的分析，例如显微镜下的物种鉴定等也取得了不少进展。这其中包括木材鉴定。木材从国外进口，经过海关时需要抽检，对木材进行切片，送到检验机构，通过专家在显微镜下去进行类别鉴定。这个过程主要是依靠专家的眼睛和经验。我们希望通过机器学习，通过大量的显微镜照片样本训练，让机器完成鉴定工作。目前的切片、送检、鉴定流程非常长。通过人工智能对显微镜下的切片细胞图进行分析，可以在极短的时间里获得识别结果，准确率也很高。

"小双"最擅长的是解决图像的分类问题。让我们欣喜的是，现实生活中的问题，大部分都可以转化为分类问题，包括物种分类鉴定，人脸、证件识别，也包括我们正在做的情绪识别等。我们的情绪识别技术通过标记好的200多万张人脸照片，提取出脸部72个稳定的特征点。在视频分析中，通过这72个特征点的分布和移动轨迹，将情绪识别出来。

有强大的学习能力，能分辨物种，更能辨认情绪，有耐心回答你的每个问题，"小双"是位了不起的"她"。

基础性的研究对于人工智能是非常必要的

南方舆情：您长年在美国搞研究，比较了解美国情况，美国现在的人工智能情况发展怎样？中国与美国相比，在人工智能方面，有哪些优势和不足？

邓立邦：2016年，我在美国硅谷的一家科研机构进行联合研究。美国在人工智能这个领域的许多研究都很前沿，技术发展水平和应用比中国要领先一些。例如图片自动打标签技术，在美国早已相当成熟和广泛应用，但国内还不多见。美国创业者不少是有技术和研究背景的，他们看重技术，看重产品，看重创新，技术是让他们自豪的事情，所以会追求技术的不断进步。在国内的很多企业，通常是直接拿国外的开源框架或算法，包装成一个产品就去销售了，追求"7天从入门到精通"。美国很多高校，甚至企业，都重视基础研究，特别是基础算法研究，以年，甚至是以10年为单位进行研究。人工智能从20世纪50年代开始到现在已经有六七十年的时间了，现在我们知道的大部分飞跃性进展是许多研究人员长年埋头苦干进行基础性研究的成果。在国内，我们缺乏这些基础性研究，也缺研究氛围，追求快，看重应用，所以只能跟着别人跑，别人做出什么，我们就拿早几年发布的研究成果去应用，这会相当被动。现在国内人工智能很火，也有不少泡沫。快速膨胀的市场没有足够好的技术支撑，泡沫就会破灭。

在人工智能领域，沉下心去做基础性的理论和算法研究很重要。技术是厚积薄发的，一开始走得慢些不要紧，后面会越走越顺畅。我前不久跟一家获得天使投资的科技企业CTO交流，他们用了三个月实现机器学习算法"从入门到精通"，但也很快出现问题，因为他们用的是一个公开算法，对算法背后的逻辑不清楚，需要修改时，没有算法理论基础，不知道从何改起。算法出现瓶颈，产品性能上不去，销售速度慢下来，投资人和市场的热情也相应地冷下来了。

大数据是人工智能的基础

南方舆情： 我们说说另外一只"狗"吧，阿尔法狗，它下围棋赢了人类。我们知道，您也经常下围棋。您怎么评价阿尔法狗？

邓立邦： 谷歌了不起的地方是把深度学习和强化学习结合起来，将落子选择器和棋局评估器结合起来，这是非常了不起的。阿尔法狗的升级版Master也已经在快棋比赛中保持不败。至少在这个领域，完全超过人类智慧了。随着模型算法优化，硬件提升，人类已无法跟它抗衡，就像用双腿与飞机赛跑一样。

阿尔法狗有了相当程度的推理能力，它很多的走法是棋谱里面没有的。在它的开始阶段还需要人去教，一定程度后它就能通过对抗学习，自己进步了。

南方舆情： 在人工智能领域，大数据起到什么样的作用和角色？请说说您的理解。

邓立邦： 在人工智能领域，大数据是关键要素，是燃料，没有数据，人工智能模型就跑不起来。伴随数据量增长，模型准确率也会逐步提高。大数据是人工智能的基础，没有大数据的支撑，人工智能也只是个壳，它完全没有思想。跟小孩一样，需要不断获得信息，认知和思考能力才能逐步提高。

人工智能在国内的可应用场景还有很多，非常值得发掘。例如动物园、植物园的物种识别，商品的识别导购，海关和安检的危险品检测，木材钢材分拣，安防的人脸检测，基于情绪识别的办事窗口满意度分析等等，人工智能可以连接的场景非常多。有一个比较有意思的例子是金融机构给养鸡农户贷款。例如农户要贷款10万元养鸡，农户需要将养的1万只鸡做抵押。这就产生一个风险控制问题，如果农户的鸡出现大规模死亡，就意味着农户的还贷能力出现问题。金融机构要尽早发现，要对这些抵押物，即鸡的数量进行监测，现在的做法是派人下去数。1万只鸡在农场走来走去怎么数得清？如果有100个这样的农户，要数多少大？要多少人去数？我们的人工智能数鸡系统就可以很简单地解决了。在养鸡场装摄像头，通过图像识别辨认鸡，统计数量。具体是对同一时间点的视频画面进行分析，就可以知道养鸡场里有多少只鸡。每半小时合算一次，多次合算进行平均计算就能统计出相对准确的数量了。当数量出现较大范围变动时，系统预警，派人下去现场检查情况。平时监测人员坐在办公室里面看报表就行了。这项技术大大地降低了成本，提高了可靠性和准确度。

像上面提到的这些人工智能应用例子，机器之所以能进行判断、预测，前提都是有海量的训练数据。只有经过了大量数据的大规模训练，人工智能的分析系统才能达到实际应用水平。

南方舆情：您能用通俗易懂的方式给大家解释一下什么是建模吗？建模和算法是什么关系？

邓立邦：建模，实际上是为了更好地理解事物，而对事物进行抽象的方法，把系统内的因果或相关关系描述出来。我们的建筑设计图就是对真实建筑的抽象，是建模。

跟建模不同，算法是具体的计算方法，我们是用加还是用乘的方式去计算，是算法。例如我们要进行木材加工，把整个过程分成原材料分拣、喷漆、烘干、成品分拣四个环节是建模，而其中原材料分拣使用的色差分拣法是算法。

机器人会伪装成人类去竞选总统吗？

南方舆情：对人工智能未来是否会超越人类、颠覆人类，有多种不同意见。您个人的意见呢？

邓立邦：我对技术一直有好奇心，也很信任技术的未来。从当前的技术进步速度来看，人工智能确实会有具备自主意识的一天。我们碰到过这样的情况，只用狗的背面及侧面照片进行机器学习训练，机器居然可以从没有见过的照片，从肚子方向拍的照片，认出狗。它在学习训练的过程中掌握了一定的逻辑推理能力，我们一直认为只有人才有的能力。推理能力发展到一定阶段，它就能自己再学习，而且自我成长的速度，也是我们无法想象的。

我相信人工智能有可能在50年内超过人类，奇点很快会到来。涉及机器道德方面的问题我没有去深究，但不受情绪影响，知识面足够广泛，拥有更客观分析能力的未来机器人很让人期待。

南方舆情：美国总统竞选之前是一个热门话题。未来会不会出现机器人具备了自我意识，伪装成人类去竞选总统？它能够利用对大数据的分析去了解民众需要怎样的总统，制定合适的竞选策略，然后大家都把票投给他，这种情况可能吗？

邓立邦：完全有可能。有研究表明，图灵测试已对人工智能机器人无能为力了。掌握大部分数据的机器人来做决策，有可能比人类更可靠。美国有一家做耳科疾病检测的智能硬件企业叫CellScope，他们的产品是一个卡在手机摄像头上的小硬件，用户按引导声音放入耳朵就可以进行耳道拍照。通过300多万张图片进行机器学习训练，他们的机器可以对用户的耳朵疾病进行判断。数据对比结果是，机器的判断准确度已高于人类医生们的平均水平。越来越多以前只有人能做，依靠人的经验判断的领域，在大数据的支持下，机器的决策能力会逐步赶超人类。

从事人工智能、数据分析行业最好是兴趣驱动

南方舆情：南方舆情数据研究院曾请您给团队同事授课，您提到，您在好多年前自建了一个系统，预测广东顺德当地的天气。现在您还有时间当"义务气象预报员"吗？从您的经历来说，对人工智能、数据分析行业分析者，有什么样的从业经验传授？

邓立邦：2003年开始，我尝试在业余时间做顺德地区的气象预测研究。经过10多年努力，建立的模型准确率为94.95%（同期政府气象公报发布的数据是晴雨准确度在80%—90%之间）。这项成果让我相当自豪，也为我后来的许多其他研究建立了基础。2016年出发去美国前，我把这个业余小项目停了。一是因为时间不够，二是根据国家政策，个人不允许发布天气预报。我觉得政府应当在这些民生公共领域有更多担当，为市民做更多事情。

从事人工智能、数据分析行业最好是兴趣驱动。只有喜欢，才能长时间坚持，才会在碰到困难时不放弃。人工智能行业能解决很多实际问题，所以我们不妨先建立一个目标，然后拆分成多个小里程碑，再努力去研究。每个小里程碑的实现，会进一步促发我们继续下去的耐心和兴趣，这样就能进入良性进步的通道。前面提到的天气研究，除了因为好奇，好奇机器是否可以做天气预测，另外也因为我爸是养鱼的，天气预测很重要，也有实际需求，所以坚持了13年。

（采访：蓝云、王康旭、洪海宁）

"区块链铅笔"创始人龚鸣：

区块链技术为革新而存在

【人物简介】

2017年3月9日，"区块链铅笔"创始人龚鸣接受南方舆情数据研究院专访

　　龚鸣，区块链铅笔创始人，以网名"暴走恭亲王"而被人所熟知。上海大学数学专业毕业，擅长IT技术和金融证券分析，有着多年IT和金融的从业背景，在德隆期间长期参与行业研究和投资分析。2012年开始致力于推动数字货币和区块链行业的发展，翻译和撰写过大量相关资料和区块链项目白皮书，参与著有《区块链社会》《区块链——新经济蓝图》《数字货币》等多部著作，参与开发和投资多个区块链和数字资产项目，创办专业新媒体"区块链铅笔"，在区块链行业内具有较大的影响力。

　　2017年3月9日，关于区块链技术的发展与未来若干问题，南方舆情数据研究院专访了区块链铅笔创始人龚鸣。龚鸣为我们分享了区块链的技术发展历程与未来展望。

区块链是一种分布式账本技术，具有去中心化、高可靠和高冗余的安全特性。区块链可以做到价值的精确传输，可能是自互联网以来最大的一次变革。区块链衍生出来的智能合约，未来发展前景可期，可以降低社会成本，有可能重塑一种新的商业文明。

数字货币技术主要可以分为两类，一类是类似于比特币这样的加密数字货币，另一类是由国家发行的数字法币。比特币解决了跨境流动，实时交易结算，可能催生出很多全新的商业模式。国家发行数字货币，让资金具备可追溯，有利于完善货币监控，精准监管货币政策执行。

区块链作为一种全新的技术，可以让中国在全球竞争中取得弯道超车的资本。区块链和大数据完美结合，加速外贸达到互信，可以成为广东工业转型和经济发展的助力。

区块链是建立互信的完美解决方案

南方舆情数据研究院（以下简称"南方舆情"）：您作为国内区块链领域内的先驱者，对于区块链技术有较为深入的探索，能否请您谈谈对区块链的认知过程，以及区块链在中国的发展历程？

龚鸣：我与区块链的第一次相遇，来源于2011年7月7日《南方周末》一篇叫作《比特币，史上最危险的货币》的文章，这篇文章燃起了我对区块链技术的兴趣。当时的国内氛围主要集中在炒币和挖矿上，就我个人而言，觉得炒币意义不大，短期超买获取利润有限，要学巴菲特这样的长期投资，寻找数字货币的内在价值更有意义。为此，我选择阅读和翻译大量关于比特币相关文章，并通过微博"暴走恭亲王"进行推广宣传区块链技术。2015年翻译《区块链新经济蓝图》，这可能是中国当时第一本关于区块链的书，由于这个技术不够成熟，并且不为大众所知，当时很多出版社不愿出版。2016年，区块链在全世界的知名度，呈现一个爆发式的增长。国务院颁布的《"十三五"国家信息化规划》中提到，到2020年，"数字中国"建设取得显著成效，信息化能力跻身国际前列。其中，区块链技术首次被列入《国家信息化规划》。区块链技术正式走进大众视野。

区块链简单来说，就是一种分布式账本技术，把所有的数据库看成一个账本。举个简单的例子，支付宝数据库就可以看成一个巨大的账本，上面记录了A、B资金情况，假如A转给B一块钱，支付宝就把A减去一块，B加上一块，区块链也是同样的。在这个系统里参与的每个人都有权竞争记账，记录这10分钟数据库的变化，到底由谁来记录，大家可以竞争，系统会根据一个特定算法，来确定谁记账记得最快最好，由他来把10分钟内所有的数据变化记录在一个账本上，然后其他人同步更新数据的变化。而且控制这个算法是一个程序，统一的规则，这个规则是透明的，因此没有任何中心化的系统，从这个角度来看，每10分钟的记账人不是一个特定人，任何人都可以作为记账人，因此这个系统是一个高冗余、高可靠的系统，即使90%以上节点故障，只要剩下10%的节点还在，系统就可以继续执行。这种技术也经常被称为分布式账本技术。

区块链本质上是交易各方在去信任环境中建立互信的一个完美解决方案，而比特币可以视为区块链技术的第一个伟大的应用，是基于数学实现价值转移的公共总账本，具有分布式特性的大数据系统，也是分布式的云计算网络。

中本聪谜一般的存在

南方舆情：比特币的概念始于中本聪在2008年万圣节发表的《比特币：一种点对点的电子现金系统》一文，带来"比特热"，您作为比特币的资深研究者，能否谈谈您对比特币创始人的认识？

龚鸣：最初并没有区块链的概念，但比特币是最早实现区块链技术应用的。"比特币"一词最先出现在2008年万圣节发表的《比特币：一种点对点的电子现金系统》一文，后被称之为比特币的白皮书。2009年1月3日，第一个比特币软件版本面世，然后第一个比特币区块诞生。整个过程中，比特币的创始人兼开发者中本聪像谜一般的存在，中本聪完全匿名，很多人被名字迷惑，认为他可能是一个日本人，现在主流观点认为他应该是欧美人，因为电子邮件显示，他应该是一个以英语为母语的人，因此欧美人的可能性很大。另外的说法，他可能是中国人，看起来是笑谈，但是也有一定理论依据，他第一篇引用的论文中是一个中国人写的论文，似乎他对中国人的论文很了解。目前为止，中本聪的真实身份，仍然扑朔迷离。

区块链技术有能力重塑新的商业文明

南方舆情：比特币是最早实现区块链技术应用的产品，目前区块链在中国对传统金融行业影响不亚于互联网金融，您拥有金融行业的阅历，能否具体谈谈区块链对于金融行业未来的影响和变革？

龚鸣：比特币从2009年1月到现在，已经运行超过8年时间，在没有任何中心化运营机构的情况下，每天24小时运行，中间没有出过一笔错账坏账，其间可能遭受全球无数个黑客的攻击。因此，2014年以后，大家目光开始关注比特币的底层技术，我们称之为区块链技术。

区块链在金融实业里，可以实现过去做不到的事情，就是价值的精准传输。现在使用的互联网，也可以称之为信息互联网，最擅长的是信息的传输和复制。最典型的应用就是电子邮件，比如我给你发一封邮件，但是我这边还有份拷贝，但价值转移不允许出现这样的情况。所谓的价值传输就是我必须发给你一样东西或一个数值时，我必须精准减掉这个数值，这是现在信息互联网所不具备的功能。互联网具有不确定性，这点价值传输是不允许的，必须很精准地把数据传输给你。事实上，区块链或者比特币的协议可以做到价值传输，并且不需要第三方介入。

区块链可能对金融有很大的冲击力，律师行业亦是如此。律师事务以后可能是用智能合约代码来做。智能合约意味着我们对合约上的资产进行编程，并且可以设定执行规则，一旦执行，没有任何的外力可以阻止执行或者终止。现在我们的商业合同体系都是要靠庞大的司法力量保证，但是智能合约不需要，因为智能合约是去中心化和自给自足的，没有任何外力能阻止这份合约的生效。

作为智能合约，在未来会有很大的发展，会极大降低社会的成本，可重塑一种新的商业文明。因为商业社会的三大支柱：复式记账、公司制、保护私有财产的法律体系。区块链对这三大支柱进行升级，复式记账变成分布式记账，保护私有财产的商业法律体系变成智能合约，不需要高昂的社会机构付出无数的成本来保证法律体系。第三个把现在的公司制度变成去中心化的自治组织，因为比特币就是一个去中心化的自治组织。比特币不是一个公司，是为了一个特定目的而完成设计的程序，任何人可以在其中扮演任何想扮演的角色，自由参与退出。这种去中心化自治会越来越多，未来可能替代公司制。

区块链类似一个很独特的机构，也不是国家，也不是联合国，现在很多东西没有办法类比，但是又无所不在，又能起作用，又能约束人。

区块链革新金融思维，助力普惠金融

南方舆情：区块链技术下，央行对其持有既认真又谨慎的态度，您对于数字货币有没有什么见解？数字货币未来会有什么发展前景？

龚鸣：数字货币分为两种，一种是我们现在称之为比特币的货币，另外一种是数字货币，由国家发行的数字法币。对于比特币来说，很多的政府对比特币都保持一个谨慎的态度。2013年12月5日，国家明确指出，第一，比特币属于虚拟商品，第二，金融机构和支付机构不得开展比特币相关业务，第三，民众在自带风险的前提下有买卖自由。美国把比特币定义为大众商品，德国定义为记账单位。2016年的达沃斯论坛上，国家货币组织IMF出了一份关于数字货币的报告，里面探讨了十种货币的情况，对于数字货币来说，未来可能是日益增长的现象，越来越多的国家和政府，或者是金融机构，可能会面临数字货币的挑战。到现在为止，大多数国家不承认比特币是货币，是以商品方式对待它，对整个行业发展来说，这是一个良好的机遇期。

近年来，比特币越来越获得认可，很大程度上是全球的沟通需求在变，尤其对跨境结算的需求，原来的T＋1结算模式，不能再满足大众的需求。在这个用钱来追赶信息的时代，比特币满足了实时交易的需求，可能给商业带来全新的形态，比如滴滴打车、摩拜，这些商业模式，在T＋1的时代是不可想象的。2016年1月20日，央行行长周小川召开专门的货币会议，确定发行数字货币是中国央行的战略性目标，发行数字货币主要可能是考虑到分布式账本技术可以做到更大范围和更高精度的将官，所以央行希望使用分布式账本技术发行货币。中国央行要做数字货币，并不会出现一种新的货币，其本质还是人民币，只是底层技术变成了分布式账本技术。对于央行来说，如果使用分布式账本技术，央行清楚地知道每分钱的出处，这样无论是反贪、反腐还是反洗钱，都会变得简单，特别是对于制定国家的货币政策，会提供更多的依据。

此外，由于区块链技术的特性，央行可以通过智能合约来完成某些政策的执行，比如央行要量化1000亿元专门支持农村建设。通过智能合约来进行管理，只需要设定程序，资金自动分配到那些相关账户，可很大程度上减少管理成本，提高政府数据治理能力。

数字货币的发行，具有多方面的优势：降低传统纸币的发行、流通的高昂成本，提升经济交易便利性和透明度；有效减少洗钱、逃漏税等违法犯罪行为，提升央行对货币供给和货币流通的控制力，更好地支持经济社会发展，助力普惠金融全面实现等。

区块链有可能让中国有机会弯道超车

南方舆情：区块链技术出现，将对社会、经济等领域产生革命性的改变，同时也会带来不同程度的机遇。对于中国，或者更小范围的广东，有着什么不同的意义和机遇？

龚鸣：区块链技术可能是互联网以来最大的一次变革，区块链有可能让中国有机会弯道超车，因为区块链技术一开始就是开源的，中国的学习能力很强，特别是中国政府非常重视这件事情，甚至比美国还快一点。如果真正在全球取得成果，中国真的有可能在底层技术超车。区块链对广东来说意义非凡，国家2016年10月份批准正式成立珠三角大数据的中国实验区，区块链和大数据是完美结合，可以实现海量数据筛选管理，数据安全，数据公开但是可追溯。数字货币是在一个全球金融一体化，或者贸易越来越频发的背景下产生的事物，对于以贸易为主的广东，显得至关重要。区块链最大的能力就是可以让任何两个国家的价值交换，基于区块链达到互信。区块链的去中心、智能合约机制可以让区块链参与的各方达成最大的公约数，让不同的体系快速衔接在一起。所以区块链可以加速贸易，原来需要6—7天处理的信用证，基于区块链可能只需要几个小时完成。

（采访：蓝云、任创业、曹飞可）

暨南大学法学院教授刘文静:

大数据产业发展，需要法律法规护航

【人物简介】

刘文静，北京大学哲学学士、哲学硕士、法学博士，暨南大学法学院教授，广东省地方立法研究评估与咨询服务基地副主任。兼任广东省行政法研究会副会长，广东省人大常委会监督司法咨询专家，广州市政府法律顾问，中山市人大常委会立法咨询专家，并任广东出入境检验检疫局、广州市公安局等政府部门法律顾问。

主持和参与30余项国家、省部级和中央部委、地方人大、地方政府委托的科研项目，出版专著4部，在国内外学术期刊发表中英文论文30多篇。长期从事立法咨询和政府法律事务咨询工作，参与国家和地方各级立法和重大行政决策的专家论证，并提供建议稿过百份。

2017年3月16日，就大数据立法和数据保护若干问题，南方舆情数据研究院专访了暨南大学法学院教授刘文静。刘文静为我们分享了大数据立法和数据保护的若干经验。刘文静认为大数据转化为商业用途后，一系列相关的法律需要根据互联网与大数据环境的最新发展做出相应的修改。在追求大数据的经济价值的过程中，需要设定必要的规则，规范数据处理者的行为规范，以降低对私人、公共利益的可能的侵害和对安全稳定的交易环境可能带来的不利影响。

其后，刘文静解释数据"所有权"中的占有权和处分权在数据领域难以适用，保护数据主体的权利的关键在于利用这些数据获利和数据主体的利益是否因此受损、公共利益是否受到威胁。任何单位和个人对收集到的数据的使用，都应当遵循一定的规则。

同时，发展数据经济不能偏离"以人为本"，不能以牺牲国家安全和个人基本权利（隐私）为代价，单纯追求经济利益。只有在国家安全和公共秩序不受威胁，个人隐私和数据安全受到基本保护的前提下，才能让数据的商业和社会价值得到可持续发掘，造福于社会发展。

大数据立法不是立一部法，而是制定和修改大数据相关的法律

南方舆情数据研究院（以下简称"南方舆情"）： 党的十八届五中全会提出，"实施'互联网+'"行动计划，发展分享经济，实施国家大数据战略。我国迎来大数据发展的机遇期，但考虑到大数据对公共利益安全的重要性，在大数据转化为商业用途之后，对公共利益的影响应该全面进行研究，对大数据相关法律的需求，已经迫在眉睫。您作为法律界的专家，您对大数据立法有哪些看法？大数据立法应从哪些角度着手，才能在充分开发大数据经济价值的同时，又保护大数据重要的社会价值？

刘文静： 大数据立法不是立一部法，而是一系列相关的法的制定和修改，其中包括已经实施的《网络安全法》、还未制定的《个人信息保护法》和正在探索中的政府部门间信息共享的立法；此外，《保守国家秘密法》《档案法》《政府信息公开条例》以及其他涉及国家秘密、商业秘密、个人隐私、数据安全的已有的法律法规，都可能需要根据互联网与大数据环境的最新发展做出相应的修改。

大数据经济价值的开发不需要专门立法——商业活动作为一种民事行为，是"法不禁止即可为"。立法需要关注的是追求大数据的经济价值的过程中，对需要保护的私人和公共利益的可能的侵害、对安全稳定的交易环境可能带来的不利影响，并通过为数据处理行为设定必要的规则，尽可能把上述侵害和不利影响减到最低。

约束数据处理的使用范围和方式，保护数据主体的权利

南方舆情： 2016年3月，国家"十三五"规划纲要中强调"实施国家大数据战略，把大数据作为基础性战略资源，全面实施促进大数据发展行动"。大数据作为一种资源，在交易、交换以及流通过程中，就存在数据主权和使用权的问题，能否请您从法律的角度，谈谈您是如何看待数据主权和使用权的问题？假设某位市民，他持续接受"网约车"服务，一段时间后他的出行记录，所有权和使用权归谁？是他本人、"网约车"公司，还是第三方的平台运营商，或者是政府部门？

刘文静： "主权"是国家意义上的，只有国家才可能是主权者。我猜这个问题中的"数据主权"可能是想表达与特定数据所指向的自然人和法人的权利。欧盟使用的是"数据主体"这个概念，即问题中所说的"数据主权"是不是数据主体的权利。

数据不是有形的事物，因此无法纳入现行法律的"所有权"概念中。保护数据主体的权利，核心就是保护国家秘密、企业的商业数据和自然人的个人数据。这种保护，只能通过立法约束数据处理者对数据的使用范围和使用方式来实现。简单地说，任何单位和个人对收集到的数据的使用，都应当遵循一定的规则，不能不受控制地任意使用数据。

以网约车为例，消费者在接受服务时留下的个人数据，应当依法受到保护。抽象地讨论这些记录的"所有权"意义不大，因为电子数据被复制后并不会导致原记录减少，"所有权"中的占有权和处分权在电子数据领域难以适用。真正关键的问题是利用这些电子数据获利和数据主体的利益是否因此受损、公共利益（例如交通数据的集合事关国家安全）是否受到威胁。

规范数据处理者行为，加强个人信息安全保护

南方舆情： 从2016年的"徐玉玉案"到《南都调查触目惊心：记者700元买到同事10项信息，开房记录精确到秒》，个人信息泄露等网络信息安全问题备受关注。2017年的全国"两会"期间，就大数据环境下的个人信息安全问题，全国人大代表、腾讯公司董事会主席兼首席执行官马化腾表示：维护网络安全，加强大数据环境下个人信息安全保护，需要坚定不移地依托社会共治，联手对抗网络黑产。您是如何看待这一现象的？您认为应如何解决这种问题？

刘文静： 虽然正在讨论中的《民法总则（草案）》中设计了个人信息保护的

条文，但不能替代专门的个人数据保护立法。政府和企业，特别是网络运营商和其他与互联网有关的企业，是最大的数据处理者。个人数据保护立法应当对这些数据处理者的行为做出详细的规范。

以人为本，发展数据经济

南方舆情：当前世界各主要国家已经意识到大数据的战略意义，从立法层面对大数据予以界定和保护也已经成为共识，从数据大国到数据强国的关键在于提升对数据的掌控力和利用数据提升国家治理能力等，从法律的角度来看，您认为制约中国大数据下一步发展的关键在哪？您对欧美的情况比较熟悉，这些国家对个人信息安全是怎样规范的？有哪些经验可供我们学习？

刘文静：在计算机和互联网技术远未普及的时候，美国和欧洲发达国家早已制定个人信息（或者个人数据）保护的法律。虽然不同国家的立法各有特色，但基本上对政府、企业和个人处理个人数据都有比较严格的约束。欧美的互联网应用普及得比中国要早，他们也更早注意到大数据的安全性，例如欧盟立法对数据的跨境流动给予限制，就不仅仅是出于保护个人隐私的考虑，还有数据利用中的民族利益和国家安全保护的考虑。我国的个人数据保护立法亟需尽快启动，同时在立法的指导思想方面，特别要澄清个人数据保护立法会不会影响数据经济发展这个误解——只有在国家安全和公共秩序不受威胁的前提下，在个人隐私和数据安全受到基本保护的前提下，数据的商业价值和社会价值才能够得到可持续的发掘，才能真正让数据造福于社会，数据经济才有意义。简言之，发展数据经济的目的是为了让人们过上更好的生活，不能以牺牲国家安全和个人基本权利（隐私）为代价，任何时候不能偏离"以人为本"来单纯追求经济利益。

（采访：蓝云、任创业、罗琪元）

贵州经验

贵州省大数据发展管理局局长马宁宇：

基于战略判断主动而为，拥抱大数据时代

【人物简介】

2017年3月2日，贵州省大数据发展管理局局长马宁宇（左）接受南方舆情数据研究院秘书长蓝云专访

马宁宇，清华大学自动化系控制理论与控制工程专业毕业，工学博士。现任贵州省政府副秘书长、省大数据发展管理局局长。

2017年3月2日，南方舆情数据研究院专访了贵州省大数据发展管理局局长马宁宇。马宁宇为我们分享了贵州省大数据先行先试的若干经验。贵州通过集聚数据资源，引进国家有关部委的数据库、龙头企业的数据库，集聚大数据产业，打造国家级的大数据内容中心、服务中心，对广东省发展大数据产业具有参考价值和借鉴作用。

马宁宇表示，大数据不能走先污染后治理的老路，没有安全的大数据就不会有未来。应在发展科学技术的同时，确定相关法律的制定和相应的规章制度的实施，加大管理和监督作用，确保数据隐私安全和信息安全，推动大数据应用发展。

马宁宇认为，广东省作为改革和经济技术发展的先行地，自身拥有良好的大数据企业基础、人才基础和实践基础，在培育新产业、新业态和提升政府治理能力现代化建设方面，具有很好的产业优势。

贵州基于战略判断选择大数据产业破局，"把无生成了有"

南方舆情数据研究院（以下简称"南方舆情"）：2016年贵阳数博会成功召开，吹响了国家进一步深化发展大数据产业的号角。总理在会上发表了热情洋溢的讲话，对于该讲话，我个人最深刻的体会是他表扬贵阳大数据产业发展"把无生成了有"。请马局长谈谈，为什么大数据产业会在贵阳首先发力？又是什么原因让贵州省萌发做大数据产业的想法？

马宁宇："无中生有"，更多是总理对贵州这样的西部省份敢于探索蓝海的鼓励。贵州有着特别强烈的发展渴望，自己发展底子薄，很多方面在全国比较落后，贵州人渴望冲出经济洼地，撕掉贴在脸上的贫困标签。

贵州为什么选大数据产业？

这与贵州的产业结构特征相关。贵州的产业是什么样的结构呢？在贵州工业当中，烟、酒、煤、电四个产业占贵州工业总量的60%左右，新形势下，这些传统产业的增长都遭受了巨大的压力和挑战。习近平总书记指出，要坚持以新发展理念引领经济发展新常态，聚焦大数据，把大扶贫、大数据作为"十三五"全省两大战略行动之一，正是贵州落实五大发展新理念，走出一条有别于东部、不同于西部其他省份的发展新路的必然选择。贵州必须转型，必须要培育新业态、新产业，在科技革命的机遇中寻找新的发展动力和发展模式。

我们判断，当前电子信息产业的爆发式增长对贵州来说是一个发展机遇。当前正值人类历史百年一次的技术革命和产业革命，大数据和泛在互联网为代表的新一代信息技术正在引领这一轮技术革命。从人类以往的历史经验来看，一般来说这种技术革命会在实验室里孕育20年左右的时间，逐渐应用到各个产业领域，过程可能还需要差不多30年的时间，其间整个社会的产业布局和业态都会随之变化，这正是我国西部后发地区的机遇期，也是我们国家的重要机遇期。

在发展大数据产业方面，这是大家共同的发展方向，而同时，大家都刚刚起步，贵州跟其他地区的差距不像别的产业那么大，这是我们选择发展大数据产业的原因。

先人一步要变成优势，政府部门自己要懂大数据

南方舆情：请具体介绍下贵州是如何发展大数据产业的？采用了哪些措施和具体办法？

马宁宇：贵州做大数据，第一件事是从数据中心引进开始。数据中心作为大数据发展的重要基础设施，其选址有几个要求：第一是高载能，所以需要电力充足，而且能源价格相对便宜；第二散热量大，所以选址希望天气比较凉爽；第三需要地质结构稳定，没有地震等自然灾害的发生。在中国南方，同时满足这三个条件的，只有贵州，工信部评估报告也显示，贵州是中国南方最适合建设大型绿色数据中心的地区。而且贵州地处南方的地理中心，与广州、深圳等经济中心的距离比较合适，交通也比较方便，区域内很多大型企业愿意选择贵州，这是贵州的先天优势。

贵州发展大数据创造了先发优势。贵州早在2014年3月1日在北京举办了大数据招商推介会，总体上比国内其他地区抢跑了两年，在国内实现了多个率先：一是率先启动首个国家大数据综合试验区、国家大数据产业集聚区和国家大数据产业技术创新试验区建设，为国家战略开展先行先试。二是率先建成全国第一个全省政府数据集聚共享开放的统一云平台——"云上贵州"平台。三是率先开展大数据地方立法，颁布实施《贵州省大数据应用促进条例》，成为全国首个大数据地方性法规。四是率先设立第一个大数据交易所，探索数据货币化场内交易，赋予数据金融产品的功能特性。五是率先举办贵阳国际大数据产业博览会和云上贵州大数据商业模式大赛，搭建大数据业界交流的高端平台。

"抢跑"给我们带来四大利好。一是带来了国家试验区3个"金字招牌"。二是带来了三大基础电信运营企业贵安新区数据中心。三是带来了高通、IBM、

联想、华为、腾讯、SAP、百度、浪潮等世界或国内500强企业落户贵州。四是带来了中央高度肯定、国家大力支持、企业主动参与、业界充分认可的良好氛围。

先天优势，促进数据资源集聚，给了我们"无中生有"的可能。先发优势，让我们起跑时先冲出来，引起了各界关注，给了我们更多加快发展的机遇。但是光有先天优势和先发优势还不够，先天优势带不来产业，先发优势只要广州、深圳、上海等地一发力就会轻轻松松超过贵州，能否把握得住机遇，还得新增一条：先行优势。

贵州发展大数据在不断打造先行优势，打造先行先试的实验田。大数据是新生事物，应用模式和产业模式都需要创新，需要实验，需要人才。实践证明，哪个地方给探索者发展机会和空间，哪个地方就能集聚人才。包容创新的环境是吸引人才来我省共同发展大数据的最重要、最突出、最有效的优势。我们全力做好两方面的事：一是持续营造创业创新环境，让创业者、创新者、企业愿意来。把建设国家批复的"三大试验区"作为发展大数据的"登云梯"，扭住创新这个牛鼻子，给创业创新者提供资源，营造环境。比如政府开放数据、创新试验平台、人才待遇保障等，推动数据交换、交易、应用，建立完善相应的规范标准和立法保障等。二是政府带头主动干、主动学、主动用，一起去面对和解决问题。"实验田"非常重要的是政府部门的同志要懂大数据，愿意担当，包容失败，能和大数据企业一起解决开拓创新中不断遇到的新问题。共同努力营造先行先试、共同创新、容许试错、包容失败的发展环境，给企业创新的空间。共同建设名副其实的国家大数据综合试验区，这样贵州才能一直是全国最具吸引力的大数据"实验田"，才可能在全国的大数据发展中保持一席之地。

筑巢引凤，打造创业创新环境，吸引"货车帮"等企业落地贵州

南方舆情：贵州不是一个经济发达省份，靠什么吸引大数据企业在此投资、项目落地？

马宁宇：很多企业愿意到贵州省试验，看重的就是贵州省的创业创新环境，希望在这里完善技术和模式，将来在全国复制。

比如"货车帮"在其他城市创业，最后辗转到贵州。它就好像物流界的"滴滴打车"，企业运用大数据技术，服务于跑物流的货车个体户，帮助货找到车、车找到货，从生产组织方式进行变革，有效解决跑空车的问题，提高物流效率。

现在，拥有230万司机会员，平台上每天发布货源信息近100万条，平均每周为一位会员减少空驶里程200公里，一年为所有会员节省油费就可以超过500亿元。已经入选科技部火炬中心联合长城企业战略研究所发布的"独角兽"企业榜单，成为贵州本土培育的一家"独角兽"企业，目前全国仅16个城市拥有"独角兽"企业。

对于"货车帮"在贵州初创阶段，面对的最大问题是信用问题。贵州政府提供数据支持，帮"货车帮"确定司机和货源的认定认证，通过对货车车主从手机、身份证、驾驶证、行驶证确认，以及安装北斗定位系统等方式，保证货源真实性和货车车主稳定性。同时，通过跨领域的数据整合，支持它拓宽产品服务，从一个免费的货车撮合平台，走向一个货车保险、维修服务甚至货车销售、小额信贷的产业平台。对于解决信用问题以及跨领域的数据相关性，不同领域的数据对接，需要政府支持必要的新技术早期探索，比方说，贵阳市已经是全国区块链的创业创新热土，在信用、公权力监督等六个领域，正在开展实验探索。

南方舆情：贵州提大数据内容中心、服务中心，还提到想打造大数据金融中心？

马宁宇：从人类经济史来看，资金流跟着物流走，金融中心总是建在港口和物流中心。在大数据时代，资金流会跟着数据流走，基于大数据内容中心、服务中心，基于数据结算开展资金结算，建设金融中心，也不是不可能。

例如"货车帮"这个企业，与贵阳银行、交通部门一起联手发放ITC卡，成为运费的结算中心。现在每天发卡超过6000张，平台沉淀资金近50亿元。将来趋势会是人流、物流、信息流、资金流四流合一，而首先能够确定的是资金流可以跟着数据流走，在这个平台上，从货运运费结算到货物交易之间的结算，催生一个产业模式。

贵州省会坚持打造大数据"实验田"，聚集类似这样的企业，建设典型的大数据综合试验区。除了"货车帮"这样的企业外，贵州省的数据产业也在呈现出阶梯性，既有"高大上"，也有"接地气"。比方说我和淘宝总裁孙立军商讨在贵州发展农村淘宝，因为贵州生态环境优势，有很多好东西，例如茶叶、辣椒、大酱、酒、香肠、腊肉等，还有绿色食品、绿壳鸡蛋等等。贵州现在与淘宝已经全面合作，希望让贵州绿色生态的农产品可以风行天下、走遍全国，从而带动农村千家万户脱贫致富。

要借助电商业务盘活农业市场，关键是农村基础设施建设和网络基础设施建设要跟上。现在贵州实现有线电视上网"村村覆盖"，正在推进光纤进村全覆盖。有线电视网实现上行下行，通过淘宝卖东西，给村民带来最直接利益和实惠的同时，也在迅速改变老百姓的眼光、意识和生活方式。

政府通过大数据技术，帮助村民解决电商品牌打造和产品质量溯源市场分析等问题，真正带动农民一起来干，培养全民大数据意识，这对贵州的脱贫也有着重大意义。

政府不仅要学好大数据，关键还要用好大数据

南方舆情：我们注意到陈敏尔书记对贵州发展大数据，曾提出三个问题，数据从哪里来？数据放在哪儿？数据如何用？能不能请马局长给我们讲一讲？

马宁宇：陈敏尔书记从哲学的高度提出来，我们做大数据首先思考三个问题：数据从哪里来？数据放在哪儿？数据如何用？他认为，大数据是一种技术，是一种工具，更是一个时代、一种意识，要顺应这个时代的潮流，如果不顺应这个潮流你可能就被淘汰。就像马云说的，对不起，没有落后产业，是你的企业落后了。

陈敏尔书记认为大家都必须去拥抱这个时代。数据是资源，这就有了数据从哪里来的问题，现在抓扶贫工作，要求首先是精准，就必须要做到数据的准确。扶贫数据的获取实际有多种渠道，第一是通过驻村干部去核对，还有公安数据、民政数据、教育数据等。但是每种渠道获得的数据格式都不一样，现在统一由省大数据管理局来协调，省直十一个部门的数据做到标准统一，格式统一。所有部门的数据统一标准后，从下往上集中，通过自动核查机制，确保数据准确性。通过这个途径解决数据源问题。然后是数据放在哪里。物理上是"云计算"数据存储中心，更重要的是要统一放在一起，相互要通、要共享，在贵州，就是把省市县三级所有的政务数据放在一个"云上贵州"平台上，这就是刚才讲到大数据的核心——"共享"，通过这个平台将跨领域的数据放在一起，产生相关性。

数据怎么用？数据作为资源，资源的价值在于它的使用程度。李克强总理说它是"钻石矿"，不用也只是矿，而不是钻石，所以数据谁来用，怎么用是关键。就像刚刚谈到的扶贫，我们通过运用大数据，实现精准扶贫；通过政府数据与教育数据匹配，直接对符合条件的贫困学生免交学费，而不是像过去学生先交

钱，政府再去核对，过几个月再返回来，省去了冗繁的工作量，真正为贫困家庭减轻负担，实现"教育领域的精准扶贫"，让贫困的孩子能真正受益，从管理角度来讲，这就是政府治理能力现代化。

对于政府数据治理能力提升，应该体现在三个方面，第一是科学决策能力。比方说淘宝的数据有时候比我们要快、要多。现在贵州政府正在与"货车帮"、淘宝、数联铭品一起做农产品的价格指数，通过这个指数的变化，反馈出农产品的价格是多少，贵州的农产品可以卖到哪去，全省的物价水平如何，老百姓的生活水平如何等等。同时，省发改委和省农委合作，研究农民的生产成本和省内外市场情况，指导农业生产各个方面的工作，避免"种了水果还需要干部帮着卖"。这就是科学决策，科学决策来自大数据。

第二是有效管理，提升管理的效力。当前，贵州省在政用领域的重点是实施"数据铁笼"等应用示范工程。克强总理说"人在干，云在算，天在看"，要求公权力运行处处留痕，全透明，可记录，有效监督。贵州省高院有一套智慧法官系统，通过集中分析全国所有的法院审理的文书，运用大数据、人工智能提供审判参考，就好像"法官界中的Master"，首先是提高了法官的业务水平，让每一个法官都可以拿出最专业法官的水平去办案；同时实现对法官自由裁量权的科学监督，当法官判决超出智慧系统建议的合理区间时，会自动报警，提请监督，这将对提高贵州的司法水平和公正性发挥作用。

第三是提升服务水平，刚才所讲的精准扶贫是一种服务，贵阳市上线了一个叫作"筑民生"的APP，把与老百姓相关的各种公共服务集中在一个APP里，方便老百姓。在2017年上半年，"云上贵州"APP将上线，将全省的政务服务放在一个APP上，让数据多跑路、老百姓少跑腿。

数据共享降低创业门槛，大数据是典型的共享经济

南方舆情：马局长您对数据治理问题讲得非常透彻。现在很多人都在讲大数据，您能不能用几句话简单概括下，到底什么是大数据？

马宁宇：大数据就是基于海量数据，用云计算来替代人做统计分析，通过大样本数据的相关性分析，提出预测和建议，让普通人在各个领域都能够达到专家的水平。如果说得比较书面一点，大数据是通过数据的相关性分析来改变资源配置的模式，提升资源配制效率和质量。李克强总理经常说，"数据多跑路，百姓少跑腿"，实际上就是通过数据来改变业务流程和管理水平。

南方舆情："货车帮"这个案例，对经济学边际效益递减规律的概念还是有一定冲击的，该规律认为，随着数量的增加，效益是递减的。为什么大数据企业如"货车帮"，数量与效益关系与此相反，没达到一定量就很难实现效益？

马宁宇：这是互联网经济典型特征，第一是规模效应，因为互联网经济扩张时，它的边际成本有时比较低，甚至为零。比如开发一套软件成本是几十万元，互联网分享成本基本是零，达到一定规模后，才能更好产生效益。第二是长尾效应，从德国工业4.0到现在网络经济，出现定制化服务，并且个性化定制的成本会越来越低，其背后需要大数据平台来支持。第三是创业的门槛越来越低，因为大数据作为一种工具，使得每个人都可以达到专家的水平，降低了大家创业的门槛。凯文·凯利最近一本书特别火叫《必然》，里面有这么一段话——可能在2050年我们回顾的时候发现，2016年是最容易创业的一年，为什么呢？我们身边很多转变人们生活的伟大产品，都是在2016年发明出来的，很多公司新的商业模式也是在2016年形成的。我们会欣喜地发现，在2016年、2017年的时候，遍地都是机会，创业的门槛那么低，新技术的应用模式、商业模式都在这个时候形成。

探索数据交易模式，推进数据安全立法

南方舆情：贵州作为国家综合试验区，建立了世界上第一个以大数据命名的交易所，请马局长为我们介绍下当时建立大数据交易所的出发点，现在的成效如何？

马宁宇：数据交易是一种新的市场方式，数据交易所的建设更是一个全新的探索，完全由企业投资建设和运营，数据交易方式存在几个方向。第一，数据的交换和交易，交换是免费交换，交易需要定价措施。目前交换和交易都存在，两个方向并行在走。第二，数据交易存在场内和场外交易，目前数据交易量最大的是场外交易，但是场内交易也有一些独特的优势，所以我们支持企业来做场内数据交易。在这个过程中政府给予支持和监督，更有利于保证数据安全和数据隐私。

在整个实践的过程中，数据交易所取得了很好的发展，首先得到了业界的支持，包括互联网巨头企业、一些银行参与数据交易，目前交易量最大的是征信数据。一般来说，场外数据交易缺乏有效监督，可能会有隐私安全隐患，而场内交易更容易规范，交易的数据都是加工脱敏过的数据。某种意义来说，场内数据交

易是加工脱敏的劳动成果交易，不是裸数据，交易所背后是数据加工产业，按照客户的需求做一定的数据处理。在数据安全的角度，数据场内交易可能会不断提高份额。

南方舆情：2016年12月，《南方都市报》有一篇报道引起广泛反响，《南都调查触目惊心：南方舆情700元买到同事10项信息，开房记录精确到秒》。马局长您如何看待这一现象？您认为如何解决信息安全问题？

马宁宇：第一，数据安全问题是客观存在的，需要正视面对的；第二，这是场外交易，缺乏监管，存在大量的安全隐私问题。面对客观存在的问题，要有一整套策略、配套的制度和技术的支撑，首先是国家立法，国家已经出台了《网络安全法》，后面还会有一系列法规组成一个体系；其次是安全策略，解决数据安全问题需要一套安全策略，安全策略包括技术和制度。比如，曾经出现过企业或者机构内部人员卖数据，这就不能只靠技术，还要靠制度来管理。

贵州目前的做法是：第一，探索数据安全的立法，为全国人大的立法提供实验田。第二，探索制定相关的政府规章制度。第三，设计安全体系，国家有关部委指导贵州省建设大数据安全保护体系，这套体系有八个系统相互支撑。第四，建设数据安全平台，政府数据安全平台和公共数据安全支撑平台等。第五，安全攻防演练。2016年在公安部的指导下，贵州省开展了第一次数据安全攻防演练，在此基础上，我们建设了一个安全靶场，围绕安全靶场建设了一个安全产业园，目前已经有14家企业入驻。将来希望形成一个在有关部委指导下的常态化的安全靶场，来共同解决数据安全的防卫技术、产品、策略、制度问题。

"贵州经验"对广东大数据综合实验区建设有参考借鉴价值

南方舆情：2016年10月，经国家的正式批准，广东省成为全国第二批大数据综合试验区，依据贵州在大数据领域先行先试的经验和优势，您对广东省推进珠三角大数据综合试验区建设有哪些建议？

马宁宇：广东省本身就是国家改革的"大试验田"，而且向来是中国改革开放的先行地，多少年来一直走在改革和经济创新的前沿，集中大批互联网大数据企业和人才队伍，广东有条件、有优势突破大数据技术、培育大数据企业和发展大数据产业。广东省在建设珠三角大数据综合试验区过程中，有很多可以走在全国前列。例如，培育新业态、新产业。广东本土拥有大量优秀的软件服务企业、互联网企业，在智慧城市、工业互联网等建设上处于全国前沿，在良好基础上，广东将会培育更多的数据企业，发展数据产业，打造数据产品。再如，政府职能现代化的提升。大数据的应用和体制机制改革密不可分，随着大数据互联网的应用和推广，经济业态、社会结构可能发生变化，政府业务流程必然发生变化，甚至可能会有机构组织的改革。这方面广东有基础、有经验、有能力先走一步，继续走在时代的前沿。

在大数据上，广东还是老大哥，贵州会继续向广东学习，继续书写珠江合作的新篇章。

（采访：蓝云、任创业、余元锋。感谢刘珂提供帮助）

附录1   国务院关于印发促进大数据 发展行动纲要的通知

国务院关于印发促进大数据发展行动纲要的通知

国发〔2015〕50号

各省、自治区、直辖市人民政府,国务院各部委、各直属机构:

现将《促进大数据发展行动纲要》印发给你们,请认真贯彻落实。

国务院

2015年8月31日

促进大数据发展行动纲要

大数据是以容量大、类型多、存取速度快、应用价值高为主要特征的数据集合,正快速发展为对数量巨大、来源分散、格式多样的数据进行采集、存储和关联分析,从中发现新知识、创造新价值、提升新能力的新一代信息技术和服务业态。

信息技术与经济社会的交汇融合引发了数据迅猛增长,数据已成为国家基础性战略资源,大数据正日益对全球生产、流通、分配、消费活动以及经济运行机制、社会生活方式和国家治理能力产生重要影响。目前,我国在大数据发展和应用方面已具备一定基础,拥有市场优势和发展潜力,但也存在政府数据开放共享不足、产业基础薄弱、缺乏顶层设计和统筹规划、法律法规建设滞后、创新应用领域不广等问题,亟待解决。为贯彻落实党中央、国务院决策部署,全面推进我国大数据发展和应用,加快建设数据强国,特制定本行动纲要。

一、发展形势和重要意义

全球范围内,运用大数据推动经济发展、完善社会治理、提升政府服务和监管能力正成为趋势,有关发达国家相继制定实施大数据战略性文件,大力推动大数据发展和应用。目前,我国互联网、移动互联网用户规模居全球第一,拥有丰富的数据资源和应用市场优势,大数据部分关键技术研发取得突破,涌现出一批互联网创新企业和创新应用,一些地方政府已启动大数据相关工作。坚持创新驱动发展,加快大数据部署,深化大数据应用,已成为稳增长、促改革、调结构、惠民生和推动政府治理能力现代化的内在需要和必然选择。

（一）**大数据成为推动经济转型发展的新动力**。以数据流引领技术流、物质流、资金流、人才流，将深刻影响社会分工协作的组织模式，促进生产组织方式的集约和创新。大数据推动社会生产要素的网络化共享、集约化整合、协作化开发和高效化利用，改变了传统的生产方式和经济运行机制，可显著提升经济运行水平和效率。大数据持续激发商业模式创新，不断催生新业态，已成为互联网等新兴领域促进业务创新增值、提升企业核心价值的重要驱动力。大数据产业正在成为新的经济增长点，将对未来信息产业格局产生重要影响。

（二）**大数据成为重塑国家竞争优势的新机遇**。在全球信息化快速发展的大背景下，大数据已成为国家重要的基础性战略资源，正引领新一轮科技创新。充分利用我国的数据规模优势，实现数据规模、质量和应用水平同步提升，发掘和释放数据资源的潜在价值，有利于更好发挥数据资源的战略作用，增强网络空间数据主权保护能力，维护国家安全，有效提升国家竞争力。

（三）**大数据成为提升政府治理能力的新途径**。大数据应用能够揭示传统技术方式难以展现的关联关系，推动政府数据开放共享，促进社会事业数据融合和资源整合，将极大提升政府整体数据分析能力，为有效处理复杂社会问题提供新的手段。建立"用数据说话、用数据决策、用数据管理、用数据创新"的管理机制，实现基于数据的科学决策，将推动政府管理理念和社会治理模式进步，加快建设与社会主义市场经济体制和中国特色社会主义事业发展相适应的法治政府、创新政府、廉洁政府和服务型政府，逐步实现政府治理能力现代化。

二、指导思想和总体目标

（一）**指导思想**。深入贯彻党的十八大和十八届二中、三中、四中全会精神，按照党中央、国务院决策部署，发挥市场在资源配置中的决定性作用，加强顶层设计和统筹协调，大力推动政府信息系统和公共数据互联开放共享，加快政府信息平台整合，消除信息孤岛，推进数据资源向社会开放，增强政府公信力，引导社会发展，服务公众企业；以企业为主体，营造宽松公平环境，加大大数据关键技术研发、产业发展和人才培养力度，着力推进数据汇集和发掘，深化大数据在各行业创新应用，促进大数据产业健康发展；完善法规制度和标准体系，科学规范利用大数据，切实保障数据安全。通过促进大数据发展，加快建设数据强国，释放技术红利、制度红利和创新红利，提升政府治理能力，推动经济转型升级。

（二）**总体目标**。立足我国国情和现实需要，推动大数据发展和应用在未来5—10年逐步实现以下目标：

打造精准治理、多方协作的社会治理新模式。将大数据作为提升政府治理能力的重要手段，通过高效采集、有效整合、深化应用政府数据和社会数据，提升政府决策和风险防范水平，提高社会治理的精准性和有效性，增强乡村社会治理能力；助力简政放权，支持从事前审批向事中事后监管转变，推动商事制度改革；促进政府监管和社会监督有机结合，有效调动社会力量参与社会治理的积极性。2017年底前形成跨部门数据资源共享共用格局。

建立运行平稳、安全高效的经济运行新机制。充分运用大数据，不断提升信用、财政、金融、税收、农业、统计、进出口、资源环境、产品质量、企业登记监管等领域数据资源的获取和利用能力，丰富经济统计数据来源，实现对经济运行更为准确的监测、分析、预测、预警，提高决策的针对性、科学性和时效性，提升宏观调控以及产业发展、信用体系、市场监管等方面管理效能，保障供需平衡，促进经济平稳运行。

构建以人为本、惠及全民的民生服务新体系。围绕服务型政府建设，在公用事业、市政管理、城乡环境、农村生活、健康医疗、减灾救灾、社会救助、养老服务、劳动就业、社会保障、文化教育、交通旅游、质量安全、消费维权、社区服务等领域全面推广大数据应用，利用大数据洞察民生需求，优化资源配置，丰富服务内容，拓展服务渠道，扩大服务范围，提高服务质量，提升城市辐射能力，推动公共服务向基层延伸，缩小城乡、区域差距，促进形成公平普惠、便捷高效的民生服务体系，不断满足人民群众日益增长的个性化、多样化需求。

开启大众创业、万众创新的创新驱动新格局。形成公共数据资源合理适度开放共享的法规制度和政策体系，2018年底前建成国家政府数据统一开放平台，率先在信用、交通、医疗、卫生、就业、社保、地理、文化、教育、科技、资源、农业、环境、安监、金融、质量、统计、气象、海洋、企业登记监管等重要领域实现公共数据资源合理适度向社会开放，带动社会公众开展大数据增值性、公益性开发和创新应用，充分释放数据红利，激发大众创业、万众创新活力。

培育高端智能、新兴繁荣的产业发展新生态。推动大数据与云计算、物联网、移动互联网等新一代信息技术融合发展，探索大数据与传统产业协同发展的新业态、新模式，促进传统产业转型升级和新兴产业发展，培育新的经济增长点。形成一批满足大数据重大应用需求的产品、系统和解决方案，建立安全可信的大数据技术体系，大数据产品和服务达到国际先进水平，国内市场占有率显著提高。培育一批面向全球的骨干企业和特色鲜明的创新型中小企业。构建形成政产学研用多方联动、协调发展的大数据产业生态体系。

三、主要任务

（一）加快政府数据开放共享，推动资源整合，提升治理能力。

1.大力推动政府部门数据共享。加强顶层设计和统筹规划，明确各部门数据共享的范围边界和使用方式，厘清各部门数据管理及共享的义务和权利，依托政府数据统一共享交换平台，大力推进国家人口基础信息库、法人单位信息资源库、自然资源和空间地理基础信息库等国家基础数据资源，以及金税、金关、金财、金审、金盾、金宏、金保、金土、金农、金水、金质等信息系统跨部门、跨区域共享。加快各地区、各部门、各有关企事业单位及社会组织信用信息系统的互联互通和信息共享，丰富面向公众的信用信息服务，提高政府服务和监管水平。结合信息惠民工程实施和智慧城市建设，推动中央部门与地方政府条块结合、联合试点，实现公共服务的多方数据共享、制度对接和协同配合。

2. 稳步推动公共数据资源开放。在依法加强安全保障和隐私保护的前提下，稳步推动公共数据资源开放。推动建立政府部门和事业单位等公共机构数据资源清单，按照"增量先行"的方式，加强对政府部门数据的国家统筹管理，加快建设国家政府数据统一开放平台。制订公共机构数据开放计划，落实数据开放和维护责任，推进公共机构数据资源统一汇聚和集中向社会开放，提升政府数据开放共享标准化程度，优先推动信用、交通、医疗、卫生、就业、社保、地理、文化、教育、科技、资源、农业、环境、安监、金融、质量、统计、气象、海洋、企业登记监管等民生保障服务相关领域的政府数据集向社会开放。建立政府和社会互动的大数据采集形成机制，制定政府数据共享开放目录。通过政务数据公开共享，引导企业、行业协会、科研机构、社会组织等主动采集并开放数据。

专栏1　政府数据资源共享开放工程

推动政府数据资源共享。制定政府数据资源共享管理办法，整合政府部门公共数据资源，促进互联互通，提高共享能力，提升政府数据的一致性和准确性。2017年底前，明确各部门数据共享的范围边界和使用方式，跨部门数据资源共享共用格局基本形成。

形成政府数据统一共享交换平台。充分利用统一的国家电子政务网络，构建跨部门的政府数据统一共享交换平台，到2018年，中央政府层面实现数据统一共享交换平台的全覆盖，实现金税、金关、金财、金审、金盾、金宏、金保、金土、金农、金水、金质等信息系统通过统一平台进行数据共享和交换。

形成国家政府数据统一开放平台。建立政府部门和事业单位等公共机构数据资源清单，制定实施政府数据开放共享标准，制定数据开放计划。2018年底前，建成国家政府数据统一开放平台。2020年底前，逐步实现信用、交通、医疗、卫生、就业、社保、地理、文化、教育、科技、资源、农业、环境、安监、金融、质量、统计、气象、海洋、企业登记监管等民生保障服务相关领域的政府数据集向社会开放。

3. 统筹规划大数据基础设施建设。结合国家政务信息化工程建设规划，统筹政务数据资源和社会数据资源，布局国家大数据平台、数据中心等基础设施。加快完善国家人口基础信息库、法人单位信息资源库、自然资源和空间地理基础信息库等基础信息资源和健康、就业、社保、能源、信用、统计、质量、国土、农业、城乡建设、企业登记监管等重要领域信息资源，加强与社会大数据的汇聚整合和关联分析。推动国民经济动员大数据应用。加强军民信息资源共享。充分利用现有企业、政府等数据资源和平台设施，注重对现有数据中心及服务器资源的改造和利用，建设绿色环保、低成本、高效率、基于云计算的大数据基础设施和区域性、行业性数据汇聚平台，避免盲目建设和重复投资。加强对互联网重要数据资源的备份及保护。

专栏2　国家大数据资源统筹发展工程

整合各类政府信息平台和信息系统。严格控制新建平台，依托现有平台资源，在地市级以上（含地市级）政府集中构建统一的互联网政务数据服务平台和信息惠民服务平台，在基层街道、社区统一应用，并逐步向农村特别是农村社区延伸。除国务院另有规定外，原则上不再审批有关部门、地市级以下（不含地市级）政府新建孤立的信息平台和信息系统。到2018年，中央层面构建形成统一的互联网政务数据服务平台；国家信息惠民试点城市实现基础信息集中采集、多方利用，实现公共服务和社会信息服务的全人群覆盖、全天候受理和"一站式"办理。
整合分散的数据中心资源。充分利用现有政府和社会数据中心资源，运用云计算技术，整合规模小、效率低、能耗高的分散数据中心，构建形成布局合理、规模适度、保障有力、绿色集约的政务数据中心体系。统筹发挥各部门已建数据中心的作用，严格控制部门新建数据中心。开展区域试点，推进贵州等大数据综合试验区建设，促进区域性大数据基础设施的整合和数据资源的汇聚应用。
加快完善国家基础信息资源体系。加快建设完善国家人口基础信息库、法人单位信息资源库、自然资源和空间地理基础信息库等基础信息资源。依托现有相关信息系统，逐步完善健康、社保、就业、能源、信用、统计、质量、国土、农业、城乡建设、企业登记监管等重要领域信息资源。到2018年，跨部门共享校核的国家人口基础信息库、法人单位信息资源库、自然资源和空间地理基础信息库等国家基础信息资源体系基本建成，实现与各领域信息资源的汇聚整合和关联应用。
加强互联网信息采集利用。加强顶层设计，树立国际视野，充分利用已有资源，加强互联网信息采集、保存和分析能力建设，制定完善互联网信息保存相关法律法规，构建互联网信息保存和信息服务体系。

4. 支持宏观调控科学化。建立国家宏观调控数据体系，及时发布有关统计指标和数据，强化互联网数据资源利用和信息服务，加强与政务数据资源的关联分析和融合利用，为政府开展金融、税收、审计、统计、农业、规划、消费、投资、进出口、城乡建设、劳动就业、收入分配、电力及产业运行、质量安全、节能减排等领域运行动态监测、产业安全预测预警以及转变发展方式分析决策提供信息支持，提高宏观调控的科学性、预见性和有效性。

5. 推动政府治理精准化。在企业监管、质量安全、节能降耗、环境保护、食品安全、安全生产、信用体系建设、旅游服务等领域，推动有关政府部门和企事业单位将市场监管、检验检测、违法失信、企业生产经营、销售物流、投诉举报、消费维权等数据进行汇聚整合和关联分析，统一公示企业信用信息，预警企业不正当行为，提升政府决策和风险防范能力，支持加强事中事后监管和服务，提高监管和服务的针对性、有效性。推动改进政府管理和公共治理方式，借助大数据实现政府负面清单、权力清单和责任清单的透明化管理，完善大数据监督和技术反腐体系，促进政府简政放权、依法行政。

6. 推进商事服务便捷化。加快建立公民、法人和其他组织统一社会信用代码制度，依托全国统一的信用信息共享交换平台，建设企业信用信息公示系统和"信用中国"网站，共享整合各地区、各领域信用信息，为社会公众提供查询注册登记、行政许可、行政处罚等各类信用信息的一站式服务。在全面实行工商营业执照、组织机构代码证和税务登记证"三证合一""一照一码"登记制度改革中，积极运用大数据手段，简化办理程序。建立项目并联审批平台，形成网上审批大数据资源库，实现跨部门、跨层级项目审批、核准、备案的统一受理、同步审查、信息共享、透明公开。鼓励政府部门高效采集、有效整合并充分运用政府数据和社会数据，掌握企业需求，推动行政管理流程优化再造，在注册登记、市场准入等商事服务中提供更加便捷有效、更有针对性的服务。利用大数据等手段，密切跟踪中小微企业特别是新设小微企业运行情况，为完善相关政策提供支持。

7. 促进安全保障高效化。加强有关执法部门间的数据流通，在法律许可和确保安全的前提下，加强对社会治理相关领域数据的归集、发掘及关联分析，强化对妥善应对和处理重大突发公共事件的数据支持，提高公共安全保障能力，推动构建智能防控、综合治理的公共安全体系，维护国家安全和社会安定。

专栏3   政府治理大数据工程

推动宏观调控决策支持、风险预警和执行监督大数据应用。统筹利用政府和社会数据资源，探索建立国家宏观调控决策支持、风险预警和执行监督大数据应用体系。到2018年，开展政府和社会合作开发利用大数据试点，完善金融、税收、审计、统计、农业、规划、消费、投资、进出口、城乡建设、劳动就业、收入分配、电力及产业运行、质量安全、节能减排等领域国民经济相关数据的采集和利用机制，推进各级政府按照统一体系开展数据采集和综合利用，加强对宏观调控决策的支撑。

推动信用信息共享机制和信用信息系统建设。加快建立统一社会信用代码制度，建立信用信息共享交换机制。充分利用社会各方面信息资源，推动公共信用数据与互联网、移动互联网、电子商务等数据的汇聚整合，鼓励互联网企业运用大数据技术建立市场化的第三方信用信息共享平台，使政府主导征信体系的权威性和互联网大数据征信平台的规模效应得到充分发挥，依托全国统一的信用信息共享交换平台，建设企业信用信息公示系统，实现覆盖各级政府、各类别信用主体的基础信用信息共享，初步建成社会信用体系，为经济高效运行提供全面准确的基础信用信息服务。

建设社会治理大数据应用体系。到2018年，围绕实施区域协调发展、新型城镇化等重大战略和主体功能区规划，在企业监管、质量安全、质量诚信、节能降耗、环境保护、食品安全、安全生产、信用体系建设、旅游服务等领域探索开展一批应用试点，打通政府部门、企事业单位之间的数据壁垒，实现合作开发和综合利用。实时采集并汇总分析政府部门和企事业单位的市场监管、检验检测、违法失信、企业生产经营、销售物流、投诉举报、消费维权等数据，有效促进各级政府社会治理能力提升。

8. 加快民生服务普惠化。结合新型城镇化发展、信息惠民工程实施和智慧城市建设，以优化提升民生服务、激发社会活力、促进大数据应用市场化服务为重点，引导鼓励企业和社会机构开展创新应用研究，深入发掘公共服务数据，在城乡建设、人居环境、健康医疗、社会救助、养老服务、劳动就业、社会保障、质量安全、文化教育、交通旅游、消费维权、城乡服务等领域开展大数据应用示范，推动传统公共服务数据与互联网、移动互联网、可穿戴设备等数据的汇聚整合，开发各类便民应用，优化公共资源配置，提升公共服务水平。

专栏4　公共服务大数据工程

医疗健康服务大数据。构建电子健康档案、电子病历数据库，建设覆盖公共卫生、医疗服务、医疗保障、药品供应、计划生育和综合管理业务的医疗健康管理和服务大数据应用体系。探索预约挂号、分级诊疗、远程医疗、检查检验结果共享、防治结合、医养结合、健康咨询等服务，优化形成规范、共享、互信的诊疗流程。鼓励和规范有关企事业单位开展医疗健康大数据创新应用研究，构建综合健康服务应用。

社会保障服务大数据。建设由城市延伸到农村的统一社会救助、社会福利、社会保障大数据平台，加强与相关部门的数据对接和信息共享，支撑大数据在劳动用工和社保基金监管、医疗保险对医疗服务行为监控、劳动保障监察、内控稽核以及人力资源社会保障相关政策制定和执行效果跟踪评价等方面的应用。利用大数据创新服务模式，为社会公众提供更为个性化、更具针对性的服务。

教育文化大数据。完善教育管理公共服务平台，推动教育基础数据的伴随式收集和全国互通共享。建立各阶段适龄入学人口基础数据库、学生基础数据库和终身电子学籍档案，实现学生学籍档案在不同教育阶段的纵向贯通。推动形成覆盖全国、协同服务、全网互通的教育资源云服务体系。探索发挥大数据对变革教育方式、促进教育公平、提升教育质量的支撑作用。加强数字图书馆、档案馆、博物馆、美术馆和文化馆等公益设施建设，构建文化传播大数据综合服务平台，传播中国文化，为社会提供文化服务。

交通旅游服务大数据。探索开展交通、公安、气象、安监、地震、测绘等跨部门、跨地域数据融合和协同创新。建立综合交通服务大数据平台，共同利用大数据提升协同管理和公共服务能力，积极吸引社会优质资源，利用交通大数据开展出行信息服务、交通诱导等增值服务。建立旅游投诉及评价全媒体交互中心，实现对旅游城市、重点景区游客流量的监控、预警和及时分流疏导，为规范市场秩序、方便游客出行、提升旅游服务水平、促进旅游消费和旅游产业转型升级提供有力支撑。

（二）推动产业创新发展，培育新兴业态，助力经济转型。

1.发展工业大数据。推动大数据在工业研发设计、生产制造、经营管理、市场营销、售后服务等产品全生命周期、产业链全流程各环节的应用，分析感知用户需求，提升产品附加价值，打造智能工厂。建立面向不同行业、不同环节的工业大数据资源聚合和分析应用平台。抓住互联网跨界融合机遇，促进大数据、物联网、云计算和三维（3D）打印技术、个性化定制等在制造业全产业链集成运用，推动制造模式变革和工业转型升级。

2. 发展新兴产业大数据。大力培育互联网金融、数据服务、数据探矿、数据化学、数据材料、数据制药等新业态，提升相关产业大数据资源的采集获取和分析利用能力，充分发掘数据资源支撑创新的潜力，带动技术研发体系创新、管理方式变革、商业模式创新和产业价值链体系重构，推动跨领域、跨行业的数据融合和协同创新，促进战略性新兴产业发展、服务业创新发展和信息消费扩大，探索形成协同发展的新业态、新模式，培育新的经济增长点。

专栏5　工业和新兴产业大数据工程

工业大数据应用。利用大数据推动信息化和工业化深度融合，研究推动大数据在研发设计、生产制造、经营管理、市场营销、售后服务等产业链各环节的应用，研发面向不同行业、不同环节的大数据分析应用平台，选择典型企业、重点行业、重点地区开展工业企业大数据应用项目试点，积极推动制造业网络化和智能化。
服务业大数据应用。利用大数据支持品牌建立、产品定位、精准营销、认证认可、质量诚信提升和定制服务等，研发面向服务业的大数据解决方案，扩大服务范围，增强服务能力，提升服务质量，鼓励创新商业模式、服务内容和服务形式。
培育数据应用新业态。积极推动不同行业大数据的聚合、大数据与其他行业的融合，大力培育互联网金融、数据服务、数据处理分析、数据影视、数据探矿、数据化学、数据材料、数据制药等新业态。
电子商务大数据应用。推动大数据在电子商务中的应用，充分利用电子商务中形成的大数据资源为政府实施市场监管和调控服务，电子商务企业应依法向政府部门报送数据。

3. 发展农业农村大数据。构建面向农业农村的综合信息服务体系，为农民生产生活提供综合、高效、便捷的信息服务，缩小城乡数字鸿沟，促进城乡发展一体化。加强农业农村经济大数据建设，完善村、县相关数据采集、传输、共享基础设施，建立农业农村数据采集、运算、应用、服务体系，强化农村生态环境治理，增强乡村社会治理能力。统筹国内国际农业数据资源，强化农业资源要素数据的集聚利用，提升预测预警能力。整合构建国家涉农大数据中心，推进各地区、各行业、各领域涉农数据资源的共享开放，加强数据资源发掘运用。加快农业大数据关键技术研发，加大示范力度，提升生产智能化、经营网络化、管理高效化、服务便捷化能力和水平。

专栏6　现代农业大数据工程

农业农村信息综合服务。充分利用现有数据资源，完善相关数据采集共享功能，完善信息进村入户村级站的数据采集和信息发布功能，建设农产品全球生产、消费、库存、进出口、价格、成本等数据调查分析系统工程，构建面向农业农村的综合信息服务平台，涵盖农业生产、经营、管理、服务和农村环境整治等环节，集合公益服务、便民服务、电子商务和网络服务，为农业农村农民生产生活提供综合、高效、便捷的信息服务，加强全球农业调查分析，引导国内农产品生产和消费，完善农产品价格形成机制，缩小城乡数字鸿沟，促进城乡发展一体化。

农业资源要素数据共享。利用物联网、云计算、卫星遥感等技术，建立我国农业耕地、草原、林地、水利设施、水资源、农业设施设备、新型经营主体、农业劳动力、金融资本等资源要素数据监测体系，促进农业环境、气象、生态等信息共享，构建农业资源要素数据共享平台，为各级政府、企业、农户提供农业资源数据查询服务，鼓励各类市场主体充分发掘平台数据，开发测土配方施肥、统防统治、农业保险等服务。

农产品质量安全信息服务。建立农产品生产的生态环境、生产资料、生产过程、市场流通、加工储藏、检验检测等数据共享机制，推进数据实现自动化采集、网络化传输、标准化处理和可视化运用，提高数据的真实性、准确性、及时性和关联性，与农产品电子商务等交易平台互联共享，实现各环节信息可查询、来源可追溯、去向可跟踪、责任可追究，推进实现种子、农药、化肥等重要生产资料信息可追溯，为生产者、消费者、监管者提供农产品质量安全信息服务，促进农产品消费安全。

4. 发展万众创新大数据。适应国家创新驱动发展战略，实施大数据创新行动计划，鼓励企业和公众发掘利用开放数据资源，激发创新创业活力，促进创新链和产业链深度融合，推动大数据发展与科研创新有机结合，形成大数据驱动型的科研创新模式，打通科技创新和经济社会发展之间的通道，推动万众创新、开放创新和联动创新。

专栏7　万众创新大数据工程

大数据创新应用。通过应用创新开发竞赛、服务外包、社会众包、助推计划、补助奖励、应用培训等方式，鼓励企业和公众发掘利用开放数据资源，激发创新创业活力。

大数据创新服务。面向经济社会发展需求，研发一批大数据公共服务产品，实现不同行业、领域大数据的融合，扩大服务范围、提高服务能力。

发展科学大数据。积极推动由国家公共财政支持的公益性科研活动获取和产生的科学数据逐步开放共享，构建科学大数据国家重大基础设施，实现对国家重要科技数据的权威汇集、长期保存、集成管理和全面共享。面向经济社会发展需求，发展科学大数据应用服务中心，支持解决经济社会发展和国家安全重大问题。

知识服务大数据应用。利用大数据、云计算等技术，对各领域知识进行大规模整合，搭建层次清晰、覆盖全面、内容准确的知识资源库群，建立国家知识服务平台与知识资源服务中心，形成以国家平台为枢纽、行业平台为支撑，覆盖国民经济主要领域，分布合理、互联互通的国家知识服务体系，为生产生活提供精准、高水平的知识服务。提高我国知识资源的生产与供给能力。

5. 推进基础研究和核心技术攻关。围绕数据科学理论体系、大数据计算系统与分析理论、大数据驱动的颠覆性应用模型探索等重大基础研究进行前瞻布局，开展数据科学研究，引导和鼓励在大数据理论、方法及关键应用技术等方面展开探索。采取政产学研用相结合的协同创新模式和基于开源社区的开放创新模式，加强海量数据存储、数据清洗、数据分析发掘、数据可视化、信息安全与隐私保护等领域关键技术攻关，形成安全可靠的大数据技术体系。支持自然语言理解、机器学习、深度学习等人工智能技术创新，提升数据分析处理能力、知识发现能力和辅助决策能力。

6. 形成大数据产品体系。围绕数据采集、整理、分析、发掘、展现、应用等环节，支持大型通用海量数据存储与管理软件、大数据分析发掘软件、数据可视化软件等软件产品和海量数据存储设备、大数据一体机等硬件产品发展，带动芯片、操作系统等信息技术核心基础产品发展，打造较为健全的大数据产品体系。大力发展与重点行业领域业务流程及数据应用需求深度融合的大数据解决方案。

专栏8　大数据关键技术及产品研发与产业化工程

通过优化整合后的国家科技计划（专项、基金等），支持符合条件的大数据关键技术研发。

加强大数据基础研究。融合数理科学、计算机科学、社会科学及其他应用学科，以研究相关性和复杂网络为主，探讨建立数据科学的学科体系；研究面向大数据计算的新体系和大数据分析理论，突破大数据认知与处理的技术瓶颈；面向网络、安全、金融、生物组学、健康医疗等重点需求，探索建立数据科学驱动行业应用的模型。

> 大数据技术产品研发。加大投入力度，加强数据存储、整理、分析处理、可视化、信息安全与隐私保护等领域技术产品的研发，突破关键环节技术瓶颈。到2020年，形成一批具有国际竞争力的大数据处理、分析、可视化软件和硬件支撑平台等产品。

> 提升大数据技术服务能力。促进大数据与各行业应用的深度融合，形成一批代表性应用案例，以应用带动大数据技术和产品研发，形成面向各行业的成熟的大数据解决方案。

7. 完善大数据产业链。支持企业开展基于大数据的第三方数据分析发掘服务、技术外包服务和知识流程外包服务。鼓励企业根据数据资源基础和业务特色，积极发展互联网金融和移动金融等新业态。推动大数据与移动互联网、物联网、云计算的深度融合，深化大数据在各行业的创新应用，积极探索创新协作共赢的应用模式和商业模式。加强大数据应用创新能力建设，建立政产学研用联动、大中小企业协调发展的大数据产业体系。建立和完善大数据产业公共服务支撑体系，组建大数据开源社区和产业联盟，促进协同创新，加快计量、标准化、检验检测和认证认可等大数据产业质量技术基础建设，加速大数据应用普及。

专栏9 大数据产业支撑能力提升工程

> 培育骨干企业。完善政策体系，着力营造服务环境优、要素成本低的良好氛围，加速培育大数据龙头骨干企业。充分发挥骨干企业的带动作用，形成大中小企业相互支撑、协同合作的大数据产业生态体系。到2020年，培育10家国际领先的大数据核心龙头企业，500家大数据应用、服务和产品制造企业。

> 大数据产业公共服务。整合优质公共服务资源，汇聚海量数据资源，形成面向大数据相关领域的公共服务平台，为企业和用户提供研发设计、技术产业化、人力资源、市场推广、评估评价、认证认可、检验检测、宣传展示、应用推广、行业咨询、投融资、教育培训等公共服务。

> 中小微企业公共服务大数据。整合现有中小微企业公共服务系统与数据资源，链接各省（区、市）建成的中小微企业公共服务线上管理系统，形成全国统一的中小微企业公共服务大数据平台，为中小微企业提供科技服务、综合服务、商贸服务等各类公共服务。

（三）强化安全保障，提高管理水平，促进健康发展。

1. 健全大数据安全保障体系。加强大数据环境下的网络安全问题研究和基于大数据的网络安全技术研究，落实信息安全等级保护、风险评估等网络安全制度，建立健全大数据安全保障体系。建立大数据安全评估体系。切实加强关键信息基础设施安全防护，做好大数据平台及服务商的可靠性及安全性评测、应用安全评测、监测预警和风险评估。明确数据采集、传输、存储、使用、开放等各环节保障网络安全的范围边界、责任主体和具体要求，切实加强对涉及国家利益、公共安全、商业秘密、个人隐私、军工科研生产等信息的保护。妥善处理发展创新与保障安全的关系，审慎监管，保护创新，探索完善安全保密管理规范措施，切实保障数据安全。

2. 强化安全支撑。采用安全可信产品和服务，提升基础设施关键设备安全可靠水平。建设国家网络安全信息汇聚共享和关联分析平台，促进网络安全相关数据融合和资源合理分配，提升重大网络安全事件应急处理能力；深化网络安全防护体系和态势感知能力建设，增强网络空间安全防护和安全事件识别能力。开展安全监测和预警通报工作，加强大数据环境下防攻击、防泄露、防窃取的监测、预警、控制和应急处置能力建设。

专栏10　网络和大数据安全保障工程

网络和大数据安全支撑体系建设。在涉及国家安全稳定的领域采用安全可靠的产品和服务，到2020年，实现关键部门的关键设备安全可靠。完善网络安全保密防护体系。
大数据安全保障体系建设。明确数据采集、传输、存储、使用、开放等各环节保障网络安全的范围边界、责任主体和具体要求，建设完善金融、能源、交通、电信、统计、广电、公共安全、公共事业等重要数据资源和信息系统的安全保密防护体系。
网络安全信息共享和重大风险识别大数据支撑体系建设。通过对网络安全威胁特征、方法、模式的追踪、分析，实现对网络安全威胁新技术、新方法的及时识别与有效防护。强化资源整合与信息共享，建立网络安全信息共享机制，推动政府、行业、企业间的网络风险信息共享，通过大数据分析，对网络安全重大事件进行预警、研判和应对指挥。

四、政策机制

（一）完善组织实施机制。建立国家大数据发展和应用统筹协调机制，推动形成职责明晰、协同推进的工作格局。加强大数据重大问题研究，加快制定出台配套政策，强化国家数据资源统筹管理。加强大数据与物联网、智慧城市、云计算等相关政策、规划的协同。加强中央与地方协调，引导地方各级政府结合自身条件合理定位、科学谋划，将大数据发展纳入本地区经济社会和城镇化发展规划，制定出台促进大数据产业发展的政策措施，突出区域特色和分工，抓好措施落实，实现科学有序发展。设立大数据专家咨询委员会，为大数据发展应用及相关工程实施提供决策咨询。各有关部门要进一步统一思想，认真落实本行动纲要提出的各项任务，共同推动形成公共信息资源共享共用和大数据产业健康安全发展的良好格局。

（二）**加快法规制度建设**。修订政府信息公开条例。积极研究数据开放、保护等方面制度，实现对数据资源采集、传输、存储、利用、开放的规范管理，促进政府数据在风险可控原则下最大程度开放，明确政府统筹利用市场主体大数据的权限及范围。制定政府信息资源管理办法，建立政府部门数据资源统筹管理和共享复用制度。研究推动网上个人信息保护立法工作，界定个人信息采集应用的范围和方式，明确相关主体的权利、责任和义务，加强对数据滥用、侵犯个人隐私等行为的管理和惩戒。推动出台相关法律法规，加强对基础信息网络和关键行业领域重要信息系统的安全保护，保障网络数据安全。研究推动数据资源权益相关立法工作。

（三）**健全市场发展机制**。建立市场化的数据应用机制，在保障公平竞争的前提下，支持社会资本参与公共服务建设。鼓励政府与企业、社会机构开展合作，通过政府采购、服务外包、社会众包等多种方式，依托专业企业开展政府大数据应用，降低社会管理成本。引导培育大数据交易市场，开展面向应用的数据交易市场试点，探索开展大数据衍生产品交易，鼓励产业链各环节市场主体进行数据交换和交易，促进数据资源流通，建立健全数据资源交易机制和定价机制，规范交易行为。

（四）**建立标准规范体系**。推进大数据产业标准体系建设，加快建立政府部门、事业单位等公共机构的数据标准和统计标准体系，推进数据采集、政府数据开放、指标口径、分类目录、交换接口、访问接口、数据质量、数据交易、技术产品、安全保密等关键共性标准的制定和实施。加快建立大数据市场交易标准体系。开展标准验证和应用试点示范，建立标准符合性评估体系，充分发挥标准在培育服务市场、提升服务能力、支撑行业管理等方面的作用。积极参与相关国际标准制定工作。

（五）**加大财政金融支持**。强化中央财政资金引导，集中力量支持大数据核心关键技术攻关、产业链构建、重大应用示范和公共服务平台建设等。利用现有资金渠道，推动建设一批国际领先的重大示范工程。完善政府采购大数据服务的配套政策，加大对政府部门和企业合作开发大数据的支持力度。鼓励金融机构加强和改进金融服务，加大对大数据企业的支持力度。鼓励大数据企业进入资本市场融资，努力为企业重组并购创造更加宽松的金融政策环境。引导创业投资基金投向大数据产业，鼓励设立一批投资于大数据产业领域的创业投资基金。

（六）加强专业人才培养。创新人才培养模式，建立健全多层次、多类型的大数据人才培养体系。鼓励高校设立数据科学和数据工程相关专业，重点培养专业化数据工程师等大数据专业人才。鼓励采取跨校联合培养等方式开展跨学科大数据综合型人才培养，大力培养具有统计分析、计算机技术、经济管理等多学科知识的跨界复合型人才。鼓励高等院校、职业院校和企业合作，加强职业技能人才实践培养，积极培育大数据技术和应用创新型人才。依托社会化教育资源，开展大数据知识普及和教育培训，提高社会整体认知和应用水平。

（七）促进国际交流合作。坚持平等合作、互利共赢的原则，建立完善国际合作机制，积极推进大数据技术交流与合作，充分利用国际创新资源，促进大数据相关技术发展。结合大数据应用创新需要，积极引进大数据高层次人才和领军人才，完善配套措施，鼓励海外高端人才回国就业创业。引导国内企业与国际优势企业加强大数据关键技术、产品的研发合作，支持国内企业参与全球市场竞争，积极开拓国际市场，形成若干具有国际竞争力的大数据企业和产品。

（本附录为节选内容）

（来源：中国政府网）

附录2　广东省促进大数据发展行动计划
（2016—2020年）

粤府办〔2016〕29号

为深入贯彻落实《国务院关于印发促进大数据发展行动纲要的通知》（国发〔2015〕50号），推动我省大数据发展与应用，加快建设数据强省，制订本行动计划。

一、总体要求

（一）指导思想。

全面贯彻党的十八大和十八届三中、四中、五中全会精神，牢固树立和贯彻落实创新、协调、绿色、开放、共享发展理念，围绕"三个定位、两个率先"目标，加强整体谋划和统筹协调，加快大数据基础设施建设，推动资源整合和政府数据开放共享，建立"用数据说话、用数据决策、用数据管理、用数据创新"的管理机制，提升政府经济管理和社会治理能力，促进大数据产业创新发展，推动我省经济发展动力转换、结构优化和转型升级。

（二）发展目标。

用5年左右时间，打造全国数据应用先导区和大数据创业创新集聚区，抢占数据产业发展高地，建成具有国际竞争力的国家大数据综合试验区。

1. 2018年发展目标。

——大数据基础设施建设、资源整合和政府数据开放共享取得积极进展。省电子政务数据中心开工建设。80%以上的地级以上市完成电子政务云平台建设。建成一批社会大数据公共服务平台，5家以上大数据企业技术中心、工程（技术）研发中心、重点实验室和应用中心（其中国家级研究机构2家以上）。政务信息资源采集率达50%以上，基本实现政府部门业务信息资源共享，建成"开放广东"全省政府数据统一开放平台。

——大数据创新应用取得初步成效。运用大数据推动政务服务、社会治理、商事服务、宏观调控、安全保障等领域政府治理水平显著提升，促进交通运输、社会保障、环境保护、医疗健康、教育、文化、旅游、住房城乡建设、食品药品等民生服务普惠化，引领智能制造等产业加快转型升级。

——大数据产业集聚发展态势初步形成。形成一批具有自主知识产权的大数据新技术、新产品、新标准，培育5家左右大数据核心龙头企业、100家左右大数据应用、服务和产品制造领域的骨干企业，建设10个左右大数据产业园，推动基于大数据的新兴业态蓬勃发展，大数据及相关产业规模达4000亿元。

2. 2020年发展目标。

——大数据基础设施建设、资源整合和政府数据开放共享取得显著成效。建成全省统一的电子政务数据中心，以及10个左右地市级政务数据分中心，形成布局合理、规模适度、保障有力、绿色集约的政务数据中心体系。建成10家以上大数据企业技术中心、工程（技术）研发中心、重点实验室和应用中心（其中国家级研究机构5家以上）。政务信息资源采集率达70%以上，建成全省统一的政务大数据库，基本形成公共机构数据资源统一汇聚和集中向社会开放的运行机制。

——大数据创新应用深入经济社会各领域。大数据成为服务经济社会民生的重要支撑和引领产业转型升级的核心力量。运用大数据推动形成精准治理、多方协作的社会治理新模式，运行平稳、安全高效的经济运行新机制，以及以人为本、惠及全民的民生服务新体系。

——大数据产业成为重要的经济增长极。基本形成高端智能、新兴繁荣的大数据产业发展新生态和大众创业、万众创新的创新驱动新格局，培育8家左右核心龙头企业、200家左右大数据应用、服务和产品制造领域的骨干企业，建设20个左右大数据产业园，形成一批服务经济社会民生的大数据融合发展新业态，大数据及相关产业规模达6000亿元。

二、重点行动

（一）加快大数据基础设施建设，推动资源整合和政府数据开放共享。

1. 统筹规划大数据基础设施建设。

——建设政务大数据基础平台。建设全省统一的电子政务数据中心，搭建省、市电子政务云平台，承载省网上办事大厅、市场监管信息平台等公共应用以及卫生健康云、教育云、文化云、版权云、气象云等重要政务应用。强化数据中心的网络支撑，加快电子政务外网万兆骨干网建设，构建从省到乡镇的四级政务网络体系。强化数据中心的共享交换支撑，完善省政务信息资源共享平台建设，实施电子政务畅通工程，推动省、市、县（市、区）三级政务数据资源共享交换体系建设。支持各地与基础电信企业、大型互联网企业联合建设数据中心，或以政府购买服务方式推进数据中心集约化建设。支持各地构建统一的互联网政务数据服务平台和信息惠民服务平台，应用于街道、社区并逐步向农村延伸。（省经济和信息化委，省发展改革委、通信管理局、省有关部门，列在首位的为牵头单位，下同）

——建设社会大数据公共服务平台。发挥大型互联网企业和基础电信企业的技术、资源优势，合理布局和集约化建设企业数据中心，重点推进国家绿色数据中心试点建设。着力提升广州、深圳超算中心应用和服务水平。建设面向产业应用的大数据公共服务平台，为企业和用户提供研发设计、技术产业化、市场推广、评估评价、认证认可、检验检测等服务。重点建设工业大数据公共服务平台，推动软件与服务、设计与制造资源、关键技术与标准的开放共享；建设服务业和农业大数据平台，统筹数据资源，提升产业监测预警能力。支持各地依托行业龙头企业或行业协会，建设各类行业大数据公共服务平台和创新开放平台。建设科学大数据应用服务中心，促进数据工作与科学研究相融合，推动数据科学的发展和知识共享。建设广东自贸试验区大数据平台，加强对智慧自贸试验区的服务保障。（省经济和信息化委，省发展改革委、科技厅、公安厅、商务厅、国土资源厅、住房城乡建设厅、农业厅、卫生计生委、工商局、质监局、新闻出版广电局、统计局、知识产权局）

——建设高水平的大数据研究创新平台。支持企业联合高校及相关研究机构，建设一批大数据企业技术中心、工程（技术）研究中心、重点实验室和应用中心，开展大数据关键技术、解决方案等研究。支持中山大学、华南理工大学等高校及科研机构和龙头企业创建国家大数据重点实验室，支持国家信息中心深圳大数据研究院建设。加快引进建设具备国际先进水平的大数据研究机构，聚集创新资源。（省科技厅，省发展改革委、经济和信息化委、教育厅）

专栏1 大数据基础设施建设工作任务

——到2018年，省电子政务数据中心业务大楼开工建设。80%以上的地级以上市完成电子政务云平台建设。建成一批社会大数据公共服务平台。建成5家以上大数据企业技术中心、工程（技术）研发中心、重点实验室和应用中心（其中国家级研究机构2家以上）。

——到2020年，建成省电子政务数据中心业务大楼并投入使用，提供高效、集约、安全、可靠的电子政务基础设施与服务；完成省电子政务云平台扩容工程，省、市两级电子政务业务应用系统部署在云平台上的比例达到98%以上；建成10个左右地市级政务数据分中心，基本形成全省互联共享的政务数据中心体系布局。建成覆盖重点领域的社会大数据公共服务平台。建成10家以上大数据企业技术中心、工程（技术）研发中心、重点实验室和应用中心（其中国家级研究机构5家以上）。

2. 推动政府数据资源整合、共享和开放。

——完善大数据采集机制。完善政府数据的内部采集机制，依托省政务信息资源共享平台，实现各地政府部门数据资源库及省有关部门业务信息系统的统一对接，对相关数据信息进行分类采集汇总。加强省有关部门信息系统建设立项评估、竣工验收等关键环节的数据审核，明确信息系统可采集数据、可共享开放数据的范围。采用网络搜取、文本挖掘、自愿提供、有偿购买、传感采集等方式，拓展政府数据的采集渠道。鼓励企业、行业协会、科研机构、社会组织等单位主动积累数据。加强对互联网重要数据资源的备份及维护。（省经济和信息化委，省各有关部门）

——整合公共数据资源。搭建省政务大数据综合应用管理平台，开展政务信息资源大数据总体设计，制订相关技术体系和标准规范。开展政府部门和事业单位等公共机构数据资源清查，建立数据资源清单，编制数据资源目录。加快建设人口基础信息库、法人单位信息资源库、公共安全管理信息库、自然资源和空间地理基础信息库，以及公共信用信息、市场监管、企业情况综合、宏观经济形势预测分析等数据库。实施政务信息资源整合计划，加强政务数据资源的横向关联和比对，统筹建设全省统一的政务大数据库，加强与社会大数据的汇聚整合和关联分析。（省经济和信息化委，省发展改革委、公安厅、国土资源厅、住房城乡建设厅、卫生计生委、工商局、质监局、食品药品监管局、统计局）

——推动政府数据共享。完善省政务信息资源共享平台，实现省、市、县（市、区）三级政务数据的共享与交换。健全政府信息资源共享机制，明确信息资源共享的职责和义务，厘清共享数据的范围和边界，确保共享数据的质量和时效，推动各级政府、部门之间的信息资源跨部门、跨区域、跨层级共享及信息系统互联互通和业务协同。建立省级信息资源共享绩效评价制度，推动政府部门信息资源按需共享。扩大政府共享信息范围，将省网上办事大厅、公共信用、市场监管等重点领域的数据资源纳入共享目录。（省经济和信息化委，省各有关部门）

——推动公共数据资源开放。在依法加强数据安全保障和隐私保护的前提下，开展公共数据资源开放应用。制定政府数据资源开放的计划、目录和标准规范及安全保护准则，建设"开放广东"全省政府数据统一开放平台，统筹管理可开放政府数据资源，提供面向公众的政府数据服务，推动民生保障、公共服务和市场监管等重点领域的公共数据资源向社会开放。推进可开放政府数据的社会化、市场化利用，鼓励运用大数据技术促进政府信息资源挖掘应用。推进东莞、佛山、惠州、中山等地创建数据资源应用试点，促进区域数据资源的汇聚应用。引导企业、行业协会、科研机构等主动开放数据。（省经济和信息化委，省网信办、省各有关部门）

专栏2　政府数据资源利用工作任务

——到2018年，政务信息资源采集率达50%以上，完成省、市、县（市、区）三级电子政务共享交换体系建设，基本实现政府部门业务信息资源共享；建成"开放广东"全省政府数据统一开放平台，在民生服务等重点领域开放350个以上政府数据集，形成30个以上开放数据应用。基本建成人口基础信息库、法人单位信息资源库、自然资源和空间地理基础信息库、公共信用信息数据库，建成全省市场监管信息平台。

——到2020年，国民经济相关数据的采集利用机制基本形成，政务信息资源采集率达70%以上，基本建成全省统一的政务大数据库。依托"开放广东"全省政府数据统一开放平台，在民生服务等重点领域开放500个以上政府数据集，形成50个以上开放数据应用。人口基础信息库、法人单位信息资源库、自然资源和空间地理基础信息库、公共信用信息数据库、全省市场监管信息平台发挥重要的数据支撑作用。

（二）深化大数据在社会治理领域的创新应用，提升政务服务水平。

1. 运用大数据提升政府治理能力。

——推动政务服务便利化。加快建设省网上办事大厅，推动行政审批和社会事务服务事项实现网上全流程"一站式"办理；开展关联事项梳理，实现信息"一表式"填报；将不同职能部门的网上申办入口向统一申办平台集中，提供"一门式、一网式"申办服务。推动项目并联审批，形成网上审批大数据资源库，实现跨部门、跨层级项目审批、核准、备案的统一受理、同步审查、信息共享和透明公开。推广普及省网上办事大厅手机版、企业专属网页及市民个人网页，深化行政服务整合。（省府办公厅、省经济和信息化委、编办，省各有关部门）

——推动社会治理精准化。在企业监管、质量安全、节能降耗、环境保护、食品安全、安全生产、生态农业发展、媒体信息服务、旅游服务、信用体系建设、社会矛盾纠纷化解等领域，开展大数据试点示范应用。依托全省市场监管信息平台，对企业市场监管、检验检测、违法失信、生产经营、销售物流、投诉举报、消费维权等数据汇聚整合和关联分析，统一公示企业信用信息，预警企业不正当行为，加强事中事后监管和服务。建设安全生产大数据平台，建立跨部门、跨领域、跨行业的安全生产大数据发展协同推进机制，加强安全生产监管和服务。运用大数据手段实现政府负面清单、权利清单和责任清单的透明化管理，完善大数据监督和技术反腐体系。加快实现存量档案数字化和增量档案电子化，充分发挥档案资政参考作用。（省发展改革委，省经济和信息化委、司法厅、环境保护厅、农业厅、地税局、工商局、质监局、新闻出版广电局、安全监管局、食品药品监管局、旅游局、档案局、国税局）

——推动商事服务便捷化。落实国家公民、法人和其他组织统一社会信用代码制度，建设省公共信用信息平台和"信用广东"网站，为社会公众提供查询注册登记、行政许可、行政处罚等各类信用信息"一站式"服务。运用大数据手段推进"三证合一、一照一码"登记制度改革，促进政府简政放权、依法行政。推动各级政府部门充分运用政府数据和社会数据，掌握企业需求，简化优化行政管理流程，在商事登记、行政许可等市场准入环节中提供更加便捷、高效、精准的服务。（省发展改革委、工商局，省公安厅、民政厅、地税局、经济和信息化委、商务厅、质监局、编办、国税局、人民银行广州分行）

——推动宏观调控科学化。统筹利用政府和社会数据资源，强化互联网资源利用和信息服务，加强与政务数据资源的关联分析和融合利用，依托全省宏观经济形势预测分析数据库，建立全省宏观调控决策支持、风险预警和执行监督大数据应用体系，为经济运行动态监测分析、产业安全预测预警以及转变发展方式分析决策提供信息支持。建设全省制造业大数据平台，编制落后和过剩产能、梯度转移、重点转型升级、高增长等产业目录，分类汇总制造业重点行业数据信息。运用大数据密切跟踪中小微企业特别是新设小微企业运行情况，为精准施策提供有力支持。（省发展改革委，省经济和信息化委、商务厅、统计局）

——推动安全保障高效化。促进有关执法部门间的数据流通，在法律许可和确保安全的前提下，加强对社会治理相关领域数据的归集、发掘及关联分析，为妥善应对和有效处置重大突发公共事件提供数据支撑。加快社会治安防控网、平安建设信息化综合平台建设，构建网格化、智能化的社会治安防控体系。实施城市"慧眼工程"，推广应用SVAC（安全防范监控数字视音频编解码技术）标准，扩大社会治安视频监控系统覆盖范围。（省公安厅，省网信办、经济和信息化委、质监局、新闻出版广电局、保密局、通信管理局）

专栏3　运用大数据提升政府治理能力工作任务

——到2018年，珠三角地区普及省网上办事大厅手机版、企业专属网页及市民个人网页。广州、深圳、佛山、东莞等国家信息惠民试点城市实现公共服务和社会信息服务的全人群覆盖、全天候受理和"一站式"办理。建成一批宏观调控、社会治理、安全保障等领域的大数据应用试点，大数据在政府治理各领域创新应用并取得初步成效。

——到2020年，全面普及省网上办事大厅手机版、企业专属网页及市民个人网页，全省行政审批事项网上全流程办理率达80%以上，网上办结率达80%以上。大数据在政府治理各领域深入应用，成为提升政府治理能力的重要支撑。

2. 运用大数据推动民生服务普惠化。

——加快交通运输大数据应用。建设交通运输大数据平台，增强交通运输基础信息能力，全面推进交通基础设施、运载装备、从业人员等基本要素以及交通证件、执法案件、货运单据、客运票据等核心要素的数字化、在线化。整合公路、水路、民航、铁路、邮政及通信、交管、气象等部门数据信息，加强交通运输信息资源多元化采集、主题化汇聚和知识化分析，提高信息资源的完备性、真实性和实效性。推进交通公共数据合理适度向社会开放，鼓励社会机构创新应用。开展交通运输海量数据深层次的交互融合与挖掘应用，为政府行业管理、企业经营服务、市民出行提供支持服务。（省交通运输厅，省发展改革委、公安厅）

——加快社会保障大数据应用。建设由城市延伸到农村的统一社会救助、社会福利、社会保障、保障性住房大数据平台，支撑大数据在劳动用工、创业创新、社保基金监管、医疗保险等方面的应用，加强就业创业专项资金、社保基金风险防控管理，打造精准治理、多方协作的社会保障新模式。建设养老服务综合平台，采集老年人口状况数据，综合分析老年人养老服务需求。运用大数据手段科学调整法律服务资源布局，合理优化公共法律服务与一村（社区）一法律顾问工作机制，推进法律服务行业信用大数据平台建设，构建诚实守信的法律服务环境。（省人力资源社会保障厅、民政厅、省司法厅、住房城乡建设厅、广东保监局）

——加快环境保护大数据应用。建设环境保护大数据平台，以环境质量与污染源监管信息为重点，全面整合空气和水等环境质量在线监测、空气质量预测预警、污染源全过程物联网监控等信息资源，提高环保信息服务质量和应用效能。建设由省、市、县三级环保部门、企业及公众多方参与的跨层级、跨区域、跨部门、跨系统的协同环境监管平台，搭建面向公众和社会组织的数据开放与共享平台，实现环境监管主体多元化、监管内容全面化、监管范围全覆盖及监管过程动态化，构建"智慧环保"体系。建设林业大数据管理体系和服务平台，加强对森林培育、森林碳汇、物种保护、灾害防控等的动态监测和智能管理，提供个性化林业网络数据服务。（省环境保护厅、林业厅）

——加快医疗健康大数据应用。建立健全全员人口、电子健康档案、电子病历等数据库，打造覆盖公共卫生、医疗服务、医疗保障、药品供应、计划生育和综合管理业务的全民健康信息服务体系。加快建设医疗健康管理和服务大数据应用体系，探索健康医疗服务新模式，推进精准医疗。鼓励和规范有关企事业单位开展医疗大数据新应用研究，构建综合健康服务应用体系。（省卫生计生委，广东保监局）

——加快教育大数据应用。建立全省教育基础数据库，建设省级教育管理公共服务平台，加强教育基础数据的收集和共享。制定全省教育数据规范和交换标准，建立教育统一身份认证体系。建设教育规划与决策支持系统和师生成长监测分析系统，加强教育数据统计分析和综合利用。推动跨行业、跨层级的教育资源个性化推送和按需服务。（省教育厅）

——加快文化大数据应用。加强公共文化数字资源整合，加强多网、多终端应用开发，建设公共文化数字资源群。推进全省文化信息资源共享、数字图书馆推广、公共电子阅览室建设等工程，建设数字公共文化服务信息管理平台，重点打造广东公共文化云和全域共享、互联互通的公共数字文化网络。依托粤媒体云平台、版权大数据云平台，建设"智慧广电·高清广东"，促进文化消费。（省文化厅、新闻出版广电局）

——加快旅游大数据应用。建设全省旅游大数据云平台和应用平台，探索开展旅游与交通、公安、气象、环保等跨部门数据融合和协同创新，逐步向各级旅游行政管理部门、旅游企业及电子商务平台开放旅游数据资源，实现对旅游城市、重点景区游客流量的监管、预警和及时分流疏导。（省旅游局，省发展改革委、公安厅、交通运输厅、气象局）

——加快住房城乡建设大数据应用。以城乡空间信息为基础，归集、整合、关联全省城乡规划成果数据、建设工程项目综合管理数据、住房公积金管理数据、城乡基础设施数据、工程质量安全监管数据、行政执法监察数据、工程建设标准成果数据，以及企业资质、个人执业资格等方面信息数据资源，构建住房城乡建设领域大数据库，为全省住房城乡建设领域实现精细化、智能化管理提供数据支撑。（省住房城乡建设厅，省公安厅、国土资源厅、工商局）

——加快食品药品大数据应用。实施"互联网+食品药品监管"行动，建设省级食品药品监管大数据中心，以及从省到街道的四级食品药品监管部门统一信息网络，打造"智慧食药监"一体化信息平台，服务公众、企业和监管执法者，提升食品药品监管效能，保障食品药品安全。（省食品药品监管局）

——加快气象大数据应用。搭建气象大数据平台，加快智慧气象建设，为政府部门、社区和市民提供种类丰富的观测资料和天气预报、灾害天气预警信息等服务，强化气象大数据在农业生产、城市运行管理、城乡规划评估、山洪地质灾害防治、森林火险预警监测、交通旅游、公共卫生安全管理、水上作业与救护等领域的应用。（省气象局）

专栏4　运用大数据推动民生服务普惠化工作任务

——到2018年，大数据在民生服务各领域逐步应用并取得初步成效。交通运输领域：实现对全省50%以上交通基础设施的智能感知覆盖，全省城市道路实时车流速度采集率达40%，基本建成全省综合运输公共信息服务大数据平台。社会保障领域：完成90%全省人社业务数据的收集、整理和融合，以及全省人社数据库、一卡通数据库及数据交换平台、数据整合服务平台等支撑平台建设，实现全省各项业务数据实时向省级汇聚整合和公共数据资源合理适度向社会开放。环境保护领域：完成省、市、县三级环保管理业务和数据的整合，初步建立互联互通的协同环境监管平台。医疗健康领域：基本实现全民健康信息综合管理平台与各地各区域健康信息平台的互联互通。教育领域：建成全省教育基础数据库和省级教育管理公共服务平台。文化领域：建成集图书、文博、群文、新闻出版、广播影视、版权等集文化生产、传承、传播一体的综合服务平台。旅游领域：基本建成全省旅游大数据云平台和应用平台。住房城乡建设领域：逐步实现全省住房城乡建设基础数据分类集中。食品药品领域：形成完备的食品药品监管大数据，全省各类获证监管对象在"智慧食药监"平台建档率大于90%，食品重点监管品种可追溯率达到90%以上，建设完善的公共服务平台、企业服务平台，并初步形成大数据分析决策机制。气象领域：初步建成气象大数据平台，实现在经济社会发展、政府决策和各部门间的广泛共享。

——到2020年，大数据在民生服务领域深入应用并取得显著成效。交通运输领域：实现对全省70%交通基础设施的智能感知覆盖，全省城市道路实时车流速度采集率达50%，基本建成综合运输公共信息服务大数据中心。社会保障领域：全省100%人社业务数据实现省级集中管理，在社会保险、社会就业、人事人才、劳动关系等领域广泛应用大数据技术，建成精准智能的社保大数据应用体系。环境保护领域：建成协同环境监管平台和数据开放与共享平台，大数据平台为环保管理决策提供数据支撑。医疗健康领域：建成互联互通的全省全民健康信息服务体系，实现卫生计生一网覆盖和政府社会资源融合。教育领域：基本建成教育规划与决策支持系统和师生成长监测分析系统，实现教育资源个性化推送和按需服务。文化领域：基本建成覆盖全面、内容丰富、功能完善的公共数字文化服务网络，基本实现"智慧广电·高清广东"。旅游领域：基本形成以旅游大数据为核心的智慧旅游公共服务体系。住房城乡建设领域：初步建成智慧城乡空间信息服务平台，为推进新型城镇化工作提供有效的宏观调控决策依据。食品药品领域："智慧食药监"进一步完善，全省各类获证监管对象在"智慧食药监"平台建档率100%，无证监管对象在"智慧食药监"平台建档率大于80%，建档的监管对象100%实现风险等级管理，食品重点监管品种可追溯率达到95%以上。气象领域："智慧气象"深入应用，为市民提供个性化、专业化气象服务。

（三）推动产业转型升级和创新发展，打造新经济增长点。

1. 运用大数据促进产业转型升级。

——推进工业大数据应用。运用大数据驱动智能制造加快发展，推动互联网与制造业融合发展，加快实施"中国制造2025"。重点发展面向智能制造单元、智能工厂以及物联网应用的低延时、高可靠的工业互联网，支持工业企业开展设备、产品以及生产过程中的数据自动采集和大数据分析，形成制造业大数据存储中心和分析中心，建设一批数据工厂、智能工厂。支持工业企业运用大数据发展数字化3D打印、个性化定制、在线支持等全生命周期运维，推动绿色制造新技术与设备开发。引导工业企业挖掘利用产品、运营和价值链等大数据，实现精准决策、管理与服务。重点在汽车和摩托车制造、家电、五金、电子信息、纺织服装、民爆、建材等行业，组织开展工业大数据创新应用试点示范。（省经济和信息化委、发展改革委）

——推进服务业大数据应用。发展电子商务大数据，支持企业开展电子商务大数据挖掘分析，提供按需、优质的个性化服务，鼓励企业发展移动电子商务、社交电商、"粉丝"经济等网络营销新模式。利用大数据促进跨境电子商务发展。开展物流大数据应用试点示范，推进物流智能化，发展物流金融、物流保险、物流配送等物流新服务。利用大数据支持品牌建设、产品定位、精准营销等，研发面向服务业的大数据解决方案，创新商业模式、服务内容和服务形式。（省商务厅、省发展改革委、经济和信息化委、交通运输厅、卫生计生委、质监局、食品药品监管局、旅游局、金融办）

——推进农业大数据应用。建设农村信息化"先导村"，构建面向农村的综合信息服务体系。统筹农业数据资源，推动我省农业大数据互联互通、资源共建共享、业务协作协同。鼓励电商、商贸、金融等企业建设农业电子商务平台，支持贫困地区建设网上农产品交易平台，引导贫困地区农民开办"农家网店"，运用大数据推动精准扶贫脱贫。（省农业厅，省经济和信息化委、商务厅、扶贫办、通信管理局）

专栏5　运用大数据促进产业转型升级工作任务

——到2018年，建成60个左右工业大数据创新应用试点示范项目，建设15家左右数据工厂。大数据在电子商务、物流等服务业领域广泛应用，服务业大数据应用能力和服务质量初步提升。建成15个左右农村信息化"先导村"，大数据在农业领域得到初步应用。

——到2020年，建成100个左右工业大数据创新应用试点示范项目，建设30家左右数据工厂。大数据在电子商务、物流等服务业领域深入应用，服务业大数据应用能力有效提升，服务质量显著提升。建成25个左右农村信息化"先导村"，大数据在我省农业信息化中得到广泛应用，成为支撑农业发展的重要力量。

2. 运用大数据促进创业创新。

——推动大数据服务大众创业。发展创客空间、开源社区、社会实验室、智慧小企业创业基地等众创空间，打造适应大数据创业的新型孵化平台，支持种子期、初创期大数据领域中小微企业发展。支持广州、深圳等地依托互联网和大数据骨干企业，建设大数据产业孵化基地，培育基于大数据分析应用的企业。支持大型互联网企业及基础电信企业利用技术优势和产业整合能力，向大数据领域的中小微企业和创业团队开放接口资源、数据信息、计算能力、研发工具等，降低创业的技术和关键资源获取成本。面向经济社会发展需求，研发一批大数据公共服务产品，推动不同行业、领域大数据的融合，提高服务能力。支持高校教师开展大数据领域的创业。（省科技厅，省发展改革委、经济和信息化委、教育厅、通信管理局）

——推动大数据服务万众创新。支持互联网、电信、金融、能源、流通等企业与其他行业开展大数据融合与应用创新，大力发展信息消费。鼓励和支持企业和公众挖掘利用政府和社会的开放数据资源，创新商业模式，开发互联网创新产品。组织开展大数据创业创新开发竞赛，支持大数据创新创业项目，激发创新创业活力。支持传统企业运用大数据推进互联网转型。（省经济和信息化委，省科技厅、发展改革委、商务厅、金融办）

——推动数据应用新业态发展。推动不同行业大数据的聚合、大数据与其他行业的融合，提升行业大数据资源的采集获取和分析利用能力，挖掘数据资源支撑创新的潜力，重点培育互联网金融、数据服务、数据探矿、数据化学、数据材料、数据制药等新业态。鼓励和支持金融机构运用大数据加快金融产品和服务创新，拓展互联网金融服务，为实体经济发展提供有效支撑。大力发展科技大数据，推动知识服务大数据应用。鼓励企业和公众依托行业大数据创新平台开展数据挖掘和分析，催生新应用新业态。（省经济和信息化委，省科技厅、商务厅、食品药品监管局、金融办、人民银行广州分行）

——推动大数据与移动互联网、云计算、物联网、智慧城市融合发展。支持企业在大数据与移动互联网融合集成领域的创新，研发推广社交、娱乐、学习、出行、餐饮、新闻资讯、广播影视等领域的移动互联网应用。发展物联网大数据采集、挖掘等物联网增值服务，以及融合大数据技术的云计算专业服务和增值服务。

运用大数据推动"车联网"发展，提供餐饮酒店预定、道路救险、车辆维修等增值服务。支持各地与互联网企业合作，推动大数据、云计算、物联网在城市管理和民生服务领域的应用，开展智慧城市试点示范建设。支持广州时空信息云平台试点、中山北斗城市大数据应用示范项目建设。重点推动广州、深圳、珠海等国家智慧城市和粤东西北地区智慧城镇建设。（省经济和信息化委，省发展改革委、教育厅、科技厅、民政厅、住房城乡建设厅、交通运输厅、商务厅、文化厅、新闻出版广电局、食品药品监管局、旅游局、金融办）

专栏6　运用大数据促进创业创新工作任务

——到2018年，建设15个左右大数据新型创业孵化平台，支撑600个以上创新创业项目落地。基于大数据的新兴业态蓬勃发展，形成3—4个大数据产业孵化基地。在智慧城市建设中大数据与物联网、云计算加快融合发展，珠三角智慧城市群框架基本形成。

——到2020年，建设20个左右大数据新型创业孵化平台，支撑1000个以上创新创业项目落地。涌现一批服务经济社会民生的大数据新业态，形成5个以上大数据产业孵化基地。在智慧城市建设中实现大数据与物联网、云计算融合发展，珠三角世界级智慧城市群基本建成。

3. 完善大数据产业链。

——健全大数据产品体系。一是发展大数据硬件产品制造。发挥我省电子信息产品制造优势，大力发展海量数据存储设备、高性能计算机、网络设备、智能终端、数据采集产品以及大数据一体机等大数据硬件产品制造，推动自主可控的大数据关键装备产业化。二是发展大数据软件及应用服务。重点发展大型通用海量数据存储与管理软件、大数据分析挖掘软件、数据可视化软件、非结构化数据处理软件等软件产品。鼓励企业创新数据共享机制，探索大数据采集、存储、分析、应用以及数据安全等各环节的新型商业模式，开发面向政府、企业和个人的数据服务。支持企业开发与重点行业领域业务流程及数据应用需求深度融合的大数据解决方案。三是发展大数据信息技术核心基础产品。以大数据应用为牵引，大力发展集成电路、新型显示、新型电子元器件、电子专用材料和设备等基础电子产品，以及基础软件、嵌入式软件、工业软件、信息安全软件等核心软件，提升我省信息技术基础能力，推动新兴信息技术融合发展。（省经济和信息化委，省发展改革委、科技厅）

——优化大数据产业布局。抓住国家推进"一带一路"和自贸区建设的契机，支持广州、深圳重点发展大数据关键技术产品和创新服务，打造大数据产业核心集聚区，以"双核"驱动形成区域协调发展、政产学研用多方联动、大中小企业协同合作的大数据产业生态体系。支持珠江东岸依托电子信息产业走廊，珠江西岸依托先进装备制造产业带，推动大数据在电子信息和先进装备制造领域的全流程应用，打造大数据促进制造业转型升级示范区。支持粤东地区发挥海缆资源优势，运用大数据重点发展智能电网、智慧旅游和智能制造。支持粤西地区发挥临港优势，运用大数据重点发展智慧空港物流、智慧海洋渔业以及钢铁、石化、五金等临港重化工业。支持粤北地区依托生态型新区建设，运用大数据重点发展智慧农业和智慧旅游，以及稀土材料、有色金属和特色农业。（省经济和信息化委，省发展改革委、农业厅、海洋渔业局、旅游局）

——引进建设大数据重大项目。围绕研发设计、终端制造、平台构建、应用服务等大数据产业链关键环节加强招商引资，全力引进国际领先的大数据龙头企业和重大项目。支持省内具备较强实力的企业投资建设大数据软硬件产品及应用服务等项目，打造具有核心技术自主权的大数据产业链。（省经济和信息化委，省发展改革委、商务厅）

专栏7 完善大数据产业链工作任务

——到2018年，形成一批具有自主知识产权的大数据新技术、新产品、新标准，大数据带动信息技术核心基础产品若干领域取得突破，引进建设一批大数据产业链重大项目，大数据产业发展初步形成区域特色。

——到2020年，形成一批融合大数据的新兴信息技术、产品、系统和服务，若干大数据产业链重大项目落地集聚发展，大数据产业布局进一步优化，形成较为完善的大数据产业链。

4. 强化大数据产业支撑能力建设。

——推动大数据核心技术攻关和产业化应用。重点突破大规模数据采集和预处理、大规模分布式数据存储与处理、分布式内存数据库、大数据挖掘等关键共性技术，以及云产品及服务风险识别与分析、访问应用控制和数据安全审计等大数据安全防护核心技术，建立大数据关键技术专利池，形成安全可靠的自主核心大数据技术体系。依托大数据产业技术联盟、相关行业协会以及科研机构、高校，推动企业在数据采集、存储、应用等领域开展协同创新，促进关键技术产业化应用。重点推动新一代超高速无线局域网系统（EUHT）研发推广应用。支持自然语言理解、机器学习、深度学习等人工智能技术创新，提升数据分析处理能力、知识发现能力和辅助决策能力。（省科技厅，省经济和信息化委、知识产权局）

——促进数据资源流通交易。以国有企业控股、混合所有制和市场化运作方式，统筹建设省大数据交易中心，为政府机构、科研单位、企业以及个人提供数据交易和数据应用服务。建立数据资产评估、数据资源交易机制和定价机制，规范数据交易行为，明确数据交换、交易界线，形成有效、便捷、公平、公正的数据汇集、整理、加工、存储、定制等商品化运作机制。（省经济和信息化委，省商务厅、国资委、金融办）

——培育大数据骨干企业和创新型中小微企业。重点培育具有核心竞争力的大数据骨干企业和国际领先的大数据核心龙头企业。支持企业开展并购，抢占大数据产业的核心价值环节，加快做大做强。大力培育大数据创新型中小微企业，支持其开发专业化的行业数据处理分析技术和工具，围绕大数据骨干企业提供专精特新的协作服务。（省经济和信息化委，省科技厅、商务厅、国资委）

——建设大数据产业园区。支持和引导各地依托数据中心基地和具备产业基础的产业园区或集聚区，搭建"政产学研用"合作平台，培育集聚一批创新型大数据企业，建设大数据产业园区。重点推动广州中新知识城大数据产业园、肇庆大数据云服务产业园、云浮华为云计算产业园、佛山中兴通讯华南大数据产业园、汕头大数据创新产业园、中山大数据产业园以及江门"珠西数谷"大数据产业园等园区建设，支持广州南沙、深圳前海、珠海横琴建设面向港澳和国际的大数据服务区。支持符合条件的地市积极创建大数据领域的国家新型工业化产业示范基地。（省经济和信息化委，省科技厅、商务厅）

专栏8　大数据产业支撑能力建设工作任务

——到2018年，大数据若干关键技术取得重大突破。省大数据交易中心建成投入运营。引进和培育5家左右国际领先的大数据核心龙头企业，100家左右大数据应用、服务和产品制造骨干企业。建设10个左右大数据产业园（其中2—3个创建国家级大数据产业园），聚集300家左右创新型大数据相关企业。

——到2020年，大数据产业技术水平全国领先。省大数据交易中心提供较为成熟的数据交易和数据应用服务，形成完善的数据资产评估、数据资源交易机制和定价机制。引进和培育8家左右国际领先的大数据核心龙头企业，200家左右大数据应用、服务和产品制造骨干企业。建设20个左右大数据产业园（其中3—4个创建国家级大数据产业园），聚集1000家左右创新型大数据相关企业。

（四）强化安全保障，促进大数据健康发展。

1. 健全大数据安全保障体系。

——加强大数据环境下的网络安全防护。开展大数据环境下的网络安全问题研究和基于大数据的网络安全技术研究，落实信息安全等级保护、风险评估等网络安全制度。建立大数据安全评估体系。明确数据采集、传输、存储、使用、开放等各环节保障网络安全的范围边界、责任主体和具体要求。完善安全保密管理规范措施，切实保障数据安全。（省网信办、经济和信息化委，省公安厅、科技厅、保密局、通信管理局）

——加强关键信息基础设施安全防护。做好大数据平台及服务商的可靠性及安全性评测、应用安全评测、监测预警和风险评估，加快建设网络安全标准和检测服务平台，建立完善金融、能源、交通、电信、统计、广播电视、公共安全、公共事业等重要数据资源和信息系统的安全保密防护体系。加强对涉及国家利益、公共安全、商业秘密、个人隐私、军工科研生产等信息的保护。（省网信办、公安厅、经济和信息化委，省科技厅、新闻出版广电局、保密局、通信管理局、人民银行广州分行）

专栏9 大数据安全保障体系建设工作任务

——到2018年，大数据环境下的网络安全防护取得积极进展，大数据安全保障体系建设取得初步成效，初步构建省、市两级电子政务网络信息安全保障体系。重要信息系统的基础信息网络安全防护能力进一步提升。

——到2020年，形成较为完善的大数据安全保障体系，构建省、市、县三级电子政务网络信息安全保障体系。信息化装备安全可控水平明显提升，重要信息系统的基础信息网络安全防护能力明显增强。

2. 完善大数据安全支撑体系。

——提升重大网络安全和风险识别的大数据支撑能力。建立网络安全信息共享机制，推动政府、行业、企业间的网络风险信息共享，通过大数据分析，对网络安全重大事件进行预警、研判和应对指挥。加强大数据环境下防攻击、防泄露、防窃取的监测、预警、控制和应急处置能力建设。（省网信办、经济和信息化委、公安厅，省科技厅、保密局、通信管理局）

——推动大数据相关安全技术研发和产品推广。支持大数据安全产业发展，重点推动数据加密、数据脱敏、访问控制、安全审计、数据溯源、基于大数据的网络态势感知等大数据相关安全技术研发和产品推广。完善网络安全保密防护体系，采用安全可信的产品和服务，提升基础设施关键设备安全可靠水平。在全省组织开展"海云协同移动通信系统"项目应用示范。（省网信办、经济和信息化委，省公安厅、科技厅、保密局、通信管理局）

专栏10　大数据安全支撑体系建设工作任务

——到2018年，网络安全保密防护体系建设取得初步成效，对网络安全重大事件的预警、研判和应对指挥能力进一步增强，初步形成国家、省、市三级联动的电子政务网络信息安全监测、预警、处置和反馈体系。"海云协同移动通信系统"项目应用示范取得初步成效。

——到2020年，形成较为完善的网络安全保密防护体系，对网络安全重大事件的安全预警、研判和应对指挥能力显著提升，形成国家、省、市、县四级联动的电子政务网络信息安全监测、预警、处置和反馈体系。自主可控的大数据相关安全技术和产品广泛应用。

三、保障措施

（一）加强组织协调。

在省信息化工作领导小组框架下，由省经济和信息化委（省大数据管理局）牵头建立省大数据发展部门间联席会议制度，强化对全省大数据发展和应用工作的统筹协调。组建省大数据产业专家咨询委员会，为产业发展提供决策咨询等服务。省各有关部门要根据各自职能，制定本部门推进大数据产业形成与应用的实施方案。各地要明确负责大数据工作的职能部门，结合实际制定本地区促进大数据发展的实施方案。本行动计划的推进落实工作，列入省政府重点督办事项。（省经济和信息化委、省府办公厅）

（二）加强大数据法规制度建设。

适应大数据发展需求，研究推动大数据地方立法。围绕大数据安全、数据资源开放和利用等关键环节，推动制定数据公开、数据安全、数据资产保护和个人隐私保护的地方性法规，保障和规范大数据发展。研究推动网上个人信息保护立法工作，界定个人信息采集应用的范围和方式。推动出台基础信息网络和关键行业领域重要信息系统的安全保护条例，保障网络数据安全。（省法制办，省网信办、经济和信息化委、统计局、保密局）

（三）健全市场发展机制。

充分发挥市场主体作用，加快建立市场化的数据应用机制，营造活跃有序的数据市场环境。在保障公平竞争的前提下，支持社会资本参与公共服务体系建设。积极鼓励社会资本投入大数据产业，重点对政务数据、公共服务领域数据开展采集整理和挖掘分析。鼓励政府与企业、社会机构合作，通过政府采购、服务外包、社会众包等多种方式，依托专业企业开展政府大数据应用，降低社会管理成本。大力推动大数据应用试点示范，加快大数据推广应用，培育大数据应用市场。（省经济和信息化委、发展改革委，省各有关部门）

（四）加强大数据标准规范建设。

加强大数据标准规范体系研究，构建大数据产业标准体系和统计指标体系，加快建立公共机构的数据标准和统计标准体系，推进大数据采集、管理、共享、交易等标准规范的制定和实施。统一政务数据编码、格式标准、交换接口规范，研究制定一批基础共性、重点应用和关键技术标准。建立关键标准验证平台，开展标准验证和应用试点示范。建立标准符合性评估体系，强化标准培育服务市场和支撑行业管理的作用。支持我省企事业单位及行业协会主导或参与大数据国际、国家、行业和地方标准修订。（省质监局，省经济和信息化委、统计局）

（五）加大政策支持力度。

统筹省工业和信息化发展专项资金支持大数据产业发展。2016—2020年，省财政每年安排专项资金，支持省电子政务数据中心建设。创新符合大数据企业需求特点的金融产品和服务方式，创造良好融资环境。加大对省大数据重点项目在项目核准、财税优惠、用地保障、电力保障、经费保障等方面的支持力度。对符合条件的大数据骨干企业给予大型骨干企业相关政策支持。粤东西北地区及江门、肇庆、惠州等地符合条件的大数据产业园可享受省产业转移工业园政策。完善政府采购大数据服务、大数据知识产权保护等政策。（省经济和信息化委，省科技厅、财政厅、国土资源厅、地税局、知识产权局、金融办、国税局、人民银行广州分行、广东银监局、广东证监局、广东保监局）

（六）加强大数据人才培育与引进。

支持省内高校开设大数据相关专业，开展大数据专业人才的学历教育，建设大数据教学实践基地和新型大数据人才培育基地，培育数据分析师、数据咨询师等专门人才。鼓励采取跨校联合培养等方式开展跨学科大数据综合型人才培养。推进大数据人才职业化，制订大数据技术职业规范，在企业推行首席数据官制度。鼓励企业与高校开展订单式人才培养，支持企业建立大数据培训和实习基地。引进具有国际领先水平的大数据领域高端专业人才和团队，重点引进培育数据科学家。（省人力资源社会保障厅，省经济和信息化委、教育厅、科技厅）

（七）加强宣传推介与交流合作。

以应用示范带动大数据的宣传教育，举办工业等领域大数据应用优秀项目成果展，在全社会树立大数据意识。推进泛珠区域和粤港澳台合作，促进省际及跨境的大数据产业和应用共同发展。加强与国内外相关组织的合作，组织相关机构和人员到国内外进行大数据学习交流。利用各种招商平台，积极宣传推介我省大数据产业投资环境和政策措施。（省经济和信息化委，省科技厅、商务厅、外办、港澳办、台办）

（来源：广东省人民政府网）

附录3 2015—2017年度"粤治-治理现代化"大数据与公共服务类优秀案例

大数据服务平台支撑保障代表履职

（主创单位：广东省人大常委会）

推介词

人民代表要充分履行职责，就需要克服代表提交议案、建议的技术短板。广东省人大常委会与时俱进，基于移动互联网、云计算和大数据技术，搭建资讯丰富、智能分析、个性服务、可持续生长的大数据平台，打造"永不闭幕的人大会议"。代表履职突破时间空间限制，随时随地反映人民呼声，受益的是群众，进步的是国家。

2015年，经广东省人大常委会主要领导提议，常委会主任会议研究决定，在"代表履职支撑保障体系建设1——在线交流平台"建成投入使用，取得良好社会效益的基础上，紧紧围绕省人大代表和在粤全国人大代表履职需要，与时俱进，积极开展"代表履职支撑保障体系建设2——大数据服务"（以下简称"大数据服务平台"）建设，基于移动互联网、云计算和大数据技术，搭建资讯丰富、智能分析、个性服务、可持续生长的大数据平台，为代表履职提供更好的支撑保障。

大数据服务平台于2015年11月在广东省人大常委会第二十一次会议上投入试用，2016年1月在省十二届人大四次会议上全面启用，2016年3月在十二届全国人大四次会议上进一步为广东团全国人大代表提供服务，受到包括全国人大代表和省人大代表在内的社会各界一致好评。

大数据服务平台建设工作坚持"方便实用、集成整合、逐步完善"的原则。以智能手机等移动终端作为主要用户终端，终端程序由面向代表的蓝信和面向公众的"广东人大"微信公众号组成，界面友好，操作直观，用户无须专

2016年1月22日，广东省人大常委会办公厅举行"大数据服务平台"示范日活动

门培训即可使用；建设过程中充分利用现有资源，广泛吸收社会资源，从数据、功能、服务三个层面加以整合；遵循"互联网+"的设计理念，提供的各项服务，均通过"蓝信＋订阅号"的方式实现，易用性强，可扩展性好。

建成的大数据服务平台一期工程，以文本数据为主要数据，通过自动抓取与整体集成的方法，实现了包括广东省人民政府网站和省政府各厅局网站，共计367个网站数据的实时抓取，已抓取文件200余万份。通过对抓取文本的大数据分析处理，构建文本信息相似与相关关系网络，便于代表从一个点入手，快速全面掌握与履职焦点相关的权威信息。

按照代表需求驱动原则，围绕代表迫切需要，开设了10个大数据服务订阅号，代表可根据履职需要，自行选择使用，实现了"量体裁衣"式履职支撑保障。大数据服务平台在提供数据服务的同时，还根据实际需要，提供履职沟通、会议等履职活动保障、面向群众的意见征集等实用功能。其中：（1）履职沟通功能，基于蓝信系统实现，供代表随时随地与其他代表、人大机关工作人员、选举单位工作人员、议案建议承办单位工作人员沟通交流。（2）会议等履职活动保障功能，支持代表参加会议、调研等履职活动时，通过智能手机随时了解活动安排，查阅会议文件，实现"一机在手，会情皆有"。（3）"广东人大"微信公众号，面向群众提供法律法规和人大知识查询，推送人大最新信息，同时支持代表通过该公众号向群众发布问卷调查。

政府大数据统筹应用

（主创单位：佛山市南海区数据统筹局）

推介词

南海区成立了国内首家数据统筹局，创新性地提出"数据统筹整合政务资源、业务统筹提质社会治理与服务、数据统筹开放促进创新发展"的发展思路。通过以数据驱动和"互联网+"为引领，推动政府治理和公共服务由传统的以部门为中心，向现代的以公众为中心转型，同时，激活"封闭沉睡"的政务数据，实现有序向社会开放和应用。

南海区于2014年5月成立了国内首家数据统筹局。这是在南海区15年的信息化建设历程基础上，适应经济社会发展和政府治理创新需要的重要举措。南海信息化已走过了搭网络、建网站、做系统的初始阶段，开始步入以大数据技术推动业务流程再造、促进部门协同、支持公共决策的电子政务4.0时代。

在机构设置方面，南海区数据统筹工作实行"一办一局两中心"的管理架构。

"一办"，即网络安全和信息化领导小组办公室。领导小组的正副组长由区党政一把手出任，负责全面统筹全区电子政务和数据管理各项工作。领导小组下设办公室，办公室主任由数据统筹局局长兼任，主要负责协调数据统筹过程中出现的各种问题。成立数据治理委员会、专家咨询委员会、网络安全协调委员会三个委员会，参与决策咨询。

"一局"，即数据统筹局。主要职能是将分散在各部门的数据收集起来，统一进行提质、分析和应用。数据统筹局挂靠在区委办（区府办），有利于提升数据统筹的权威性。

数据统筹局下设两个中心：政务网络中心，主要负责区电子政务光纤网络平台和政务云平台的建设运维，区政务网统一出口服务、门户网站群平台、超级OA等基础应用平台的建设运维，为政府部门提供信息技术支持。

南海区发布全区政务数据融合成果，首推"四+1"数据统筹项目提升政府治理能力

　　数据资源管理中心，主要负责数据资源的收集整理、提质存储、共享发布、分析挖掘和开发应用等技术实施工作。

　　在队伍建设方面，除加强自身队伍建设外，还建立了由单位负责人担任首席数据官（CDO）和由办公室负责人担任数据管理专员（DA）队伍。目前，全区90个数源单位全部设置了数据管理专员，共104人。

　　在机制规范方面，搭建政务数据统筹机制框架，为数据采集、数据质量管控、数据应用、数据安全等数据全生命周期的管理提供规范。已先后编制《佛山市南海区电子政务网络暂行管理办法》《关于调整区电子政务信息系统项目建设管理事项的通知》《佛山市南海区政务数据管理办法》《佛山市南海区政务数据管理规程》《佛山市南海区政务数据管理规范及实施细则》等一系列规范文件。

　　经过一年多的努力，南海数据统筹取得了阶段性成果，"法人平台"、"信用南海"、"数说南海"、"南海一点通"APP、党联系统、检察情报分析系统、社会治理网格化平台、"图识南海"（政务地图）、企业监管平台等一大批项目相继完成，物联网平台等正在稳步推进中。

岭南通大数据在公共交通出行服务中的研究与应用

（主创单位：广东岭南通股份有限公司）

推介词

岭南通已成为全国规模最大的区域交通一卡通系统，根据自身所掌握的数据优势，通过研究和分析公共交通一卡通大数据，将其应用于公共交通服务领域、公众出行领域、突发事件处理等，有效提升了公共服务能力，改善了公众出行环境。

在广东省委、省政府督办和广东省交通运输厅具体部署下，2011年6月28日，由多家企业合作，正式成立了广东岭南通股份有限公司，以落实推进全省公交一卡通工作，目标是建立全省统一的交通一卡通"类银联"系统，实现"一卡在手，岭南通行"，为岭南大众提供最便利的公共交通出行服务。

截至2016年3月，岭南通已基本开通省内21个地级以上市，服务通达香港、澳门地区，在省内19个地级以上市实现全面覆盖，累计发卡量超过4920万张，成为全国规模最大的区域交通一卡通系统。

大数据云平台以海量的、复杂多样的交通大数据为基础，充分运用云计算、分布式存储等先进技术，基于Hadoop框架构建面向公共交通服务的大数据开放式公共服务平台。平台整合现有基础公共交通、道路客运、城际轨道等领域的业务系统数据，实现公共交通大数据的融合与共享，优化交通资源配置。面向政府、行业、合作伙伴、公众提供交通大数据服务，为交通管理和决策提供智力支撑，提升公共交通一体化的服务内涵。

广东岭南通股份有限公司在2013年开始意识到一卡通大数据的重要性，便一直积极投入研究与应用当中，在这3年的发展过程中，相继构建了岭南通大数据云平台系统，形成了11个一卡通大数据研究与应用方向，建立了4项交通一卡通大数据应用规范，参与组织了广东公共交通大数据竞赛，参与省经济和信息化委员会的大数据项目，在公共交通一卡通大数据研究与应用上取得重要

广东公共交通大数据竞赛

的经验和成果。

　　基于公交一卡通在各种公共交通工具中的应用情况，对一卡通的刷卡时间、类别、频率、数量等数据关键信息进行分类统计，分析不同类型公共交通工具的承载能力和使用强度，分析结果可为交通部门和运输企业配置公共交通资源和投放类型车辆的决策过程提供科学的数据支撑。

　　广东公共交通大数据竞赛2015年举办，经广东省人民政府批准，由广东省经济和信息化委员会、广东省交通运输厅、广东省教育厅、共青团广东省委员会和阿里云联合主办的广东公共交通大数据竞赛。

　　广东岭南通股份有限公司作为本次大赛的唯一数据提供方参与了这次数据盛会，经广东省交通运输厅批准，岭南通公司为本次大赛提供了7000多万条经过脱敏处理的历史刷卡数据，参赛选手以此预测不同线路的客流情况和乘客未来公交出行的线路。

　　通过本次交通大数据竞赛的举办，以公共交通领域应用为突破口，提升大数据在政府公共服务中的研究和应用，打造开放、分享的政府形象，为政府、行业、企业及研究机构挖掘和输送高素质的数据分析人才，推动广东公共交通发展，构建安全、舒适的公共服务出行环境。

　　本次大赛吸引来自全球的4615支队伍参赛，产生了数百种有价值的预测算法和分析思路，对推动广东交通大数据发展和应用、交通大数据分析人才挖掘、大数据公共服务应用有重要影响。

珠三角大气污染联防联控技术应用示范

（主创单位：广东省环境监测中心）

推介词

各地的PM$_{2.5}$是多少，空气质量好不好，只要上网点击地图就可以随时查。这项便捷利民的技术，正是来自广东省环境监测中心团队在珠三角大气污染联防联控技术应用示范中的大数据应用。目前，这项技术已推广应用到全国338个地级以上市1436个站点。以监测数据为基础，珠三角地区从监测预警系统、区域协调机制、战略与政策体系构建三个方面入手，在全国率先建立了区域大气污染联防联控技术示范区。

在空气质量监测数据获取上，目前，我省建立了一个布局合理、功能齐全、技术先进和管理有效的珠三角区域大气复合污染立体监测网络，实现了从地面监测到雷达探测到卫星遥测的多维立体监测，并与港澳合作升级组建粤港澳珠江三角洲区域空气监测网络，并启动粤港澳珠三角区域微细悬浮粒子研究合作。以此为基础，粤港双方采取综合防治措施改善区域空气质量。粤港澳珠三角监控网络的监测结果显示，2015年，粤港澳珠三角地区二氧化硫、二氧化氮、PM$_{10}$、PM$_{2.5}$等主要指标，与2014相比均有10%以上的降幅，表明区域空气质量有明显改善。

在空气质量发布上，从三项指标推进到包含PM$_{2.5}$、臭氧1小时浓度等七项指标，从简单数据表格式发布推进到GIS地图式综合信息发布的变革与突破。该成果率先在珠三角地区实现了业务化示范应用，并逐步推广至全国。2014年底推广至全国338个城市1436个站点（含广东省112个站点），重构了国家空气质量监测网的联网方式，推动了基于实时联网、实时发布以及网络化质量管理新模式的国家空气网的整体技术升级，实现了空气质量监测数据的一点（国家总站监控中心）多发、三级（国家级、省级、市级）直传和统一监管，实现了空气质量发布从城市推进到区域层面乃至全国范围。

广东还构建了区域空气质量多模式集合预报系统。该多模式预报系统实现了

珠三角大气污染联防联控技术示范区媒体通报会

自动化和智能化，无须人工干预，完成预报的时间小于8小时，能提供72小时的短期气象要素和空气质量精细预报（不确定性小于30%）和7天的趋势预报，并具有对污染成因进行诊断和来源解析的功能。珠三角区域大气复合污染监测预警技术体系已实现业务化运行，并经过了2010年广州亚运会和2011年深圳世界大学生运动会空气质量保障的实战检验。

在列入科技部863计划重大项目的支持下，珠三角建成了我国第一个、世界上第三个区域大气污染联防联控技术示范区，并以此为技术基础构建了中国特色大气污染防治的区域协调机制，建立了大气污染防治的区域战略与政策体系。其中"珠江三角洲大气污染区域管理技术与机制"是目前世界上第三个，也是发展中国家唯一的一个大气环境管理的区域案例。为了支持这一机制的常态运行，在广东省环境信息中心建设了珠江三角洲大气环境信息系统和辅助决策支持平台，实现环境信息向决策者、科学研究者和公众的服务。

以气象大数据信息化建设助推气象防灾能力提升

（主创单位：广东省气象探测数据中心）

推介词

在全球气候变化极端天气趋于频发的背景下，全省大范围灾害性天气监测率提升到95%，中小尺度突发灾害性天气监测率达到88%。对台风的实况监测范围由原来离岸50公里延伸到200公里。全省气象部门不断加密立体化气象观测站网，打破数据孤岛，构建全省统一、集约开放的气象数据平台。"大数据+高速互联"的手段，为提高预报准确率，推动防灾减灾提供了重要支撑。

天气预警预报准确率的提升，离不开庞大的气象观测大数据，以及高性能的计算能力。2012年到2015年，区域自动站从1793个增加到2160个，天气雷达从9个增加至12个，海岛自动站从23个增加到49个，回南天监测点从无到38个……从太空、高空到地面、海洋的监测布点越来越密，我省立体化气象观测站网建设越来越优化与精细。

这些站点都是气象观测大数据的直接来源。针对海洋气象监测的短板，省气象部门近年持续推进南海气象监测预警等保障工程建设，形成由沿海8部雷达和49个海洋气象站、8个石油平台自动站、4个大型海上浮标站组成的防御台风的"三道防线"。

目前，对台风实况的监测范围从离岸50公里延伸到200公里。我省还在清远、珠海、肇庆新建3部新一代天气雷达及5部风廓线雷达。更为"高大上"的气象卫星观测系统建设也有序推进。全省气象观测系统完备程度提高了30%，气象观测自动化程度提高了200%。全省大范围灾害性天气监测率达到95%，中小尺度突发灾害性天气监测率达到88%。

为了确保气象监测站网正常运作，并通过气象信息化对大数据迅速处理利用，依托互联网和物联网技术，省气象局组织研发涵盖全省所有探测设备的在线监控平台、数据分级质量控制流程，初步建立了全省观测资料、业务系统、服务

广东省气象探测数据中心监控大厅

产品和管理信息等集约一体的数据资源库，服务全省。

除了集约平台，提速互联则夯实了数据资源云上应用的基础。覆盖全省、连接中国气象局的宽带网络系统已经建成，省级1000M MPLS–VPN IP接入运营商骨干专网，省到市50—100M，市到县20—50M，确保信息快速集中；实现一体化业务平台云上部署，全省共享应用，进一步消除市县"信息孤岛"和"数据堰塞湖"。经优化传输和处理流程后，实现了主要观测资料在一分钟内完成采集、传输、质量检验、入库、处理整合，并传输到省、市、县各级预报员桌面，数据质量和一致性也有效提升。预报员只要用简单的代码或在客户端上轻点鼠标，就可以接收到自己需要的数据产品。

以此平台和接口为基础，省气象局建成了集监测数据、数据共享、服务产品、预报预警、业务管理于一体的全省共用业务内网，集约共享了1162种产品，挂接56项业务入口，每天访问IP数达1300个，访问量达30万次；还与三防、水利、国土等部门实现了基于电子政务外网的互联互通，与民航等单位建立专网。

坪山新区以大数据理念推进基层治理能力现代化

（主创单位：深圳市坪山新区智慧社会服务中心）

推介词

经过多年的探索，深圳市坪山新区以大数据理念进行基层治理，已经形成清晰的路径：实施网格化服务管理，实行网格员新区直管，打造综合信息采集系统，构建高效信息采集机制，解决数据源的问题；整合各类信息资源库，打造统一的公共基础信息资源库，解决数据汇集的问题。可以预见，大数据背景下，坪山新区的智慧城市治理能力必将更上一层楼。

深圳市坪山新区以承担国家智慧城市试点区和深圳市社会建设"织网工程"综合试点区为契机，整合服务管理资源，深化大数据应用，建立起以"新区直管""采办分离"等为特色的社区网格化服务管理机制，并逐步构建智慧城区综合服务管理平台，借此创新城市管理和社会治理方式，改进政府管理决策，提高公共服务质量。

坪山新区围绕打造公共基础信息资源库，解决信息来源问题，建立了以网格信息采集员（简称"网格员"）采集信息为基础，多种信息来源共同丰富基础信息资源库的"1+N"信息采集体系，确保信息的鲜活、真实、全面，为大数据应用提供基础数据保障。"1"就是网格员专职进行信息采集，"N"就是公众参与、自主申报、业务生成等多种信息来源。

为做好信息整合和分析、挖掘工作，坪山新区智慧社会服务中心专门组建了跨部门的数据分析小组和数据可视化小组，加强软硬件建设和专业技术培训，强化大数据应用能力。

以大数据理念进行基层治理效果显著。

（一）工作更高效。 依托专业化的信息采集和高效监督，坪山新区各业务部门工作不断朝着标准化、规范化、高效化的方向发展，问题的发现与解决更加及时，社会管理效能显著提升。2015年，共采集人口信息855,813条，比网格化服

坪山新区基础信息资料库示意图

务管理实施前的2013年增加31%，且采集率、注销率、准确率均在97%以上。坪山新区数字化城管和社会综治事件办理数量从2013年的77,616条增加到2015年的112,888条，总办结率从最初的85.61%提升到96.39%。

（二）**决策更科学**。坪山新区还利用现有资源相继开发了劳资纠纷预警、辖区经济预判、自然灾害防御等跨部门专题应用，开发了统计分析工具模块，各部门可根据自身的业务需要，利用这些资源和统计分析工具自由定制问题及分析模型，进行专题开发，实现循数管理，为领导决策提供更加准确翔实的参考依据。

（三）**群众更满意**。2015年下半年发布的《坪山新区社会建设和群众工作公众满意度调查报告》表明，坪山新区居民的幸福感和生活满意度正逐步提高，对目前生活状态感觉基本满意或非常满意比例达90%以上。

构建食品安全追溯体系　精准严管乳粉安全

（主创单位：广东省食品药品监督管理局）

推介词

食品安全牵动人心，婴幼儿食品关系到国家的未来。广东建成全国首个覆盖生产、流通和销售全环节的婴幼儿配方乳粉电子追溯系统，全省食品药品监管部门以此为切入点，全面推进食品安全追溯体系建设，创新食品监管模式，成效显著。让孩子快乐，让家长放心，是全社会的期待，监管措施的创新，给了全社会信心。

为建立最严格的覆盖全过程的监管制度，保障婴幼儿配方乳粉安全，省政府办公厅于2014年印发了《广东省加强婴幼儿配方乳粉质量安全工作实施方案》，提出建设婴幼儿配方乳粉电子追溯系统，并将此列入了省政府2014年重点工作。2014年12月28日，全国首个覆盖生产、流通和销售等全环节的婴幼儿配方乳粉电子追溯系统在我省正式上线。自上线以来，我省食品药品监管部门以婴幼儿配方乳粉电子追溯系统建设为切入点，全面推进食品安全追溯体系建设，创新食品监管模式，取得了良好成效。

婴幼儿配方乳粉电子追溯系统包括婴幼儿配方乳粉监管平台、生产流通企业追溯平台、公众查询平台，同时开发了公众查询APP、经营者APP应用，为企业、公众、监管部门三方提供服务。

监管人员通过监管平台，可对辖区内经营者的基本情况、许可情况、经营情况、产品流通情况等进行精细化监管、在线监管，然后进行有针对性的现场检查督促。省食药监局负责统一采集国家食药监总局和全国各地监管部门婴幼儿配方乳粉抽检信息，系统可自动对辖区内问题产品进行精准定位和锁定，通过预警功能，监管部门可迅速进行处理，督促企业下架、召回，将问题产品的损害降到最低，保障公众健康。

生产流通企业通过企业平台，以数据接口、表格导入、网页录入等多种方式

广东省婴幼儿配方乳粉追溯平台网站页面

上报产品生产流通数据。通过"一键验收"功能，下游经营者只需要确认即可完成数据上报。为方便经营者上报，还开发了经营者APP，通过简单的扫描功能，即可完成快速数据上报。追溯系统为生产流通企业提供了防假冒、防窜货功能，生产流通企业还可对下游产品流向进行分析、查看，对问题产品实现快速、精准召回，同时有助于企业进行市场分析，研判市场布局，提高竞争力，促进企业发展。

公众可以利用溯源平台、移动APP，通过扫描或者输入溯源码、条形码等方式，方便地对婴幼儿配方乳粉的原料信息、生产信息、流通信息、销售终端、企业自检报告、监督抽检信息等全过程、全方位信息进行溯源查询。对于监管抽检合格的产品，会给予公众详细展示，提高公众消费信心；对于抽检不合格的产品，给出醒目警示，提示公众不要购买，并向监管部门举报；对于自愿登记购买信息的消费者，当系统中发现抽检不合格的产品时，会通过系统短信及时、精准地通知消费者停止食用，减少健康损害。

经过一年的推进，截至2015年12月31日，我省6家生产企业（美赞臣、施恩、雅士利、雅贝氏、高培、美素力）已经全部加入广东省婴幼儿配方乳粉电子追溯系统，并按时上报生产环节信息；全省婴幼儿配方乳粉经营者中有14,820家加入追溯系统，14,779家上报了追溯数据，加入率、上报率达到96%以上，持续在网率达到93.8%。追溯系统数据不断丰富，目前已有4441个国产、进口品种建立起超过1.1亿条追溯数据，生产经营者上传检验报告2.9余万张，省食药监局采集国家食药监总局、全国各地监管部门婴幼儿配方乳粉抽检数据1338条。公众对追溯系统的知晓度和应用度不断提高，公众APP下载量超过10万人次，公众通过追溯系统进行产品查询次数据近40万人次。

供电企业新媒体运营与大数据运用的探索与实践

（主创单位：深圳供电局有限公司）

推介词

当今时代，谁掌握了新媒体，谁就掌握了企业品牌形象宣传的制高点。南方电网公司深圳供电局注重新媒体运营和大数据运用，创新提出"1122"新媒体运营策略，即"1个主题、1个支点、2个支撑、2个渠道"，以微博加微信为双核开展新媒体运营，讲好电网故事，促进企业品牌持续提升。为处于垄断地位的电网企业树立了新的品牌形象，也为以创新为灵魂的深圳精神注入了新的内涵。

任何一个公共信息传播机构都希望自己传播的信息产生更大的社会影响力，希望赢得公众的信任，甚至希望公众对自己的信息发布渠道形成深度依赖。

在双微新媒体运营探索中，深圳供电局充分结合新媒体和大数据的特点和规律，创新前行，总结出"1122"的新媒体运营策略，即"1个主题、1个支点、2个支撑、2个渠道"，以微博加微信为双核开展新媒体运营，讲好电网故事，促进企业品牌持续提升。

一、1个主题："电Funny"（即"电趣趣"）

对网民来说，参与群体传播很多时候并没有明确的传播目标。因此，在利用群体传播进行网络推广时，一定要研究并满足网民的心理需求，用新奇、趣味、有意义的焦点内容和陌生化的方式吸引大众，触动其疲惫、麻木的内心。"1个主题"，是指在专业、亲民、有活力、负责任的企业品牌形象定位基础上，确立的"电Funny"主题。

二、1个支点：大型活动的策划和举办

"1个支点"，是指通过各种与"电"有关大型活动的策划和举办来吸引网友关注，从而与网友建立良好互动，在互动中提升企业品牌知名度和美誉度。

深圳供电局微博页面生动活泼

三、2个支撑：新媒体管理员团队和新媒体通讯员团队

"2个支撑"，是指打造富有活力的新媒体管理员团队和新媒体通讯员团队，作为新媒体有效运营的重要支撑。

四、2个渠道：线上和线下渠道

"2个渠道"，是指线上渠道（微信群）和线下渠道（讲座培训、对标学习等）相结合。

电网企业关系国计民生，妥善处置突发事件非常重要，关键是用好官方微博这个"小喇叭"。借助微博，有助于快速发布权威信息，满足公众知情权，正面引导社会舆论，从而化危为机。

近年来，深圳供电局创新开展新媒体运营，充分利用大数据新兴战略工具，策略应用成效显著，截至目前，深圳供电局不仅新浪官方微博粉丝攀升至40万，官方微信也迅速汇聚了36万"电粉"，除了在电力系统新媒体中屈指可数，还在深圳市政务类微博微信排名中名列前茅。

由于近年来孜孜不倦的努力，深圳供电局官方微信在腾讯2013年度十大"最具创新性微信公众账号"评选中排名第三，更是在2015年12月在乌镇举行的世界互联网大会上被授予"微信城市服务类——2015年最受用户喜爱服务号"的称号。新浪官方微博获得"2014年度广东影响力飞跃微博"，并和官方微信联袂荣获"2015中国能源企业传播大奖优秀新媒体奖"。

广东旅游大数据产业平台

（主创单位：省旅游局）

推介词

在旅游业迅速发展和产业不断升级的情况下，对游客分析、旅游业态评估、行业监管等方面规范化、精准化、科学化的要求越来越高。广东省旅游局建立广东旅游大数据平台，初步实现了旅游行业公共服务、宏观调控、行业监管的科学化和精细化，也是游客画像、产品个性化创新、精准营销方面的积极尝试。

广东省旅游大数据平台是以旅游大数据为创新突破口，整合传统旅游行业、涉旅行业、互联网等相关数据，运用了数据挖掘、大数据多维综合分析、云计算、机器学习等最新大数据处理相关技术建成的，向政府、旅游企业、创客以及广大游客等旅游行业参与主体提供全面信息服务的总称。

通过广东省旅游大数据平台的建设，将实现大数据技术对旅游经济建设的管理、监测、预警和预测的有效支撑，显著提高政府在旅游行业的管理、服务和决策水平，提升旅游社会化管理和公共服务的效能与质量，着力提高旅游社会化服

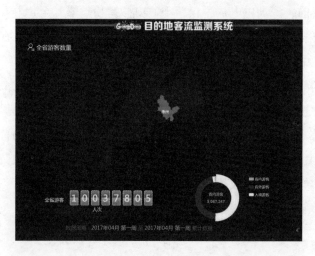

广东旅游大数据产业
平台实时监控情况

务管理精细化水平，最大限度激发旅游行业活力，实现旅游产业的良性循环和科学发展。

广东省旅游大数据平台，主要在以下三方面取得了重要成果：

辅助决策，宏观调控数据化。广东省旅游大数据平台通过抓取互联网各大OTA、航空公司、各大酒店等信息，以及购买各大移动互联网服务商与通信运营商的数据，综合分析与展示，形成大数据统计系统。

通过大数据挖掘得出的结论与运用，2016年全年广东省旅游总收入11,560亿元，同比增长11.5%，其中旅游外汇收入190亿美元，同比增长8.3%；全年接待过夜游客3.9亿人次，同比增长13%，其中入境过夜游客3455万人次，同比增长8%；主要旅游指标稳居全国第一。

细分人群，市场推广精准化。2016年9月上旬，广东省局促进中心领导并举办了2016年广东国际旅游产业博览会，此活动是广东省旅游局大数据示范营销项目的两大营销活动之一。

在活动中，通过对广东旅博会大数据分析定位目标人群为广东区域的青年群体，根据目标群体分析此类群体最喜欢的媒体为网络直播，根据目标群体的其他特征及网络直播的特征创意策划出利用网红直播的方式进行旅博会的线上线下营销传播。从营销活动的效果以及影响来看，广东旅博会大数据营销活动非常成功，共计在线互动人数达到600万，相关品牌曝光量过亿，且为广东旅游公众号带来近7万的粉丝。

实时监管，行业管理可视化。广东省旅游大数据平台建立了应急管理指挥平台，带领了旅游业从各自监管走向了综合监管。

在实时监管方面，广东旅游大数据平台通过定时分析全省客流数据，使用视频、GPS、手机信号、微信等监测技术手段，建设景区客流监测系统，对广东省有关景区进行游客流量实时监测（特别是黄金周期间），并对未来客流量进行大数据分析预测。通过大数据对100家重点景区和21个地市进行黄金周的实时统计分析，全面掌握假日客流信息，为保障假日旅游市场平稳运行提供数据支撑，定时统计分析游客行为、属性相关数据，预测假期客流量。该平台将展示景区客流分布、入园情况，支持客流疏导、安全应急处理等智慧管理。

广东春运交通大数据平台

（主创单位：省交通运输厅综合运输处）

推介词

长期以来，春运是交通运输主管部门及运输企业面临的一大挑战。广东省交通运输厅携手腾讯共同构建广东省春运交通大数据预测分析平台，实现宏观交通运行事前研判、事中监测和事后总结，顺利完成了2017年春运工作，有效提升了春运组织协调和应急预警能力，服务保障程度迈上新台阶。

广东省交通运输厅携手腾讯共同构建广东省春运交通大数据预测分析平台，通过把广东省交通运输厅的现有数据与腾讯云计算和位置大数据服务能力结合，对春运期间主要客运集散地的旅客聚集情况、高速公路和国省道的通畅情况、春运旅客流向、各类运输方式的客运承担量进行数据分析和实时图型显示，实现宏观交通运行事前研判、事中监测和事后总结，提升春运组织协调和应急预警能力。

广东作为春运大省，每年春运旅客发送人数都在1亿以上，春运期间客流量巨大，人群扎堆情况严重，旅客疏运是交通运输主管部门及运输企业面临的一大挑战。长期以来，交通运输行业在春运管理和组织协调方面存在痛点：一是由于无法及时掌握人群聚集信息及流动状态，行业主管部门的管理决策效率有待提升，重点区域监测预警不够及时；二是运输企业的运力调配及服务保障能力存在一定的滞后性，无法满足人民群众日益增长的高品质出行需求。

平台通过广东省交通厅提供的联网售票数据，包括客运站已发班数、发送人数等联网客运数据，结合腾讯提供数据模型，以春运数据模型进行数据深度融合，最终形成全省重要交通枢纽人流热力图。以每个场站上报的实时运力阈值定义状态颜色，以交通枢纽区域的数据为基础，以交通枢纽自定义阈值为评判标准进行场站人流预警显示。通过热力图，交通主管部门可以查看交通枢纽实时状态，为春运组织工作提供参考。

运行中的春运交通大数据预测分析平台

平台以各地市、各交通分管单位上报的不同交通方式的客流发送量和到达量为基础数据，结合腾讯数据进行迁徙数据建模，最终形成省际和省内春运人口迁徙图，为春运工作提供指导。

本项目核心优势在于将腾讯云计算、大数据、位置服务等技术与广东省道路运政管理信息系统、广东省联网售票中心平台，以及春运期间广州铁路（集团）公司、中国民用航空中南地区管理局上报的铁路、民航客流发送量等相关数据进行深度融合，并将历史数据、实时数据进行充分结合，利用腾讯LBS大数据平台进行加工分析，实现了领先互联网技术与交通运输垂直行业的开放共享与合作共赢。

平台使用对象为广东省交通运输厅，在提高春运决策能力、监测预警水平、运力组织效率等方面发挥了积极效用。根据《广东省交通运输厅关于2017年广东省春运工作情况的报告》（粤交运〔2017〕244号）显示，全省运输秩序良好，服务水平明显提升，各客运站（港）未出现旅客大面积滞留，高速公路拥堵较往年有显著改善，运输安全生产创历年最佳，依托"互联网+交通大数据"，打造出"最规范、最安全、最顺畅、最智慧、最温馨"春运，让人民群众感受到了一个全新春运体验。

测土配方施肥大数据和信息化平台

（主创单位：省耕地肥料总站）

推介词

专家研究、农户应用、精准测土、对症施肥，省耕地肥料总站的测土配方施肥大数据和信息化平台把个性化服务通过移动终端送到了千家万户。全省累计推广面积3.53亿亩次，减少不合理化肥施用94.56万吨，总节本增收271.81亿元。增产增收，节能减排，提质增效——这是为广大农民办实事的优秀探索和实践。

在省委、省政府和省农业厅的领导、重视和支持下，广东实施测土配方施肥12年来，取得跨越式发展。

测土配方施肥是以土壤测试和肥料田间试验为基础，根据农作物需肥规律、土壤供肥性能和肥料效应，在合理施用有机肥的基础上，科学确定氮、磷、钾及中、微量元素等肥料施用数量、施肥时期和施用方法。它将土壤供肥能力、农作物需肥特性和肥料施用紧密结合成有机整体，形成精准施肥技术规范，实现"科学、经济、高效、生态、安全"的用肥目标，并越来越受到党和国家的高度重视和社会的广泛关注，越来越多的人认识到科学施肥的重要性。

广东测土配方施肥实施12年来引起了各级领导的高度重视和充分肯定，得到社会各界的普遍关注，受到了广大农民群众的欢迎，通过科学合理施肥，节约农业投入成本，提高农业投入产出率和肥料利用率，改善生态环境，提高农产品品质的愿望也越来越迫切。实践证明，测土配方施肥是一项投资少、见效快、受益面广、农民欢迎、综合效益显著的"德政工程"，农民对实施测土配方施肥项目的满意程度达到100%。

2005年以来，在全省主要农业县（市、区）共对42.9万农户进行野外施肥情况调查，各项目县全部建立了县域测土配方施肥数据库，并联合省直科研教学等技术依托部门建立了全省水稻、叶菜类、瓜果类、豆类蔬菜、甘蔗和香蕉等主要作物的省级施肥指标体系，发布县级主要农作物肥料配方437个。这些大量基础

测土配方施肥系统主界面

工作和数据的积累为开发应用全省测土配方施肥大数据平台，为全省农民提供个性化配方施肥指导服务奠定了基础。

　　广东省测土配方施肥信息化平台是利用应用地理信息系统（GIS）和GPS等信息技术、数据库技术、智能化技术，综合了我省测土配方施肥大数据、耕地地力评价、主要农作物施肥指标体系等成果，建设了一套图形化、本地化、适用性强、操作性强、效益好、快速准确提供主要农作物施肥方案决策支持，适用广东省测土配方施肥专家系统，方便农民通过触摸屏系统或者Android移动平台（包括电脑、微信等）查询土壤养分状况和作物施肥指导方案，根据推荐方案选肥、配肥、施肥，并为农户、农技员提供信息交流服务，实现了测土配方施肥大数据库的整合和分析，为测土配方施肥和精确施肥决策工作提供了一种新型应用工具和方法；实现了测土配方施肥从专家研究到农户应用，再到针对具体田（地）块提出配方施肥建议所有完整流程中关键点的串接联通，实现了线上与线下精准施肥技术的有机结合。

　　测土配方施肥技术是近年来我国农业部作为为农民办的十件实事之一和科技入户工程的第一大技术，省农业厅也连续多年将其列入农业主推技术在全省推广应用，运用大数据服务平台创新推广应用模式，有效突破农技推广"最后一公里"瓶颈，2009年荣获广东省农业技术推广一等奖。12年来，测土配方施肥技术的推广应用促进了广东农业增产和农民增收，推动了农业增长方式的转变和可持续发展，取得了显著的经济、社会和生态效益。

禅城社会综合治理云平台

（主创单位：佛山禅城社会综合治理指挥中心）

推介词

将社会治理相关人、事、物连接入网，实现数据信息自动采集；突破原有层层上报、级级审批的传统处置路径，按轻重缓急分类分级处置各类事件。禅城区依托新一代信息技术，打通部门层级间信息壁垒，推动信息互通共享，重塑政府治理流程和大数据综合应用，初步实现了社会综合治理的精准、高效。这是改革创新锐气的体现，也是自我重构的实现。

作为佛山中心城区的禅城，从2015年3月开始，以体制机制创新为动力，以信息化为手段，全面建设社会综合治理云平台，初步探索综合管理、主动防控、智慧应用的现代化社会治理3.0模式，效果初显。2016年11月，禅城区社会综合治理云平台获评第二届（2016）中国"互联网+政务"全国优秀实践案例50强。

城市管理网格化模式在各地铺开已久，职能相对单一，处置流程路径传统。部分地区的"改良版"体现了职能整合、力量集中的特点，但总体上仍然囿于以城市管理为主体、兼顾治安维稳的模式。经过几年的摸索改革，禅城区在2015年底初步建成社会综合治理云平台并运行使用，在推进简政提效、加强社会治理现代化能力方面取得了新的突破。

强技术。云平台由禅城区与中国航天集团旗下技术团队合作开发建设，全部采用国产设备，高技术、低成本，安全性强。一是平台整合归一。重点突破云计算虚拟技术、云服务体系结构技术、云安全技术等在社会治理领域的应用，形成基础硬件、平台架构、软件服务和数据系统一次性建成、多部门叠加的"云"平台。二是人、事、物联网。通过传感器技术、无线射频技术、嵌入式系统技术等，将社会治理相关人、事、物连接入网，实现数据信息自动采集，城市部件动态监控、应急物资的动态管理等。三是数据共通共享。依托同步数据、共享数据、高并发查询检索、实时数据接入分析等关键核心技术，整合共享各部门业务

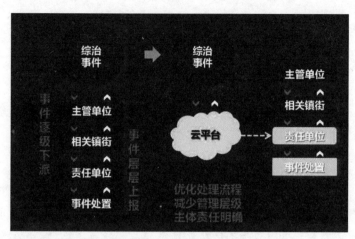

禅城区综合治理云平台事件处置流程简图

系统数据和全区社会治理信息资源，实现分析预测、实时预警。四是应用轻便可移动。定制化开发网格员手持移动终端和"社管通"APP。

精基底。对传统意义下的城市管理网格深耕细作，重新划分、丰富内涵、精细管理，成为具备社会治理能力的新网格。一是重构网格。在管辖面积、人口规模、事务数量等因素之上，进一步考衡人口密集程度以及各类防控重点区域、重点部位分布等实际情况，重新划分网格、细分城市单元。目前，已将原有的122个网格裂变为921个，从"大"网格变成"微"网格，密度约为7个/平方公里。二是资源汇聚。在原有的城市管理、维稳治安等部门数据资源整合基础上，增加消防、安监、社保、流管、卫计等业务数据，并叠加扩展了各类专项整治行动部署，比如最近融入了"两违"治理、疫情防控、环保监管等。三是重塑队伍。全力打造N+X网格员队伍，N是多能合一的专职网格员，X是由直联挂点干部、"三官一师"、村（居）工作人员等组成的兼职网格员。

明路径。对政府内部事务处置职能和流程的简化固化，区分对待、清晰标准、明确架构，建立五级一体的联动网络。一是分类处置。突破原有层层上报、级级审批的传统处置路径，按轻重缓急分类分级处置各类事件。二是确立标准。全面梳理社会综合治理有关部门的业务事项，建立内容明确、权责清晰、结案限时的事项清单，实现管理事项的标准化。三是纵横联动。设立区、镇（街道）两级社会综合治理指挥中心，加入公安片区管理层级，形成横向对接首批纳入网格的18个职能部门、纵向连接区、镇（街道）、片区、村（居）、网格五个层级的统一指挥架构。

数字城管首创《共享单车公约》

（主创单位：珠海城市管理指挥中心）

推介词

随意停放的共享形式给人们带来了极大便利的同时，也带来一系列的城市管理问题。珠海市数字城管创造性地与共享单车企业签订《共享单车公约》，制定准则，规范管理，从源头上减少扰民和影响城市美观等问题的发生。寓管理于服务之中，主动与企业进行沟通，为城市治理积累了宝贵经验。

2017年1月23日，共享单车——摩拜单车入驻珠海。珠海成为全国第13个被投放摩拜单车的城市，接着优拜单车、桔子单车、OFO单车也先后进入珠海。随意停放的共享形式给人们带来了极大便利的同时，也带来一系列的城市管理问题，发生一些不文明的行为。

2月15日，珠海市城市管理指挥（应急）中心（简称"珠海市数字城管"，由市城市管理行政执法局代管）与摩拜科技有限公司珠海运营方召开了协调会，沟通协调如何规范共享单车停放，维护珠海城市秩序，促进共享单车服务的优化提升，还便于民，规范管理。协调会之后，关于共享单车乱停放的处理问题初见成效，但问题发现后才解决的被动状态仍未得到改善。

为进一步深化公民环保意识及对共享单车的正确观念，促进共享单车管理服务的优化提升，解决共享单车带来的城市管理问题，凝聚了珠海市数字城管协调各相关部门及各共享单车运营商负责人心血的成果——全国首创的《共享单车公约》出台。

3月17日，珠海市数字城管聚合三家共享单车企业，签订《共享单车公约》。公约内容包括建立应急渠道、提供管理运营支持、实现数据信息资源共享等六则具体实施条例。23日，珠海市数字城管与入驻珠海的第四家共享单车企业——北京拜克洛克科技（"OFO"共享单车）有限公司签订《共享单车公约》。

按照《共享单车公约》，共享单车运营商在珠海运营点安装珠海市数字城管

珠海城管执法队
员处理违规停放
的共享单车

系统终端，对珠海市数字城管派遣的案件及时进行处理。同时，共享单车运营商为珠海市数字城管巡查员提供干预共享单车的工作设备，以便能够充分发挥珠海市数字城管巡查员城市管理移动探头的作用，倡导珠海市数字城管巡查员随手提供摆车、举报违停、文明引导用户停放等服务，给予共享单车运营商相应的运营支持。双方共同努力，确保更全面、更及时地发现及处理因共享单车产生的城市管理问题。

根据《共享单车公约》，共享单车运营商应配合珠海市数字城管开展相关工作，为珠海市数字城管提供珠海市区域内智能共享单车需求热点路段，并利用后台大数据配合珠海市数字城管协调珠海市区域范围内停车区域的规划建设，同时珠海市数字城管有权将共享单车运营商单车的相关数据提供给有关部门使用。因而，实现了数据的共享，完善了珠海市数字城管大数据库，发挥了数字城管网络平台优势，提高城市管理的效能，实现整个城市的统筹规划管理、协调发展，促进共享单车服务的优化提升。

签订《共享单车公约》后，共享单车引发的城市管理问题得到了较好的解决，管理成效明显。据统计，截至3月28日，数字城管系统共收到共享单车案件402宗，已结案399宗，结案率为99.25%。其中共享单车问题巡查员自查自纠案件（车辆乱停放）180宗，结案率为100%；市民上报案件9宗，全部结案，市民满意度达到100%。

"农眼"智能监测管理系统

（主创单位：广州大气候农业公司）

推介词

农产品价格受"大小年"影响很大，如何解决农业生产和消费信息的不对称？郁南县与广州大气候农业公司合作应用的"农眼"智能监测管理系统给出了参考答案。这是一个集农业监测、人居环境整治、新农村建设、农村精准扶贫、农产品生产和流通于一体的三农大数据综合信息服务平台，也是郁南县农业走向现代化的重要一步。

广州大气候农业科技有限公司是一家以互联网+智能硬件技术创新为核心的农业高科技企业。公司自主研发的"农眼®"智能监测管理系统目前属于国内领先水平，拥有130多项知识产权，30多项专利。

以先进的智能化农业设备"农眼®"智能监测基站为载体，实时监测与采集图像、土壤、气象、病虫害等信息，运用"气候云™AOS"农业操作系统数据分析，快速智能化、定制化地帮助用户获取分析结果，为科学种植、区域农业监控管理、食品安全溯源、农产品品牌打造提供技术及数据服务。

大气候农业将物联网技术与互联网运营模式结合，不仅可为农业种植提供科学指导，提高农场耕作管理、用工管理等效率；还能全面整合区域农业种植信息，为政府涉农部门开展农业统筹监管、灾害应急预警、种植规划调整等提供依据；此外，"农眼®"智能监测管理系统还可将农产品从播种到收获的信息完整地呈现给消费者，建立从田间到餐桌的农产品安全追溯体系。

按照广东省的部署，郁南县被列为全省开展就业技能社保精准扶贫精准脱贫试点县，也是被列为云浮团市委"青春扶贫行动"助力脱贫攻坚的重点对象，为了有效解决郁南县贫困户的就业需求，真正做到"就业一人、脱贫一户"的目标。作为山区县，近年来，郁南还在着力完成农业产业脱贫任务。通过积极开展电子商务进农村工作，优先把贫困户吸纳为社员，郁南县已经建成"岭南优品"

"云浮邮政人人商城"等电商平台扶贫专区，极大程度地拓宽了农特产品的销售。但对于具体的扶贫项目进度情况、业务数据、扶贫阶段性的指导及整体扶贫情况，目前暂时没有系统数据可以完整地参阅，需要通过建立三农大数据信息平台，以提高统筹扶贫户及区域、高效管理扶贫项目、双向帮扶综合服务的能力。

2016年4月，郁南县通过与广州大气候农业科技有限公司达成深度战略合作，应用"农眼®"智能监测管理系统，共同探索建设集农业监测、人居环境整治、新农村建设、农村精准扶贫、涉农维稳、农产品生产和流通于一体的三农大数据综合信息服务平台，打造广东全省争相报道学习的"郁南模式"。

建设三农大数据综合信息服务平台，对三农大数据进行分析、处理和展示，并将所得结果应用到各个板块，能更好地推动郁南县传统农业向现代农业的转型，助力郁南县农业信息化和农业现代化的融合，极大改善当今县农村环境，提升农民生活质量水平。同时三农大数据有助于开展农产品监测预警，通过深入挖掘并有效整合农产品生产和流通数据，进行专业分析解读，为农产品生产和流通提供高效优质的信息服务，以提高农业资源利用率和流通效率，保障食品安全，便利农民，促进农业产业发展。

安装在田间的智能监测设备

域外法律查明第三方数据整合平台

（主创单位：深圳蓝海法律服务中心）

推介词

知己知彼，方能百战不殆。蓝海中心是立足中国国情和实际需要的法律查明大数据平台，为我国企业"走出去"提供重要的法律资源，为域外企业了解、熟悉、认同中国法律提供重要的交流平台，为国家的法治发展提供可资借鉴的域外最新法律成果，为打造具有国际竞争优势的法治环境提供重要智力支持。

前海是目前国家批复的唯一一个中国特色社会主义法治示范区，在营造良好的营商环境、提升城市国际化水平、倡导建立高标准的国际法制规则方面肩负着改革重任，为国家新一轮的改革开放探索道路。正是在此背景之下，蓝海中心创新探索，发展成为全国首个以域外法律查明为核心业务的第三方数据整合平台。

2015年9月，鉴于蓝海法律查明平台在域外法律查明服务方面的突出表现，最高人民法院、中国法学会、国家司法文明协同创新中心共同支持在前海设立"中国港澳台和外国法律查明研究中心"，并以蓝海中心作为秘书处。最高人民法院同时授牌蓝海中心作为最高人民法院港澳台和外国法律查明基地。蓝海中心的创新性平台得到了各方认可，连续两年入选"深圳十大法治事件"，并以"广泛聚合境内外法律专家资源，打造全国首个域外法律服务公共平台，积累丰富案例和实践操作经验"入选广东自贸试验区首批制度创新案例。

持续建设涵盖域内外法商学者和实务精英的专家库。依据《深圳经济特区前海深港现代服务业合作区条例》，经过近三年的发展，蓝海中心已经和包括北京大学法学院、人民大学法学院、中国政法大学、中山大学法学院、深圳大学法学院等19所高校、全球150家法律机构建立了合作关系，入库专家达到1500多位，平台化的建设方式使得专家来源更加广泛，组织更加高效。从实践来看，案件办理的周期一般在两个月左右，解决了过往法律查明渠道不畅、时间过长的"旧弊"。蓝海中心接受委托与咨询查明的地区涉及美国、香港、巴西、阿根廷、马来西亚、台湾、澳门、新加坡、以色列、加拿大、澳大利亚、英国、开曼等20多个国家和地区，接受法律查明咨询的事项覆盖了公司法、刑法、土地法、仲裁法、担保法、合同法、外商投资法等诸多领域。

响应国家战略，打造大型中文"一带一路"公共法律服务平台。 2016年蓝海法律查明平台把服务的重大目标放在助力"一带一路"国家战略上。同年12月，通过公开竞标的形式，蓝海中心与法律出版社共同承接了全国首个服务于"一带一路"建设的大型中文法律公共数据库——"一带一路"法治地图项目。"一带一路"法治地图项目是深圳市响应国家"一带一路"战略需求，促进"一带一路"投资贸易便利化、法治化的重要举措。

2017年3月21日，全国首个"一带一路"法治地图项目启动，蓝海中心是承接单位之一

以民非形式延伸公共法律服务。 深圳颁布的《前海条例》第五十二条对域外法律查明做了明确的规定，通过地方性立法形式以专门条文肯定"法律查明"机制开创了全国之先河。为了贯彻落实条例规定的任务，蓝海中心应运而生，注册成为政府支持的非营利性社会组织，并通过第三方服务延伸公共法律职能，力求服务更为专业、中立和可靠。蓝海中心的探索受到了上级机关的肯定，广东省司法厅、省自贸办将蓝海中心作为秘书处的中国港澳台和外国法律查明研究中心确定为域外法律查明的任务落实单位，为自贸区建设提供国际化、法治化的配套支持。

"掌上妇幼" 改善就诊服务

（主创单位：省妇幼保健院）

推介词

广东省妇幼保健院通过建立"掌上妇幼"全流程就诊平台，"互联网+"助推新型医疗服务，实现将院内服务向院外延伸，患者通过移动智能终端即可随时随地获得全流程就诊服务，建立患者与医院乃至医生之间持续、连贯的沟通新渠道，有效缓解了"看病难"问题。

"掌上妇幼"是广东省妇幼保健院的微信公众平台，该平台主要分析患者就医需求而开发相关功能模块，进行健康数据的采集入口，为下一步建立临床数据中心打好基础，为日后建立健康大数据分析平台铺路。该院在面对三级医疗机构尤其是大型医疗机构患者就诊"三长一短"（挂号时间长、候诊时间长、缴费队伍长、看病时间短）、患者就诊满意度不高等难题时，积极探索"互联网+健康医疗"创造出高效便捷的就诊模式，改善患者的就医体验。

2014年，该院就启动了移动医疗信息系统建设，通过建立"掌上妇幼"全流程就诊平台，实现将院内服务向院外延伸，患者通过移动智能终端即可随时随地获得全流程就诊服务，建立患者与医院乃至医生之间持续、连贯的沟通新渠道，有效缓解患者在就诊过程中存在的"三长一短"问题。

通过"掌上妇幼"平台，患者能通过初诊建卡或者绑定诊疗卡后，根据居住就近原则选择较近的院区，按所患病类选择相应的科室，并选择自己熟悉的医生，然后选择自己希望的具体时间点，完成支付挂号费。就诊后医生会开具处方单，完成就诊缴费后即可到药房拿药或者到检验检查相关科室进行相应的检验检查，结果出来后直接可以在微信界面在线查阅电子报告单。而在预约挂号前，还可以通过该平台，获取医院各科室和专家介绍、出诊时间和剩余号源、就诊指南和健康宣教知识。除此之外，该平台还能够实现医保实时统筹结算、享受住院订餐服务、能够在线咨询诊疗、实现远程就诊等。自开通至今，累计

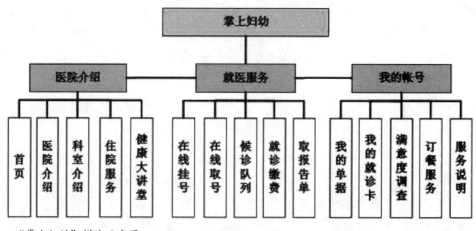

"掌上妇幼"模块示意图

关注总量已超69万人，总绑卡用户超58万人，累计查询人次超1590万次。该平台也受到多方认可，先后荣获过"全国医疗卫生微信综合传播力第二"、广东省卫生计生系统"微信建设精品案例"奖、国家网信办颁发的"政务微信优秀公众账号"、"2016年度中国医院微信服务20强"、"2016年中国医院微信综合排名百强"等。

医院的服务对象是患者，医院除了要为患者提供高质量的临床诊疗服务外，还应把围绕临床诊疗的其他业务环节如挂号、缴费、预约等也纳入提供优质高效服务的范畴。系统的总体设计是基于"以患者为中心"的服务理念，改善服务不到位问题，如取检验、检查结果需要去不同地方；优化服务流程，如传统模式挂号需要排队，缴费需要排队，候诊需要排队等；利用先进服务手段，"掌上妇幼"利用互联网+健康医疗应用于医院。患者通过初诊建卡或者绑定诊疗卡后，根据居住就近原则选择较近的院区，按所患病类选择相应的科室，并选择自己熟悉的医生，然后选择自己希望的具体时间点，完成支付挂号费。就诊后医生会开具处方单，完成就诊缴费后即可到药房拿药或者到检验检查相关科室进行相应的检验检查，结果出来后直接可以在微信界面在线查阅电子报告单。

城市交通大数据平台

（主创单位：深圳北斗研究院）

推介词

电子站牌、实时路况、客流分析、出租车运营管理……融合多种出行工具下的人群移动行为特征，评估、提炼及预测客流变化趋势，从而提出由数据驱动的、匹配人群移动变化的智能交通应用优化策略，城市交通大数据平台为智能城市管理提供决策支撑，形成科学预测、有效管理与服务公众的技术支撑体系。

以深度融合三元空间（物理世界、人类社会、信息空间）中的城市大数据为主线，深圳北斗研究院开发出包含公交、地铁、出租车、执法车、两客一危车辆等完整全面数据的交通大数据分析平台。

该平台研究融合多种出行工具下的人群移动行为特征，评估、提炼及预测客流在不同区域、时间、天气、事件等因素下的变化趋势及关联关系，从而提出由数据驱动的，更为实时、高效、准确匹配人群移动变化的智能交通应用优化策略，为智能城市管理提供决策支撑，形成科学预测、有效管理与服务公众的技术支撑体系，具体包括：基于手机等出行信息的城市道路车速分析与评价系统研究；客运与信息服务板块超算空间与数据挖掘优化服务；基于海量视频分析的智能交通示范应用；深圳通数据的公交出行时空特征分析与数据挖掘研究等。

基于交通大数据平台，开发了公交电子站牌系统，该系统是目前深圳市数据最全面、服务最精准、功能最完善的公交电子站牌系统，目前已应用于深圳、中山和惠州等城市，为交通在手、腾讯、广电、车来了等公交应用提供实时数据服务，日均访问量2000万次以上，日均用户量超过50万。同时，自主开发的移动应用"先行公交"，为市民提供全方位公交出行服务。

平台还提供实时公交查询，实时查询站点的公交到站时间，提前做好出行准备，免除等待焦虑。实现智能优选路线，自动规划公交出行路线，提供多种换乘方案选择，让出行不再茫然。

交通在手APP是深圳北斗研究院和深圳市交通运输委员会共同打造的出行服务类APP，交通在手涵盖了公交、地铁、自驾、火车信息，为深圳市民提供实时多样的交通服务，让市民更方便、更快捷地享受到交通无处不在的感觉。

公共交通客流分析系统通过对深圳通卡数据、公共交通基础数据及实时公交GPS数据进行融合分析，为综合交通运行指挥中心提供区域、线路、站点各时段不同时间粒度客流统计指标，提供各交通方式各时段运力预警功能，提供城市公共交通客流诱导、常规公交车及地铁列车调度决策依据，提供常规公交、城市轨道交通线网规划、调整的数据支持。

交通在手APP涵盖了公交、地铁、自驾、火车等出行信息

出租车运营管理系统面向行业管理部门，通过数据平台对出租车运营数据及车辆GPS数据进行融合分析，对出租车运营收入、运营里程、载客里程、空驶里程等指标形成智能化统计报表。同时，系统能够实时监控各区域出租车数量，查询历史轨迹，为出租车行业精细化管理提供决策参考依据。

基于大数据的智能交通应用服务可大大提升智能交通信息化的程度，准确、及时采集全市交通运行状态信息，可通过出行服务网站和手机等信息服务终端，为公众提供全方位、一体化的出行信息服务，提高公共交通的出行效率，降低广大公众出行的时间成本，从而提升公共交通的吸引力。

参考文献

一、中文著作

习近平. 之江新语［M］. 杭州：浙江人民出版社，2007.

俞可平. 走向善治［M］. 北京：中国文史出版社，2016.

俞可平. 偏爱学问［M］. 上海：上海交通大学出版社，2016.

郑永年. 保卫社会［M］. 杭州：浙江人民出版社，2011.

郑永年. 未来三十年：改革新常态下的关键问题［M］. 北京：中信出版社，2015.

何增科. 中国社会管理体制改革路线图［M］. 北京：国家行政学院出版社，2009.

何增科. 民主监督［M］. 北京：中央编译出版社，2013.

肖滨. 政治学导论［M］. 广州：中山大学出版社，2009.

南方舆情研究院，暨南大学舆情与社会管理研究中心. 粤治新篇［M］. 北京：人民出版社，2015.

南都报系网络问政团队. 网络问政［M］. 广州：南方日报出版社，2012.

本书编写组. 大数据领导干部读本［M］. 北京：人民出版社，2015.

大数据战略重点实验室. 块数据［M］. 北京：中信出版社，2015.

冯贵良. 数据结构与算法［M］. 北京：清华大学出版社，2016.

王崇骏. 大数据思维与应用攻略［M］. 北京：机械工业出版社，2016.

张云，韩彦岭. 航运大数据［M］. 上海：上海科学技术出版社，2016.

龚鸣. 区块链社会：解码区块链全球应用与投资案例［M］. 北京：中信出版社，2016.

李军. 大数据：从海量到精准［M］. 北京：清华大学出版社，2014.

饶元. 舆情计算方法与技术［M］. 北京：电子工业出版社，2016.

王晓华. 算法的乐趣［M］. 北京：人民邮电出版社，2015.

黄秦安. 数学哲学新论［M］. 北京：商务印书馆，2013.

吴军. 数学之美［M］. 第2版. 北京：人民邮电出版社，2014.

张景中. 彭翕成. 数学哲学［M］. 武汉：湖北科学技术出版社，2016.

王坚. 在线［M］. 北京：中信出版社，2016.

李时珍. 本草纲目［M］. 西安：陕西旅游出版社，2003.

二、中文译著

维克托·迈尔–舍恩伯格，肯尼思·库克耶. 大数据时代［M］. 盛杨燕，周涛，译. 杭州：浙江人民出版社，2013.

尤瓦尔·赫拉利. 人类简史：从动物到上帝［M］. 林俊宏，译. 北京：中信出版社，2014.

唐塔普斯科特，亚历克斯·塔普斯科特. 区块链革命［M］. 凯尔，孙铭，周沁园，译. 北京：中信出版社，2016.

塞缪尔·亨廷顿. 文明的冲突与世界秩序的重建（修订版）［M］. 周琪，等译. 北京：新华出版社，2009.

凯文·凯利. 科技想要什么［M］. 熊翔，译. 北京：中信出版社，2011.

Ray Kurzweil. 奇点临近［M］. 李庆诚，董振华，田源，译. 北京：机械工业出版社，2011.

克里斯托弗·斯坦纳. 算法帝国［M］. 李筱莹，译. 北京：人民邮电出版社，2014.

佛朗西斯·福山. 政治秩序的起源：从前人类时代到法国大革命［M］. 毛俊杰，译. 第2版. 桂林：广西师范大学出版社，2014.

佛朗西斯·福山. 历史的终结与最后的人［M］. 陈高华，译. 桂林：广西师范大学出版社，2014.

跋

山巅一寺一壶酒

（一）

感谢18位专家接受我们的专访。他们身份不一，有政府官员、大学教授、企业老总和媒体领导，但有一点共性，在大数据方面有专业化的研究、探索，他们的思考、智慧极大地延伸了本书的广度和深度，增添了"大"的味道。与有的专家访谈约的时间原本是一个半小时，但实际上超过4小时，信息点、兴奋点众多，瞬间让我们有了全球、全学科、全时空认识；有的专家思维活跃，既有"大物移云"等形象比喻，也有"甜数据"等创新叫法，一度让我动了以后者为书名的念头；也有的专家，从地级市、县市区，从衣食住行游，以及从要素交易、媒体行业等实践的角度，娓娓道来，让我们知晓，原来大数据离我们这么近；也有的专家，从云计算、智慧城市、数据本质、数据标准、数据交易、人工智能、区块链与比特币、数据规则等多个方面，一一阐述，深入浅出；还有的专家从"贵州榜样"的角度，介绍了兄弟省市的开拓性做法。他们的理念、思路和招数，组成大数据时代的"降龙十八掌"。

感谢南方报业传媒集团各位领导。近年来有幸与289大院的各位掌门人近距离接触，在范以锦、杨兴锋、张东明、莫高义和刘红兵、黄常开、王垂林身上，我看到了"担当、创新、包容、卓越"的南方基因。很多时候，荣誉、鲜花是我和执行同事获得的，而压力、风险其实在领导那边。2016年10月26日12时许，在广州东方宾馆，莫高义书记走出"大数据应用及产业发展大会"会场，对我说："蓝云蓝云，你也有'云'，在云计算、大数据方面继续做点什么吧！"这句话给了我动力，也给了我方向。

感谢15年来的各位顶头上司，他们是钟宇辉、柳剑能、任天阳、胡键、曹轲、王垂林。在多年来的相处中形成了亦师亦友的关系，受益良多。感谢研究院陈枫、胡念飞、王长庚、田霜月、邹高翔等兼职副秘书长的支持。感谢南方日报出版社周洪威社长、刘志一社长助理、郑颖编辑的帮助。感谢南方舆情数据研究院吴娴、洪丹、林鑫、米中威、洪海宁、吴敏东、莫凡、肖卓明、任创业、米娜、余元锋等诸位同事，是大家的积极参与、全力支持，才让这本书从想法变成了现实。感谢分管领导曹轲多次鼓励我用好此前申请到的"广东省宣传文化人才专项资金"，这为本书的出版提供了经费保障。

感谢奥一网总编辑韦中华、常务副总编辑杨红辉，以及周炳文、谢锦恒两位同事，给予本书推送宣传工作的支持。感谢深圳"量子学派"和贵州省中小企业服务中心主任刘川的支持。

感谢来南方之前，在福建日报工作期间的各位领导，张玉钟、林永龙、黄志宏、徐坚，他们引我进了新闻之门。

（二）

光有方向、支持，还是不够的，其自身还要有一点点小梦想。一直以来，我都有一个感觉，我更应是"程序猿"，而不是"新闻郎"。

感谢从小到大培育我的各位数学老师。他们是钟绍文、刘子铭、贾老师、王老师、蔡有华、王仁忠、段老师、丘其章、郭永冬、刘瑛老师（很抱歉，个别老师实在记不得名了），感谢中学班主任郑艳萍、付兴春、陈大鹏老师。促成我牵头编写这本书的原始推力，是他们当年布下的数学种子。

钟绍文是我小学一年级时的老师，来自隔壁村，慈眉善目，寓教于乐，至今我还清楚地记得他以热水瓶的把手为例解释数字"3"。有一天放学后，突然下雨，钟老师来我家借伞，看到我认真地趴在桌上写作业，有人来了都没察觉，他很认真地对我母亲说："这个小孩大了会有出息的。"这两位对话人如今都已在另一个星球，不知他们能否知道，这个小孩"有出息"谈不上，但这二三十年一直在认真地学习、思考、生活。

在钟老师之前，我其实还有一位数学老师，那就是我的父亲。他那时在中学教物理。他有时会从学校借回一个小黑板，拿粉笔写上数字，教我认"123"。父亲有比较奇葩的从教经历，从大学到中学，再到幼儿园。他曾参与创办福州大学，"文革"中受到波折回到家乡中学，退休后还义务当了几个月的"孩子王"。

还要感谢我的家人、同学、挚友的鼓励和支持。感谢你们不厌其烦地听我胡说八道，正是在这个"胡说"的过程中，我理清了本书的头绪。他们对本书的定位，"数据热潮的冷静思考，数据治理的广东实践；文科生能看懂的数学知识，领导干部必备的决策参考"，表示了较浓厚的兴趣。这些同学有张惠民、杨盛、赖彦斌、蓝永伟、温彩宁、葛志成、李志鹏、范世栋、刘小宁……还有一位"忘年交"，李少魁先生。

可能还要感谢我的大学。文科专业，平时学业压力不大，老师也比较宽容，让我有精力将另一个我更喜欢的专业，信息工程专业的主要课程都学了一遍。这种行为，你也可理解为"翘课"。许多课程我是自学的，并收获到了别样的体验，有几个深夜，我钻研完微积分后，望着窗外的星空，我真想说句：上帝没死，他就是牛顿，他就是人类的那些个先知。这种体验我至今铭刻在心，哦，原来这个时空有更多的未知、不确定性，在远方有更远的远方。

（三）

多年前，我参加中欧社会论坛"互联网与公民参与"组讨论。有一位组员来自意大利，他的笔记本电脑后盖上贴了一张纸，上面有一个圆圈，里头写了"祖"字，还写有"π3.1415926"。他和我说，他很敬佩中国南北朝时期杰出的数学家、天文学家祖冲之。祖冲之算出的圆周率精确度，在全世界持续领先800多年。

以祖冲之为代表的中国古代数学研究者，取得的成就并不亚于其他任何一个文明。这值得我们自豪并珍重。这也是以此选定书名"从1到π"的一个重要原因。大数据时代，给了中国人有望再次领先世界的机会。

借着感谢祖冲之的机会，我们可以再次朗诵一下那段著名顺口溜："山巅一寺一壶酒（3.14159），尔乐苦煞吾（26535），把酒吃（897），酒杀尔（932），杀不死（384），乐尔乐（626）……"

最后，要特别感谢俞可平、郑永年教授，他们在繁忙的工作之余，阅读、了解了本书概要，亲笔写下推荐语。殷殷寄语，我看到了鼓励，也看到了更远的方向。特别感谢刘红兵书记为本书作序。特别感谢广东省人大常委会副主任、省总工会主席黄业斌近几年对南方舆情数据项目的宏观指导。

由于水平、视野及时间的限制，这本书肯定还有很多地方值得提升。这些不足的责任都在于我。恳请各位方家不吝指教。如再有机会出版类似书籍，我有信心做得更好。

蓝云

2017年4月1日于广州大道中289号